BIBLIOTECA DI GEOGRAPHIA ANTIQUA

•7•

Francesco Prontera

Al di qua delle Colonne d'Ercole
Scoperta e rappresentazioni del Mediterraneo

Leo S. Olschki Editore
Firenze • 2025

Casa Editrice Leo S. Olschki
Viuzzo del Pozzetto, 8
50126 Firenze
www.olschki.it

ISBN 978 88 222 6946 1

a Fiorella

INTRODUZIONE

Unità e diversità caratterizzano con vario dosaggio tutti gli spazi geografici, ciascuno dei quali può essere individuato e circoscritto da elementi naturali e fattori storici. Certamente nel Mediterraneo – e perciò anche nel nostro modo di pensarlo – l'interazione fra il quadro geografico e le comunità, le città e i popoli, con le loro storie diverse, mostra nel tempo un'intensità che non trova confronti in nessun altro spazio terrestre della medesima estensione. Tutto questo è ben noto, come è risaputo pure che l'impero romano per alcuni secoli portò all'unità politica del Mediterraneo. La storia politico-militare ed economica non è però l'oggetto di questo libro, che richiama l'attenzione sulla 'scoperta' dello spazio mediterraneo e quindi sulla sua rappresentazione come parte costitutiva del mondo conosciuto.

I primi due capitoli riguardano l'antichità greco-romana e si deve partire quindi da Omero, anche se le sue conoscenze geografiche sono ancora circoscritte al bacino orientale. Il raggio d'azione di Ulisse nel viaggio verso Itaca costituisce nella parte iniziale il filo principale del discorso, su cui si innestano i miti di Eracle e di Achille che in età arcaica (VIII-VI sec. a.C.) vennero trasferiti in paesi lontani, di pari passo con l'emigrazione 'coloniale' dei Greci. Il riconoscimento dei luoghi, che disegnano la scena mutevole dell'avventuroso ritorno in patria di Ulisse, va infatti considerato alla luce di un fenomeno generale, vale a dire la mobilità dei toponimi e degli eroi come riflesso della diaspora greca. La scoperta del mare interno ai tre continenti (Europa, Asia e Libia/Africa) e comunicante con il mare esterno attraverso le Colonne d'Eracle, fu un esito della 'colonizzazione' greca e fenicia, esito di cui erano all'oscuro la tradizione epica e lo stesso Esiodo, il poeta cronologicamente più vicino a Omero. La mobilità degli eroi accompagna l'emigrazione dei Greci sulle coste del Mediterraneo, non la precede, e questo vale per Ulisse come per Eracle e Achille.

Più tardi, in età ellenistica (III-I sec. a.C.), i viaggi di Ulisse e le conoscenze geografiche di Omero diventano materia di discussione fra letterati, storici e scienziati (i 'matematici'), sicché questo vivace dibattito costituisce un capitolo di storia culturale, che prende forma attraverso le idee dei protagonisti e nei contesti in cui essi agiscono. Gli echi del dibattito antico giungono fino a Dante, che fa navigare Ulisse nell'oceano al di là delle Colonne d'Eracle.

Nella parte centrale, la più estesa, è ripreso il filo interrotto che porta il lettore dagli inizi della cartografia e della geografia greca (Anassimandro ed Ecateo di Mileto) fino al grande trattato di Claudio Tolemeo (II sec. d.C.). Lo spazio mediterraneo non solo viene descritto sistematicamente nei *Giri della terra* e nei *Peripli*, occasionalmente nelle *Storie* di Erodoto, ma è anche delineato secondo gli schemi geometrici che improntano la figura dell'ecumene. La funzione permanente svolta dal mare interno nelle costruzioni della cartografia greco-romana non ha però alcuna incidenza sulla riflessione storica e antropologica degli antichi, orientata piuttosto dalla tripartizione continentale del genere umano. In tale prospettiva si collocano anche le considerazioni svolte da Strabone, storico e geografo greco attivo al tempo di Augusto, sul Mediterraneo come spazio dell'impero romano. Sono considerazioni che si fanno strada nella sezione cartografica dell'introduzione al suo trattato di geografia, dove l'occhio dell'autore indugia sull'immagine della terra abitata.

L'alto medioevo latino (VI-X sec.) eredita dall'antichità greco-romana la concezione del mondo abitato con il suo mare interno, riprendendo i vecchi schemi delle *mappae mundi* circolari con la divisione in tre continenti. È invece nella geografia islamica che viene recepita precocemente la cartografia tolemaica con la forma oblunga del Mediterraneo, cui si affianca la figura più estesa dell'Oceano Indiano. Un confronto con la grande carta di Edrisi (metà del XII sec.), realizzata alla corte normanna di Ruggero II, mostra al tempo stesso permanenze e novità rispetto al disegno tolemaico. Nell'Occidente latino la 'riscoperta' del Mediterraneo – isolato nella sua individualità fisica, descritto in funzione delle esigenze pratiche della navigazione e disegnato con le nuove forme dei litorali – si deve però alla cartografia nautica e al portolano, due prodotti originali della civiltà tardo-medievale.

Nelle rappresentazioni – questa espressione vaga figura nel titolo – sono compresi fenomeni diversi, che vanno dalla percezione di singoli spazi marittimi e terrestri in una dimensione topografica e regionale, al loro ordinamento in una visione più ampia, che può estendersi fino ai limiti del mondo conosciuto. Anche nella diffusione dei miti greci si riflette a suo modo il processo di espansione di esperienze e conoscenze, che ha nell'Egeo il suo primo orizzonte di riferimento. Nei diversi settori del Mediterraneo la posizione relativa dei luoghi dipende dalla percorrenza delle rotte, che li collegano in un sistema dinamico di relazioni. Su tali esperienze si basano gli schemi geometrici con cui i geografi antichi tentano di tradurre l'immagine del mondo conosciuto in un disegno in sé coerente, e perciò aperto a modifiche e aggiustamenti argomentati. Con questo non si intende certo sminuire il valore della geografia astronomica greca, da Eudosso a Tolemeo; conviene piuttosto considerarla nelle sue limitate e rudimentali applicazioni alla raffigurazione della terra abitata.

All'alto sviluppo teorico della cartografica antica non corrispondono infatti le realizzazioni. I procedimenti di astrazione e di schematizzazione, con le loro inevitabili incertezze e approssimazioni, rielaborano le informazioni della geografia empirica e sono quindi accessibili anche a chi ha una modesta base di conoscenze matematico-astronomiche. Se la cartografia, in quanto visione del mondo, fa parte della storia, ciò è tanto più vero per la sua lunga fase pre-scientifica (pre-geodetica), cui appartengono sia le *mappae mundi* della civiltà antica sia le prime carte nautiche del Mediterraneo. Il confronto insistito, alla fine del secondo capitolo, fra la geografia 'descrittiva' di Strabone e quella 'scientifica' di Tolemeo intende chiarire le ragioni di un paradosso solo apparente, che si può osservare assai bene proprio nel Mediterraneo: con tutto il suo apparato di coordinate e di dati numerici la cartografia tolemaica non è certo più attendibile rispetto alle informazioni fornite da Strabone sulla posizione dei luoghi e sulle distanze che li separano.

Nell'ultima parte sono infine richiamati i punti essenziali per fare luce sull'origine di un'idea che appartiene alle rappresentazioni collettive dell'età contemporanea, ma è del tutto estranea alla storia antica, medievale e moderna. La nozione di clima mediterraneo è infatti codificata dalla geografia tedesca nella seconda metà del XIX sec. Tutta una serie di corrispondenze fra l'ambiente naturale e il genere di vita degli abitanti e anche il loro carattere, i loro usi e costumi, si trova già nelle generalizzazioni della climatologia antica e ricompare poi nell'ambientalismo geografico di età moderna, senza però che il Mediterraneo vi abbia un qualche ruolo.

Si tratta nel complesso di temi e problemi che, singolarmente presi, sono ben noti agli studiosi, ma questo è in sostanza un saggio di divulgazione perché non si rivolge a una categoria particolare di specialisti. Esso presenta un insieme di materiali e di considerazioni per farne partecipi i lettori al di là dei settori istituzionali della ricerca storica, intesa nel senso più ampio. Sono perciò assenti le note a pie' di pagina e un orientamento critico si trova in un'appendice. I brani della letteratura classica sono riportati in traduzione italiana e lo stesso vale per gli estratti da opere in lingua straniera. I riferimenti ai testi di autori antichi, medievali e moderni sono indicati fra parentesi. Alle traduzioni talvolta si affiancano anche passi in greco e latino, per la comodità di chi ha familiarità con le lingue classiche.

L'intento divulgativo spiega lo spazio assegnato alle cartine geografiche e alla documentazione scritta, per quanto assai selettiva; allo stesso intento corrispondono le due tabelle cronologiche (pp. 66 sg.), che aiutano a collocare contesti e autori lungo la linea del tempo. Certi testi assolvono meglio la loro funzione documentaria, se vengono posti sotto gli occhi dei lettori senza alcun filtro. Certamente una rielaborazione li renderebbe più accessibili, ma perderebbero quel carattere di estraneità e di lontananza che è salutare nel nostro rapporto col passato.

Non posso terminare questa breve introduzione senza esprimere sincera gratitudine a Pietro Janni, che ha letto il manoscritto segnalandomi alcuni errori e sviste; naturalmente resta dell'autore la responsabilità del testo.

Il libro è dedicato a mia moglie, che ne ha incoraggiato il progetto e la realizzazione con un sostegno sempre partecipe.

Capitolo I

IL MARE DI OMERO E LA SUA ESPANSIONE

1. La tradizione epica

Fra i classici della letteratura mondiale l'epica occupa un posto particolare perché, indipendentemente dal contesto originario della sua creazione e fruizione, la stessa tradizione ne amplifica e plasma il messaggio, al punto che questo assume la capacità singolare di corrispondere alle aspettative immaginifiche del pubblico più di ogni altra creazione letteraria. Nella civiltà greca l'epica si presenta come una sorta di deposito della memoria collettiva, come l'esito di una lunga storia, di cui stentiamo a riconoscere il punto di partenza. Nel racconto omerico agiscono uomini, dèi ed eroi. Sono questi ultimi però a dargli un'impronta inconfondibile, sicché nell'uso linguistico moderno il mondo degli eroi, la poesia eroica, l'intero vocabolario in cui si esprime l'eroismo antico sono solo modi diversi per designare l'epica. Si capisce dunque il carattere esclusivo della visione epico-eroica del mondo, dominata dall'esaltazione del valore esibito in guerra e dell'onore che assicura un posto nella società, e solo con questa limitazione si può parlare per i poemi omerici di memoria collettiva. Di questa è funzione essenziale la figura dell'aedo, che con la sua arte salva dall'oblio le gesta degli eroi e assicura la loro fama anche presso i posteri.

Ciononostante – e sta forse anche qui la peculiarità della poesia omerica – essa divenne la 'Bibbia dei Greci', per riprendere un'espressione fortunata. Gli stili di vita degli eroi e degli dèi erano naturalmente in sintonia con l'etica aristocratica delle prime comunità della Grecia antica. D'altra parte quei modelli di comportamento, proprio perché assunti come valori sociali da conservare e trasmettere, divennero più tardi oggetto di riflessione. Il senso critico della storia – vale dire la possibilità per una civiltà di mettere in prospettiva il passato – si sviluppò grazie anche alla distanza progressivamente acquisita rispetto al mondo degli eroi. Omero rappresenta per i Greci l'inizio della loro storia e quindi la condizione originaria in cui osservare i primi passi di uno svolgimento. Nella poesia omerica essi ritrovano i più diversi aspetti della condizione e dell'operosità umana, che col tempo si è però evoluta in altre forme, per non parlare degli dèi che dall'Olimpo interferiscono pesantemente nelle vicende terrene degli eroi. E poiché tutto questo mondo vive nella luce diffusa dalla creatività del Poeta, diventa sempre più complicato confrontarsi con inizi simili.

Alla corte del re Alcinoo nel paese dei Feaci, i quali ancora ignorano la sua identità, senza riuscire a nascondere l'emozione Ulisse assiste all'esecuzione di alcuni pezzi del repertorio epico, che Demodoco esegue accompagnandosi con la cetra; infine lo «stratagemma del cavallo di legno» gli viene chiesto proprio da Ulisse. È, in un certo senso, lo straordinario autoritratto del Poeta come autore-cantore e archetipo di tutti gli aedi. Per i Greci stessi i fatti narrati da Omero non appartengono al tempo del Poeta ma a un'età assai più antica. Per Erodoto (c. 440 a.C.) Omero era vissuto quattro secoli prima e almeno quattro secoli prima di Omero si collocava la guerra di Troia. Da qui iniziava la catena dei fatti memorabili che illustravano la storia più antica. Prima di questo 'grande evento' c'erano solo gli dèi e le genealogie divine che accompagnavano la nascita del mondo. Per risalire ancora più indietro nel tempo dei mortali occorreva rivolgersi alla storia dell'Egitto e dinanzi alla sua grande antichità i Greci scoprirono la propria infanzia culturale.

Per i moderni le cose stanno diversamente. I progressi dell'archeologia dagli ultimi decenni del XIX sec. (gli scavi di Heinrich Schliemann sul sito di Troia, a Micene, in Beozia e a Tirinto), più tardi la decifrazione della *lineare B* (1952) – la scrittura delle tavolette d'argilla, rinvenute negli scavi, rivelò una forma primitiva della lingua greca – non solo fornirono un contesto materiale al mondo cantato da Omero, ma spostarono assai più indietro gli inizi della civiltà greca. Secondo la cronologia, a grandi linee condivisa dagli studiosi, dalla metà del secondo millennio a.C. fiorì in Grecia la civiltà micenea (tav. 1, p. 65). Documentata dai resti di vari centri fortificati, essa mostra una sostanziale omogeneità nell'uso della scrittura e della lingua, nelle istituzioni civili e religiose, cui però non corrisponde l'unità politica, ma una frammentazione in vari 'regni'. La situazione sembra prefigurare il particolarismo politico che caratterizza l'intero arco della storia greca.

C'è poi un altro fatto, che accentua la distanza fra l'Omero degli antichi e quello dei moderni. Nessuno mai dubitò, in Grecia come a Roma, che l'*Iliade* e l'*Odissea* fossero l'opera del Poeta, il quale veniva di norma collocato in un'età di poco anteriore a Esiodo (c. 700 a.C.) o a questi contemporanea. Riprendendo e sviluppando gli stessi contenuti della tradizione epica, altri poeti si misero sulla sua scia in età arcaica (VII-VI a.C.), ma già per gli antichi Omero divenne subito un classico che non ebbe rivali. I dubbi sulla paternità di certi poemi, che al tempo di Erodoto (V sec. a.C.) circolavano sotto il nome di Omero, ne rafforzavano l'identità e l'originalità. Di pari passo con lo sviluppo dei generi letterari e quindi con l'evoluzione del gusto, specchio dei mutamenti sociali, ci si rese anche conto che Omero era un poeta diverso e non solo per la sua evidente arcaicità. Più tardi la filologia ellenistica (III-I a.C.) mise in campo tutto il suo armamentario di erudizione per perpetuare la fruizione letteraria di Omero, della poesia arcaica e del teatro ateniese.

Considerata globalmente, la ricezione antica di Omero alimenta in vario modo e per vie diverse anche gli studi moderni, che però se ne allontanano su due punti: l'unicità dell'autore e della sua opera, quindi il loro rapporto con la prima storia dei Greci. La 'questione omerica' è in fondo un aspetto della scienza dell'antichità (Altertumswissenschaft), che si afferma in Germania all'inizio del XIX sec. nel clima del romanticismo e poi si sviluppa nel quadro del positivismo europeo. Altri ne hanno illustrato la genesi e lo sviluppo fino ai nostri giorni. Qui basterà farne un cenno per introdurre il tema delle conoscenze geografiche di Omero.

Nella formulazione di August Friedrich Wolf (*Prolegomena ad Homerum, Introduzione a Omero ossia sulla forma originaria e genuina dei poemi omerici, sulle loro varie mutazioni e sul criterio probabile di correggerle*, Halle 1795) la questione omerica si basava essenzialmente sull'analisi della lingua epica, che appariva fluttuante nella tradizione del testo, e sulla scrittura come presupposto necessario per la redazione definitiva dei due grandi poemi. Poiché quest'ultima veniva datata secondo la tradizione antica nel VI sec. a.C., dunque assai più tardi rispetto a Omero, occorreva ipotizzare un lungo sviluppo che portasse dalla composizione dei due poemi, necessariamente orale, alla loro fissazione scritta. E poiché l'*Iliade* e l'*Odissea* – due poemi diversi per contenuto e trama narrativa – apparivano incompatibili con le capacità di un singolo artefice, ecco profilarsi la figura collettiva di più aedi. Una volta messa in discussione la storicità del Poeta, la stessa sorte toccò all'unità della materia epica. A sostegno della concreta possibilità che questa fosse l'opera di diversi cantori, intervennero negli anni '30 del secolo scorso gli esempi offerti dall'etnografia serbo-croata contemporanea. Analisi sempre più raffinate sulla lingua e sui ritmi della recitazione epica hanno poi confermato la fondatezza di una lunga fase iniziale di composizione e comunicazione orale. Detto questo, su molti punti la questione omerica resta però ancora aperta, soprattutto nelle sue implicazioni storico-culturali.

Realia

Diversamente da altre espressioni dell'epica mondiale la poesia omerica presenta i vari aspetti della vita reale in maniera puntuale e diffusa – ma soprattutto ancora indenne dalla separatezza intellettuale, che non di rado peserà sulla visione letteraria del mondo. Solo lo studio dell'epica greca ha prodotto l'*Archaeologia Homerica*, venticinque monografie redatte nel secolo scorso da altrettanti specialisti che esaminano e illustrano sistematicamente i molteplici *realia* disseminati nei due grandi poemi: dalle armi alle navi, dalla caccia e pesca all'artigianato e alle arti figurative, dall'abbigliamento e dall'alimentazione alla musica e alla danza, dal culto degli dèi ai riti funerari e così via. Un'opera simile sarebbe impensabile per l'epopea mesopotamica di Gilgamesh (seconda metà del III millennio a.C.), cui pure l'epica dei Greci viene talvolta accostata, o per gli altri capolavori dell'epica universale. Omero ha sempre offerto il terreno sul quale devono dichiarare i propri limiti i saperi settoriali di filologi, letterati, storici, linguisti, archeologi, antropologi. Soprattutto quando si tratta della poesia omerica, nessuno specialista di antichità può fare a meno delle competenze altrui e sta anche nell'aver alimentato questa istanza la natura singolare dell'epica greca.

Ora, dei *realia* omerici il mare è parte sostanziale, almeno finché non tocca lo spazio dell'Oceano, il fiume del mondo. Non si tratta solo dello sfondo necessario ai racconti dei reduci dalla guerra di Troia. Nell'*Odissea* troviamo anche il primo apprezzamento della letteratura greca per la carpenteria navale e la navigazione, considerate come segni di civiltà, al pari dell'agricoltura e delle norme che gli uomini si danno per la vita in comune.

> Navigammo oltre, da lì, col cuore angosciato,
> e arrivammo alla terra dei Ciclopi violenti
> e privi di leggi, che fidando negli dèi immortali
> con le mani non piantano piante, né arano:
> ma tutto spunta senza seme né aratro,
> il grano, l'orzo, le viti che producono
> vino di ottimi grappoli, e la pioggia di Zeus glielo fa crescere.
> Costoro non hanno assemblee di consiglio, né leggi,
> ma abitano le cime di alte montagne
> in cave spelonche, e ciascuno comanda
> sui figli e le mogli, incuranti gli uni degli altri.
> [... ...]
> I Ciclopi non hanno navi con le guance di minio,
> non vi sono carpentieri tra essi, che lavorino
> a navi ben costruite, in grado di fare ogni cosa
> toccando luoghi abitati, così come gli uomini
> vanno spesso con le navi sul mare gli uni dagli altri.
>
> (*Od.* IX, 105-115; 125-129; *trad. di Giuseppe Aurelio Privitera*)

A proposito della disavventura dell'eroe nel paese dei Ciclopi, esseri mostruosi e selvaggi, si è parlato di un interesse di Omero per l'alterità culturale. In realtà la curiosità etnografica emergerà più tardi nella letteratura greca in seguito all'esperienza coloniale di età arcaiaca (VIII-VI sec. a.C.). È uno dei temi controversi fra gli studiosi, su cui avremo occasione di tornare. La semplice menzione nei due poemi di alcuni popoli non greci, spesso collocati o immaginati alla periferia del mondo conosciuto, non comporta un autentico interesse per la loro individualità. I tentativi di enucleare i tratti di un'etnografia omerica si scontrano con un fatto: nella caratterizzazione dei Troiani e dei loro alleati non vi è alcun segno di una diversità rispetto alle forze guidate da Agamennone. I popoli 'altri', che nell'epos si presentano con certi tratti distintivi, appartengono al mondo del mito, compaiono sulla scena quando essa si sposta palesemente in una dimensione intangibile per l'esperienza umana. Già gli antichi osservavano come Omero riservi la qualifica di 'barbaròfoni' – vale a dire parlanti con accento straniero, ma si tratta probabilmente della lingua greca – ai Cari, vicini di casa degli Elleni emigrati in Asia Minore attorno al 1000 a.C. L'unico popolo non greco, che presenti nell'epos un consistente profilo, sono i Fenici; il Poeta dell'*Odissea* li presenta non solo come grandi navigatori e trafficanti, ma anche come gente astuta e incline alla simulazione, le stesse qualità del suo eroe.

La caratterizzazione negativa dei Ciclopi sottintende comunque la consapevolezza dei valori contrari operanti nel mondo cui appartengono il Poeta e il suo pubblico; idee dello stesso tenore ritornano nella profezia che Tiresia consegna all'eroe nell'oltretomba (*Od.* XI, 119-125). La totale ignoranza dell'arte nautica come segno di alterità culturale contrasta con la vocazione marinara dei Feaci. Ricordiamo che Ulisse racconta le sue peripezie nel palazzo di Alcinoo, il re dei Feaci, e che nella marina omerica non c'è ancora una distinzione fra le navi da guerra e quelle da trasporto, una specializzazione di funzioni che si farà strada più tardi.

La svalutazione delle attività connesse ai traffici marittimi è ricorrente nella riflessione socio-politica dei Greci in età classica (V-IV sec. a.C.), riflessione orientata dall'etica dei ceti aristocratici, che traggono dal possesso della terra sicurezza economica e prestigio sociale. Se Erodoto e soprattutto Tucidide rivolgono l'attenzione alle flotte militari del passato (da Minosse, il mitico re di Creta, a Policrate, il tiranno di Samo), è perché esse assicurano il dominio del mare. La realtà stessa dell'impero ateniese in Egeo, che si basava sull'efficienza delle sue famose trieri, li spingeva a cercare fenomeni analoghi nella storia più antica e nella tradizione epica. Come l'autore anonimo (il 'Vecchio Oligarca') di uno scritto polemico sulle istituzioni politiche di Atene, anche Platone non fece mai mistero di considerare il mare come un pericolo per l'integrità morale della sua città ideale, che andava preservata dai contatti col mondo esterno. Era la reazione al peso politico assunto in Atene dai cittadini poveri, che con le loro braccia assicuravano la forza propulsiva alle navi da guerra. Il pregiudizio negativo sui rapporti favoriti dalle comunicazioni marittime passò poi, come tante altre cose, dalla filosofia politica greca a quella romana (Cicerone). Quanto alla navigazione per commercio, Esiodo (inizi VII sec. a.C.), il poeta cronologicamente più vicino a Omero, ne tratta con la prudenza e la diffidenza di chi è avvezzo a considerare piuttosto la terra e i lavori agricoli come fonte primaria di stabile benessere. Se si tiene conto di tutto questo, non è affatto scontata la valutazione positiva, e senza riserve, che Omero esprime invece per la nautica come segno di civiltà. Bisogna aspettare il liberismo dell'età moderna (XVIII sec.), in tutt'altro contesto storico e culturale, per trovare un atteggiamento mentale comparabile per l'autorevolezza e il prestigio di chi se ne fa interprete.

Le competenze del Poeta in fatto di carpenteria navale sono circostanziate, come mostra la maniera in cui egli descrive la costruzione dell'imbarcazione che porta Ulisse dall'isola di Calipso al paese dei Feaci (*Od.* V, 228-277). In un fortunato dizionario della poesia omerica, realizzato per la scuola nel 1869-73 e poi più volte riedito, l'autore (Georg Autenrieth, professore e rettore del ginnasio di Norimberga) illustrò il suo lavoro con alcuni disegni che mostravano diversi oggetti della vita quotidiana, secondo le esplicite raccomandazioni di B.G. Teubner, il famoso editore di Lipsia. Quando si tratta di ricostruzioni moderne (fig. 1) la verosimiglianza appare discutibile, ma in quante antologie scolastiche della letteratura greca si può oggi ritrovare un simile interesse per i *realia* della poesia omerica?

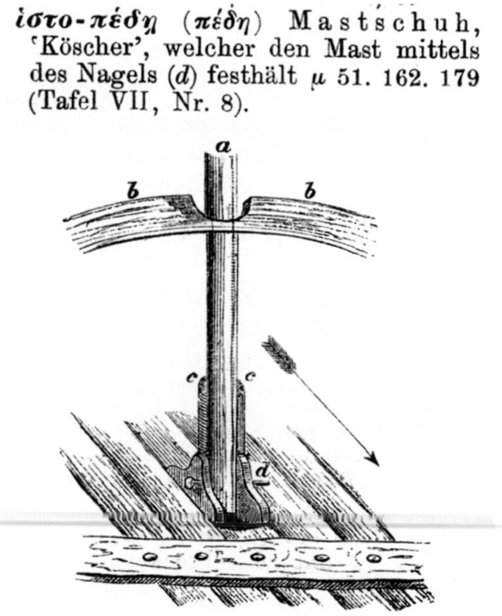
ἱστο-πέδη (πέδη) Mastschuh, 'Köscher', welcher den Mast mittels des Nagels (*d*) festhält μ 51. 162. 179 (Tafel VII, Nr. 8).

Fig. 1 – Autenrieth 1887[5], p. 163: la scassa dell'albero disegnata dall'Autore.

Nell'*Odissea* lo spazio marittimo prende forma innanzitutto nel racconto dei reduci, che da Troia tornano a Micene, Sparta, Pilo e Itaca, la meta più lontana rispetto al punto di partenza. Marginale rispetto all'Egeo si presenta infatti il quadro geografico in cui si muove Telemaco nei primi quattro canti del poema; partito da Itaca alla ricerca di informazioni sulla sorte del padre, egli si reca per mare a Pilo e da lì arriva poi a Sparta. Un terzo spazio marittimo, evocato dalle navigazioni dei Fenici di Sidone, si estende verso il Levante comprendendo Cipro e l'Egitto con la Libia (*Od.* IV, 83 sgg.; XIV, 259 sgg.). Il centro dell'orizzonte omerico resta comunque l'Egeo come si ricava da diversi contesti narrativi. Anche gli dèi nei loro spostamenti ricalcano le rotte dei mortali, sicché la terra vista dal cielo è in realtà la terra vista dal mare, come da tempo si è giustamente osservato. Nell'*Iliade* (XIV, 225-230; 280 sgg.) l'Egeo settentrionale con le regioni adiacenti è percorso da Era, che vola dall'Olimpo al monte Ida nella Troade passando per la Pieria (bassa Macedonia), l'Athos (oltre 2000 m di altitudine), i monti innevati della Tracia, Lemno e Imbro, da dove approda a Capo Lektòn (C. Baba, Turchia: fig. 2). Il rapporto spaziale Olimpo-Troade ricorre anche in altre circostanze, quando la volontà degli dèi interferisce con i fatti che accadono a Troia. Dalla cima più alta dell'isola di Samotracia (1700 m) Posidone osserva le navi degli Achei e la città di Priamo, dominata dal monte Ida (*Il.*

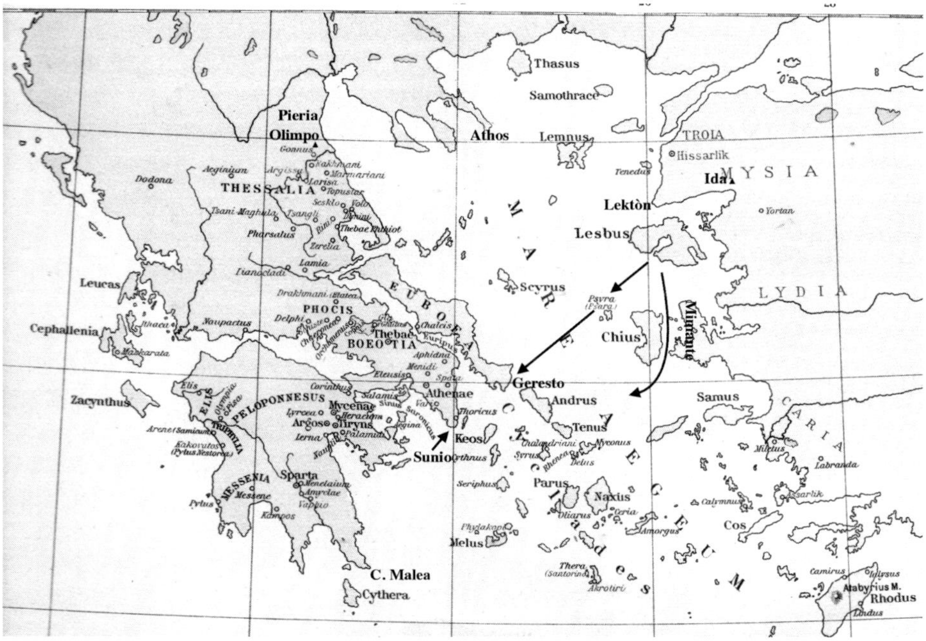

Fig. 2 – Punti cospicui nell'Egeo di Omero (adattamento da Baratta – Fraccaro 1954, fasc. 1, tav. 5).

XIII, 10-16). Dalla sommità dell'Olimpo Zeus volge gli occhi sulla scena del racconto e ugualmente dall'alto dei monti Solimi in Licia Posidone, di ritorno dal paese degli Etiopi, scorge l'imbarcazione di Ulisse che s'avvicina alla terra dei Feaci (*Od.* V, 270-281).

Il fatto che dalla cima di un monte si apra allo sguardo degli dèi un più ampio orizzonte sulla terra, corrisponde al realismo che impronta tanti aspetti dell'epica omerica. Si tratta però di rilievi che sono percepiti e memorizzati nell'esperienza delle comunicazioni marittime – la terra vista dal mare mostra dapprima il profilo dei monti (*Od.* IX, 21 sg.) – e diventano così punti di riferimento nella geografia dell'Egeo. Per usare un'espressione della nautica moderna, si tratta di punti cospicui che ricompaiono nella letteratura di età classica ed ellenistica. Nella 'rosa dei venti' di Aristotele e di Timostene (III a.C.), centrata in Egeo, uno dei venti del settore nord-occidentale porta il nome di *Olympìas*, quello che soffia dall'Olimpo (vedi fig. 37b, p. 104).

Non meno decisiva per la rappresentazione dell'Egeo con le aree contigue è l'esperienza delle traversate in mare aperto. A Eumeo, il porcaro dal quale è accolto in Itaca, l'eroe fingendosi un cretese narra la felice navigazione che col favore di borea lo ha portato in cinque giorni da Creta al Delta del Nilo, noto a Omero con il nome di Egitto.

> Per sei giorni poi i fidati compagni
> banchettarono: allora io elargii molte vittime
> per scrificare agli dei e per prepararsi il pasto.
> Al settimo giorno, saliti sulle navi, dalla vasta Creta
> col vento Borea, bello e vigoroso navigavamo
> con facilità, come fosse corrente di fiume. Nessuna
> mia nave subì danno, ma incolumi e sani
> ce ne stemmo tranquilli: il vento e i piloti guidavano le navi.
> Al quinto giorno giungemmo all'Egitto dalla bella corrente,
> e nel fiume Egitto fermai le navi ricurve.
>
> (*Od.* XIV, 249-258; *trad. di V. Di Benedetto e P. Fabrini*)

Non c'è nulla di straordinario in questa traversata, se non il fatto che si concluda agevolmente grazie alla spinta costante del vento del nord, cui i Greci di età classica daranno il nome di *etesìas* (annuale, stagionale), il meltemi odierno che nell'Egeo soffia violentemente durante l'estate.

Quanta concreta familiarità avessero il Poeta e il suo uditorio con lo spazio dell'Egeo, mostra nel modo più chiaro il ritorno a Pilo in Messenia, che Nestore narra a Telemaco. Dopo la presa di Troia non c'è accordo fra i due Atridi sul da farsi e anche il parere dei Greci è diviso. Una parte con

Agamennone decide di trattenersi ancora, per compiere dei sacrifici prima della partenza e placare così l'ira di Atena. Altri con Menelao si imbarcano e fanno tappa nell'isola di Tenedo che fronteggia la Troade, ma alcuni con Ulisse tornano indietro per unirsi ad Agamennone. Nestore e Diomede proseguono invece fino a Lesbo, dove li raggiunge Menelao, e a Lesbo sono incerti sulla rotta da prendere: fare vela direttamente su Capo Geresto (C. Mandilion), la punta meridionale dell'Eubea, passando al largo di Chio e lasciando a sinistra l'isolotto di Psiria (Psarà), oppure imboccare lo stretto fra Chio e il Mimante, la penisola montuosa della costa turca, navigando così a ridosso di Chio (fig. 2).

> Più tardi, poi, dietro a noi venne il biondo Menelao,
> e ci raggiunse a Lesbo mentre discutevamo il lungo viaggio,
> se dovessimo navigare al di sopra di Chio rocciosa
> verso l'isola di Psiria, tenendola a sinistra,
> oppure al di sotto di Chio, passando vicino al Mimante ventoso.
> Chiedemmo al dio di mostrarci un segno, e lui ce lo mostrò,
> spingendoci a solcare il mare aperto verso l'Eubea
> per sottrarci al più presto alla difficile stretta.
> Se levò a soffiare alle spalle un vento sibilante: le navi
> percorsero veloci le vie pescose, e nella notte approdarono
> al capo Geresto. Offrimmo a Posidone molti cosci di tori,
> per avere percorso quell'ampio tratto di mare.
> Era il quarto giorno quando con le navi ben equilibrate
> approdarono ad Argo i compagni del Tidide Diomede,
> domatore di cavalli. Ma io continuai verso Pilo, e mai si spense
> il vento, dal primo momento che il dio lo fece spirare.
>
> (*Od.* III, 168-183, *trad. di V. Di Benedetto e P. Fabrini*)

Naturalmente anche la rotta più lunga ma apparentemente più sicura, quella scartata da Nestore, avrebbe poi comportato una traversata, ma il settore meridionale dell'Egeo con le Cicladi resta, coerentemente, al di fuori del raggio d'azione dei ritorni (salvo quello di Idomeneo a Creta) e questo può forse spiegare il silenzio di Omero. Dopo Capo Geresto, che ospita un santuario di Posidone, la tappa successiva è Capo Sunio raggiunto insieme a Menelao, come apprendiamo dal sèguito del racconto di Nestore a Telemaco (III, 278); anche il Sunio è sacro a Posidone.

La rete dei promontori, che orientano la geografia omerica dell'Egeo, si completa con Capo Malea (fig. 2). Questo è il promontorio delle tempeste – il Capo Horn dell'epica, si direbbe – perché nei suoi paraggi vengono dirottati di norma gli eroi sulla via del ritorno. Del convoglio di Menelao alcune navi sono spinte a Creta dove fanno naufragio, mentre altre giungono con Menelao in Egitto. Stessa sorte capita ad Agamennone e a Ulisse, la cui nave viene colta da una burrasca; trascinata dal vento di borea oltre Citera, arriva nel paese leggendario e misterioso dei Lotofagi, che Erodoto situava comprensibilmente in Africa. Doppiare Capo Malea significa varcare il punto di non ritorno; come recita un proverbio ben noto nell'antichità e spesso citato, «quando doppi Capo Malea, dimentica la tua casa». Il verbo greco, che esprime il cambiamento di rotta attorno a un capo, è 'piegare' (κάμπτειν), lo stesso usato per indicare la flessione del ginocchio. Esso diventa così la connotazione dinamica di capi e promontori nella geografia del Mediterraneo. Fino all'introduzione della navigazione a vapore lo stretto fra Capo Malea e l'isola di Citera era la porta dell'Egeo per i mercantili a vela.

Una ricognizione sommaria della geografia reale nell'epica greca non può limitarsi agli spazi marittimi, né si può dimenticare la dimensione topografica che assume talvolta la narrazione, soprattutto nelle vicende che si svolgono nel territorio attorno alle mura di Troia. Una delle sezioni più discusse dai moderni è il cosiddetto 'catalogo delle navi' nel secondo canto dell'*Iliade*, la rassegna ordinata delle forze dei Greci e dei Troiani con i rispettivi alleati. Gli studiosi sono divisi sul valore storico del catalogo, la cui composizione sembra risalire a una fase più tarda rispetto alla trama narrativa del poema.

Divisi su fronti opposti nel conflitto decennale sotto le mura di Troia, popoli e paesi sono passati in rassegna secondo uno schema che ritroveremo nelle prime descrizioni in prosa della terra abitata. La sequenza del catalogo corrisponde alla contiguità geografica delle forze in campo e disegna nel complesso un quadro a suo modo coerente. Dalla Grecia centrale (Beozia) si passa al Peloponneso fino alle estreme regioni occidentali: l'Elide con le isole che la fronteggiano, il regno di Ulisse (Cefalonia e Itaca) e infine l'Etolia. Dopo l'intermezzo insulare, da Creta a Rodi e a Cos, il cerchio si chiude con la Grecia settentrionale (Tessaglia). Il catalogo delle forze troiane (fig. 3) comprende, al di qua dell'Ellesponto, i Traci e i Peoni del fiume Assio (Vardar/Axios). Seguono gli alleati che si trovano al là dell'Ellesponto: Paflagoni, Alizoni, Misi, Frigi, Meoni, i Cari con Mileto, il Meandro e il monte Micale, i Lici con il fiume Xanto. All'Egeo e alle regioni adiacenti si aggiungono poi nell'*Odissea* la Fenicia (Sidone) con Cipro, l'Egitto e la Libia; ancora una volta i riferimenti ai luoghi riflettono i rapporti di contiguità nei loro diversi contesti. Creta ha naturalmente una funzione centrale nelle rotte che collegano il Peloponneso (Capo Malea) al litorale opposto dell'Egitto o della Libia.

Fig. 3 – Gli alleati dei Troiani e la geografia omerica dell'Asia.

Oceano, il fiume del mondo

Richiamare la conoscenza positiva dei luoghi e dei popoli, il cui orizzonte geografico è circoscritto al bacino orientale del Mediterraneo, è la premessa necessaria per passare a un altro ordine di considerazioni, che riguardano la cosmologia omerica, concezioni quindi che vanno al di là dei mezzi limitati dei nostri sensi. È un terreno impervio e accidentato, forse più di ogni altro che si apra alla nostra conoscenza. L'idea stessa del 'tutto', di cui pure è parte il nostro piccolo mondo, è difficilmente traducibile in un linguaggio argomentativo, lo strumento di mediazione fra l'essere umano e quanto gli sta attorno, ma anche quanto gli sta dentro. L'intera riflessione dei primi filosofi greci (i 'presocratici') si è concentrata nel VI sec. a.C. sulla natura dell'universo, per decifrarne l'intima ragion d'essere al di fuori delle cosmogonie e cosmologie tradizionali, e quindi presentarla in termini di argomentazione critica. Essi rispondevano così a un'esigenza intellettuale, con cui di solito il pensiero moderno si è sentito in sintonia.

Con la buona intenzione di divulgare la cosmologia dei presocratici, chi ha una formazione piuttosto scientifica che storico-filosofica rischia di alimentare in realtà la tendenza, così diffusa nel grande pubblico, ad attualizzare il pensiero antico, a leggerlo semplicemente come anticipazione enigmatica della fisica odierna, anticipazione che aspetterebbe solo di essere svelata. Già Aristotele (IV sec. a.C.), del resto, è incline a interpretare le concezioni dei filosofi antichi o dei fisici – così egli li chiama – come un preludio delle proprie teorie, come i germi di un pensiero che avrebbe mostrato più tardi i suoi frutti.

Ora, il pregio della cosmologia omerica, come di quella esiodea e di altre consimili prodotte dalle civiltà ben più antiche del Vicino Oriente, sta appunto nel collocarsi nettamente prima delle speculazioni sulla natura dei fisici ionici, e anche prima delle rivisitazioni e amplificazioni letterarie del mito. Omero non dà certo veste poetica a un sapere depositato altrove in prosa, come accadrà più tardi con la poesia didascalica, un genere che ebbe una sua fortuna nell'antichità con riprese in età medievale e moderna. Con la stessa lingua e con i medesimi ritmi, che illustrano le vicende degli dèi e degli eroi, la poesia epica trasmette anche una visione del mondo conosciuto con la sua estensione o dilatazione – se così si può dire – al tutto che l'abbraccia. Da tempo perciò gli studiosi di cosmologia antica, e di quella omerica in particolare, mettono in campo gli strumenti dell'analisi linguistica, da cui dipende in sostanza la nostra possibilità di accostarci a problemi simili. In questa rapida ricognizione non c'è alcuna velleità di portare idee nuove in un terreno già dissodato dagli storici del pensiero antico con le sue forme mitiche. Più semplicemente si tratta di richiamare i punti essenziali del quadro generale, sottolineando quei nodi che pongono un ostacolo alle nostre conoscenze.

In Omero l'Oceano presenta caratteristiche provenienti dalle cosmologie del Vicino Oriente. Sono tratti che perderà più tardi nella letteratura greca o che conserverà solo come connotazione di una visione arcaica, epico-eroica del mondo. Innanzitutto esso è un fiume, anzi il fiume del mondo dal quale hanno origine non solo tutte le acque della terra, il mare, le fonti e i pozzi, ma anche tutti gli esseri viventi. Dalla sua unione con Teti deriva anche la stirpe degli dèi. Come fiume cosmico è associato ai limiti estremi della terra; il sorgere e il tramonto degli astri avviene nelle acque dell'Oceano, ad eccezione dell'Orsa. Fra i suoi epiteti è singolare quello di *apsòrroos* (che scorre all'indietro, su sé stesso), che già gli antichi spiegavano con il moto circolare della sua corrente attorno alla terra. Per chiarire la natura dell'Oceano viene di solito richiamata la sua raffigurazione sullo scudo fabbricato da Efesto per Achille. Bisogna però notare che qui il cerchio esterno, disegnato dall'Oceano, abbraccia non solo la terra, ma anche il cielo e il mare.

Vi scolpì la terra ed il cielo ed il mare,
il sole che mai non smorza, la luna nel pieno splendore,
e tutte le costellazioni, di cui s'incorona il cielo,
le Pleiadi, le Iadi, la forza d'Orione
e l'Orsa, detta anche Carro per soprannome,
che gira su se stessa guardando Orione,
ed è l'unica a non immergersi nelle acque d'Oceano.
Vi scolpì due belle città di uomini mortali.
[... ...]
Infine metteva la grande corrente del fiume Oceano
lungo l'orlo esterno dello scudo ben costruito.

(*Il.* XVIII, 478-490; 607-608; *trad. di Giovanni Cerri*)

La posizione marginale dell'Oceano supera i limiti bidimensionali dello scudo e corrisponde alla sua funzione di legame primordiale che tutto avvolge e racchiude. Perciò non sarebbe corretto leggere questa immagine come l'anticipazione di una terra circolare e insulare, che comprende un mare interno distinto da quello esterno alle Colonne d'Eracle. Tale concezione si affermerà in realtà più tardi, segnando gli inizi della geografia e della cartografia presso i Greci, come un esito dell'esperienza 'coloniale' (VIII-VII sec. a.C.). È sintomatico il fatto che Aristotele si chieda di passaggio se l'antica nozione del fiume cosmico non contenga l'idea del ciclo dell'acqua, che egli descrive nella *Meteorologia* (I, 10, 347a). In tempi più vicini a noi Alexander von Humboldt nella prefazione al suo *Kosmos* (1847) usa l'espressione «oceano aereo» per indicare ciò che avvolge il globo terrestre.

A togliere ogni fondamento ai tentativi, non nuovi e ricorrenti, di leggere in termini geografici la concezione epica dell'Oceano, basti ricordare che Ulisse dovrà attraversarne la corrente per arrivare nell'Ade, seguendo le istruzioni di Circe (*Od.* X, 508). L'aldilà, il regno dei morti, si trova per Omero al di là del fiume del mondo. Anche per questo la natura dell'Oceano è sostanzialmente diversa da quella del mare; nulla nei poemi omerici autorizza a ritenere che i due elementi siano solo fisicamente separati. Essi appartengono piuttosto a due mondi diversi, la cui zona di frontiera segna i limiti dell'esperienza dei mortali e quindi anche della stessa possibilità di conoscenza per gli esseri umani. A questo supplisce la creatività del Poeta attraverso le gesta del suo eroe.

Curiosamente nessun fenomeno insolito incontra la navigazione per un intero giorno verso il fiume del mondo, finché al tramonto la nave di Ulisse passa quasi inavvertitamente dalle acque del mare a quelle dell'Oceano: «Calò il sole e si oscuravano tutte le strade, ed essa [la nave] raggiunse i confini dell'Oceano dalla profonda corrente». Allo stesso modo è l'uscita dalla sua dimensione cosmica che disorienta con il semplice cambio di scena narrativa. All'inizio del XII canto dell'*Odissea*, una volta abbandonata la corrente dell'Oceano, la nave giunge infatti «nel mare dalle ampie vie» e approda improvvisamente all'isola di Circe, dove hanno la loro dimora l'alba e il levarsi del sole. Oltre a questa vaga collocazione orientale, null'altro dice il Poeta sul passaggio dall'Oceano alle acque del mare. Resta avvolto nel mistero anche l'itinerario dall'isola di Circe a quella di Calipso, Ogigia, che appare in una posizione opposta, verso occidente; l'eroe dovrà infatti «tenere l'Orsa a sinistra» nella rotta che lo porterà infine da Ogigia al paese dei Feaci.

Provenendo dalle cosmologie del Vicino Oriente, la concezione dell'Oceano come limite del mondo ha comportato nell'*Odissea* una complicazione tutt'altro che trascurabile. Nell'epopea di Gilgamesh l'eroe si muove in un ambiente terricolo, fra pianure, monti e foreste, sicché l'arrivo sul litorale dell'Oceano e il suo attraversamento si presentano nel mito come uno spacsamento coerente; lo spazio delle peripezie di Ulisse è invece totalmente marittimo. Si capisce quindi l'imbarazzo del Poeta al momento di narrare il passaggio dell'eroe dal mare al fiume del mondo, e si può capire anche la tendenza degli antichi come dei moderni a tradurre talvolta questo passaggio in termini geografici, dal mare interno (al di qua delle Colonne d'Eracle) a quello esterno. In Omero la corrente dell'Oceano presenta inoltre un elemento dinamico assente nella tradizione orientale; è un altro segno del suo adattamento al contesto d'arrivo.

Probabilmente si spiegano, almeno in parte, con simili processi di adattamento alcuni degli enigmi geografici che la poesia epica ha sempre posto agli antichi come ai moderni. All'inizio dell'*Odissea* (I, 22 sgg.) Posidone si è recato «presso gli Etiopi che abitano lontano / gli Etiopi, che sono divisi in due parti, al limite del mondo abitato, / gli uni verso il Sole che si immerge, gli altri verso il Sole che sorge / per ricevere l'offerta di una ecatombe di tori e di agnelli». La loro collocazione lungo le rive dell'Oceano li accomuna ai Cimmeri, il cui paese si trova però nel regno dei morti dove si sposta la scena che occupa l'intero canto XI dell'*Odissea*.

> Calò il sole e si oscurarono tutte le strade, ed essa [la nave]
> raggiunse i confini dell'Oceano dalla profonda corrente.
> Là c'è il territorio e la città del popolo dei Cimmeri
> avvolti di nebbia e foschia; mai il sole splendente
> li raggiunge con lo sguardo dei suoi raggi
> né quando esso sale verso il cielo stellato,
> né quando dal cielo all'inverso si volge verso la terra;
> una notte funesta si stende su quei miseri mortali.

Qui giunti la nave a terra accostammo, e fuori portammo
il montone e la pecora, quindi seguimmo la corrente di Oceano,
finché al luogo giungemmo che Circe aveva detto.

(*Od.* XI, 12-22; *trad. di V. Di Benedetto e P. Fabrini*)

Etiopi e Cimmeri sono due popoli che appartengono alla realtà storica del mondo antico. I primi offrirono materia per un poema epico perduto (*Etiopide*), che potrebbe datarsi alla fine del VII sec. a.C.; la loro ubicazione a sud dell'Egitto è nota però nella letteratura greca solo a partire dal secolo successivo. Sui Cimmeri abbiamo notizia da testi dell'antico Oriente, prima che le loro incursioni dalle steppe della Scizia (Ucraina) giungessero in Asia Minore, dove nel VII sec. a.C. posero fine al regno di Frigia. Secondo la tradizione accolta da Erodoto, sotto la spinta degli Sciti essi invasero l'Asia attraversando l'odierno Stretto di Kerč, unito da un lungo ponte (c. 18 km) dopo l'annessione dell'Ucraina alla Russia nel 2014. Questo stretto prese perciò il nome di Bosforo Cimmerio, che gli antichi distinguevano dal Bosforo Tracio su cui sorgevano Bisanzio e Calcedone, l'una sul lato europeo l'altra su quello asiatico.

La caratterizzazione omerica dei Cimmeri in rapporto al corso del sole farebbe di essi un popolo dell'estremo Nord («...mai il sole splendente li raggiunge...»). A tale settore del mondo conosciuto il Poeta alluderebbe anche quando segnala che nel paese dei Lestrigoni, esseri giganteschi e antropofagi, «sono vicini i percorsi della notte e del giorno» (*Od.* X, 86). Nella visione ellenocentrica della terra abitata, che si definirà nella tarda età arcaica (VI sec. a.C.), le estreme regioni settentrionali sono però associate agli Sciti, il cui nome è assente in Omero. La Scizia (Russia meridionale e Ucraina) occuperà così una posizione climatica opposta all'Etiopia e questa polarità geografica avrà una lunga vita insieme all'altra, che contrappone gli Indiani (valle dell'Indo) nell'estremo Oriente ai Celti nell'estremo Occidente (vedi p. 102, fig. 36b). Ci scontriamo qui con una difficoltà inevitabile ogni volta che si cerca di completare, o di rendere comprensibile, la geografia epica mediante conoscenze che in realtà si fanno strada più tardi.

Ma vi sono già nella poesia omerica i chiari segni di concezioni simili, vale a dire di una visione strutturata geometricamente, che ordina i quattro settori estremi del mondo conosciuto in rapporto allo spazio centrale occupato dal Mediterraneo? E ammesso che il Poeta possedesse nozioni simili, fino a che punto possiamo aspettarci di vederle rappresentate nel suo racconto? La critica letteraria ellenistica (III-I sec. a.C.) distingueva nei versi di Omero la parte dovuta alla finzione creativa (*plàsma*) dall'informazione verificata (*historìa*). Anche quando la prima era del tutto evidente, non si escludeva affatto che il Poeta trasfigurasse intenzionalmente la realtà o un suo aspetto. Per i moderni il rapporto di Omero con la storia si pone ovviamente in maniera diversa.

Come si è già accennato, al mondo eroico della guerra di Troia e degli avventurosi ritorni in patria dei protagonisti corrisponde, in termini di cronologia assoluta, la tarda età del bronzo (c. 1600-1200 a.C.) caratterizzata in Grecia dalla civiltà micenea (tav. 1, p. 65). Questa in sostanza ci appare in una luce diversa rispetto all'immagine che di essa tramanda la poesia epica. Ben poco infatti si intravede in Omero della vita di quei centri fortificati con la loro struttura economica e amministrativa, rivelata dalle tavolette di argilla scritte in *lineare B*. Inoltre il rinvenimento in vari luoghi dell'Italia meridionale, della Sicilia e della Sardegna di manufatti micenei (in massima parte si tratta di ceramica), mostra una regolare frequentazione di queste regioni da parte di navi provenienti dall'Egeo. La navigazione 'micenea' si spinse anche sul litorale siro-palestinese e nell'isola di Cipro, celebre per le sue miniere di rame. La mobilità di uomini e beni nella tarda età del bronzo è documentata in particolare dall'archeologia subacquea. Dai fondali della costa turca sud-occidentale (Licia) sono emersi i resti spettacolari di due navi mercantili; sono i relitti ormai celebri di Capo Chelidonia (delle rondini) e di Ulu Burun presso Kaş. Nel loro carico spicca la notevole quantità di lingotti di rame con la caratteristica forma a 'pelle di bue' (ne trasportava circa sei tonnellate la nave di Ulu Burun). Se i manufatti, specialmente quelli in ceramica, possono essere classificati secondo i luoghi di produzione, resta invece incerta l'identità etnica dell'armatore. Comunque sia, anche la civiltà micenea appare pienamente inserita nei circuiti di un traffico marittimo che dal Levante siro-palestinese, con Cipro, tocca da una parte l'Egitto e dall'altra l'Egeo, con proiezioni nel bacino occidentale del Mediterraneo fino alla Sardegna inclusa.

Ora, questo quadro dinamico di scambi e di traffici marittimi, qui solo accennato, declina bruscamente sul volgere del XIII sec. a.C. La fine rovinosa della civiltà micenea è materia controversa (cause interne o invasioni?), anche perché sembra coeva alla fine dell'impero ittita in Asia Minore e ad altre invasioni segnalate in testi egiziani. La distruzione dei centri palaziali, documentata dall'archeologia, segna comunque una cesura assai più marcata in Grecia e nell'Egeo che nel Levante, dove il passaggio all'età del ferro appare meno traumatico. Con la scomparsa dell'amministrazione palaziale scompare la scrittura sillabica (*lineare B*) e quando i Greci reimparano a scrivere, circa quattro secoli più tardi, adottano l'alfabeto fenicio. Non si interrompe la vita in Grecia, naturalmente, ma le comunità conducono un'esistenza appartata, in una sorta di isolamento cantonale o regionale. All'apparente omogeneità della civiltà micenea, con la magnificenza delle sue tombe monumentali, subentra la diversificazione documentata da modesti corredi funerari, la cui tipologia circoscrive la dimensione locale delle manifatture e dei gusti, sui quali non si avvertono influenze dall'esterno. Vi sono regioni in cui l'attività artigianale – ancora una volta si tratta soprattutto di ceramisti – mostra nello stile decorativo una certa continuità con l'età micenea, come si può osservare nella ceramica 'proto-geometrica' dell'Attica. Ma l'impressione generale è di piccole comunità chiuse in sé stesse, le cui risorse sono mediocri come i loro corredi funerari (prevale all'inizio l'incinerazione sull'inumazione e si tratta di urne individuali non di sepolture familiari); né si intravede alcuna traccia di quelle forti differenziazioni di status esibite nell'età precedente. L'aspetto dimesso delle attività economiche, con la conseguente staticità della vita sociale, durò a lungo prima di mostrare i segni di un nuovo dinamismo.

Ai quattro secoli che separano la fine della civiltà micenea (c. 1200-1150 a.C.) dall'inizio dell'età arcaica (c. 800-750 a.C.) si è dato il nome di 'medioevo ellenico' o di 'età oscura' (Dark Age: tav. 1, p. 65). L'espressione non comporta un giudizio di valore (che non sarebbe certo condiviso dagli studiosi del Medioevo europeo), ma riflette la scarsezza e le molte ombre della nostra documentazione in confronto alla piena luce in cui ci appare la civiltà micenea. Va ricordato che, nonostante i profondi rivolgimenti seguiti al crollo dell'impero ittita in Anatolia e la costante minaccia dell'espansionismo neo-assiro, le città fenicie mostrano nello stesso arco cronologico una durevole vitalità. Nella storia coeva di Biblo, Sidone e Tiro non c'è qualcosa che corrisponda, sul piano della civiltà materiale, al medioevo ellenico. Nel IX sec. si data secondo alcuni studiosi l'apice del dinamismo marittimo e commerciale di Tiro, che porta alla fondazione di Cartagine e di Cadice. Secondo altri, però, la colonizzazione fenicia in Occidente è in sostanza coeva a quella greca (VIII sec a.C.).

È opinione largamente condivisa che la creazione della poesia epica rientri appunto in questa età di mezzo o meglio nella sua fase finale – e basterebbe questo a riscattarla dalla 'oscurità'. Attraverso un lungo processo di composizione orale, l'*Iliade* e l'*Odissea* raggiungono probabilmente nell'VIII sec. a.C. la sistemazione che conosciamo, cui segue la redazione scritta. Come il mondo eroico illustrato nei due grandi poemi, anche il mare di Omero appartiene ad un passato lontano, che continua però a vivere nel processo formativo della poesia epica. La *Chanson de Roland* venne composta verso la fine dell'XI sec. ed ebbe immediata e ampia risonanza in tutta Europa, ma le gesta dell'eroe sono legate all'imboscata subita nel 778 dalla retroguardia dell'esercito di Carlo Magno in un valico dei Pirenei. Nell'epopea germanica dei *Nibelunghi*, la cui formazione risale in parte al IX sec., i protagonisti si muovono addirittura nell'età di Attila e Teodorico (V sec.). La distanza senza tempo fra il cantore e il mondo in cui agiscono i suoi eroi è un ingrediente fondamentale dell'epica universale e questo vale anche per i poemi omerici. La positiva considerazione del Poeta per la nautica come espressione di civiltà riflette però un interesse non convenzionale né tradizionale, che richiede un contesto o uno sfondo storico. Come vedremo, questo va collocato negli ultimi due secoli del Medioevo ellenico (X-IX a.C.), che in buona parte corrispondono a quella che gli archeologi chiamano età geometrica (tav. 1, p. 65) per la prevalenza di tali forme nell'arte figurativa greca.

2. La 'colonizzazione' arcaica (VIII-VI sec. a.C.)

Sul volgere dell'età oscura si avvertono i primi segni di cambiamento con la ripresa delle comunicazioni e dei traffici a lunga distanza. Anche in questo caso le nostre conoscenze dipendono essenzialmente dall'archeologia, che può documentare la presenza di manufatti (in ceramica e metallo) assai lontano rispetto all'ambito regionale di produzione e di circolazione. Resti di ceramica greca proveniente dall'isola di Eubea sono venuti alla luce nel fòndaco di al-Mina alle foci dell'Oronte (fig. 4) sulla costa della Siria antica (oggi Turchia), e dall'Eubea provengono quei coloni che danno vita al più antico insediamento greco in Italia meridionale, nell'isola di Ischia da dove poi fondano Cuma sulla terra antistante. Questi ultimi fatti cadono nella prima metà dell'VIII sec. a.C. Essi segnano l'inizio di una emigrazione che in tempi diversi investe non solo le regioni periferiche o limitrofe della Grecia (Illiria/Albania, Epiro, Macedonia e Tracia/Bulgaria) ma anche e in maniera diffusa l'Italia meridionale, la Sicilia, la Cirenaica, i Dardanelli e il Mar di Marmara (fig. 5). In parte più antica, secondo alcuni, oppure grosso modo coeva alla prima fase della diaspora greca è l'emigrazione dei Fenici, che fondano tra l'altro Cartagine sul sito dell'odierna Tunisi e Cadice in Andalusia. Più tardi i Greci d'Asia emigrano sulle coste del Mar Nero (Ponto Eusino) e della Provenza (Marsiglia). Tempi, cause e circostanze di questo esteso trasferimento di popolazioni – la colonizzazione greca e fenicio-punica è un fenomeno discontinuo, che si estende per oltre due secoli (c. VIII-VI a.C.) – costituiscono uno dei campi di ricerca più discussi fra storici e archeologi da almeno un cinquantennio.

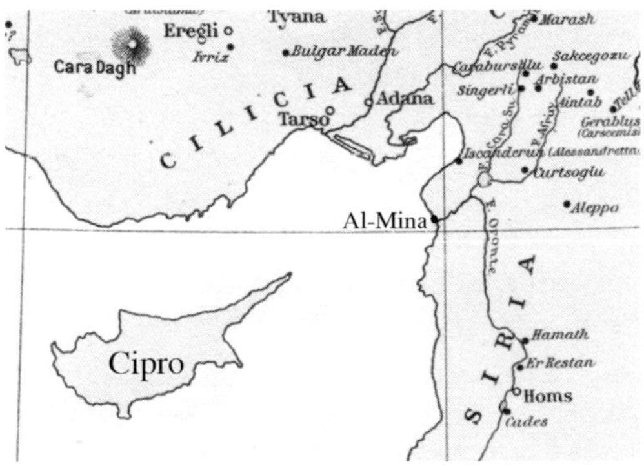

Fig. 4 – Al-Mina alle foci dell'Oronte (adattamento da Baratta – Fraccaro 1954, fasc. 1, tav. 4).

Il ricorso a una terminologia moderna per designare fenomeni della storia antica è a volte un passaggio obbligato per renderli comprensibili. Nelle lingue europee il significato di colonia, con il suo lessico, risale al latino e ad uno strumento tipico dell'espansione romana: è l'insediamento in un territorio conquistato di comunità che conservano diverse forme di dipendenza politica, giuridicamente definite, rispetto alla madrepatria. Tale rapporto di dipendenza di norma non sussiste invece per le colonie greche o fenicie, an-

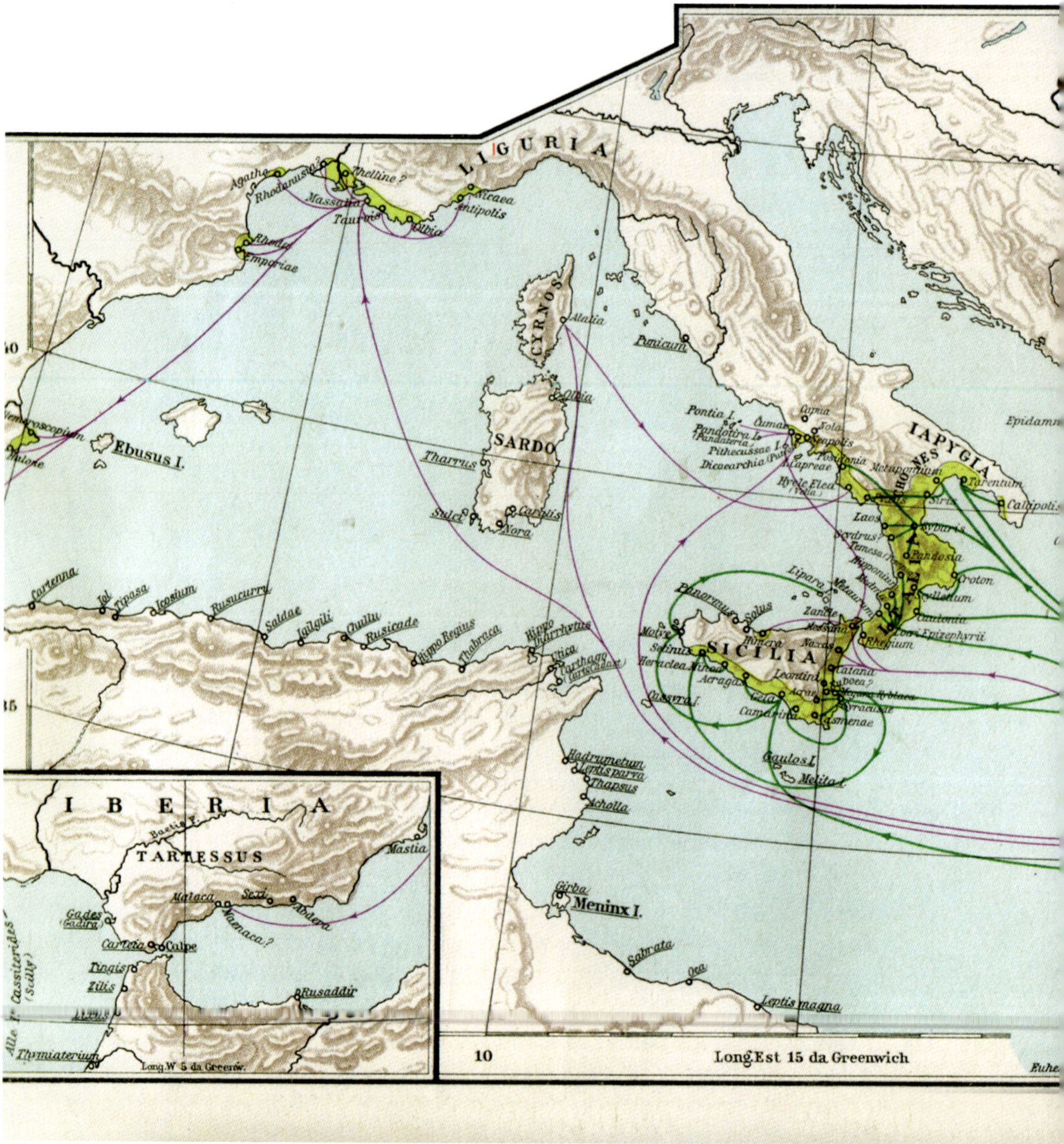

Fig. 5 – BARATTA – FRACCARO 1954 (fasc. 1, tav. 7). Questa carta mette in risalto l'irradiamento della civiltà greca attraverso i fili che legano la madrepatria alle 'colonie' sparse sulle coste del Mediterraneo (da notare nel Mar Nero il ventaglio della colonizzazione milesia). La stessa carta figura già nella prima edizione dell'*Atlante Storico De Agostini* (Novara 1924-25) e corrisponde allo stato delle conoscenze storiche di allora.

Dopo il secondo conflitto mondiale i progressi delle ricerche archeologiche hanno spostato l'attenzione sui contesti locali e sui rapporti dei Greci con le varie comunità indigene, in sintonia con la sensibilità derivante dai processi di decolonizzazione in età contemporanea.

che se restano ovviamente con la madrepatria i legami culturali (istituzioni, tradizioni e religione). Sarebbe quindi più corretto parlare di emigrazione che di colonizzazione. Per l'esperienza storica del colonialismo europeo il secondo termine evoca inoltre un forte divario fra le risorse tecniche dei coloni e quelle dei popoli colonizzati, divario che solo in parte corrisponde alle situazioni antiche. Con questa avvertenza i due termini verranno qui adoperati indifferentemente. Va infine ricordato il trasferimento del significato antico nella botanica moderna, dove colonia designa un insieme di piante che mettono radici «fuori dell'area tipica della specie».

Diversamente dalle navigazioni stagionali dei Micenei e di altre genti del Levante, che nella tarda età del bronzo si spingono nello Ionio e nel Tirreno, qui assistiamo fin dall'VIII sec. a.C. all'occupazione stabile di vari territori e alla creazione di tutta una costellazione di città-stato, con le loro istituzioni politiche e la loro storia. Ecco dunque che si pone l'interrogativo se la considerazione di Omero per il mare, come spazio delle relazioni fra gli uomini civili, conservi la memoria sbiadita delle navigazioni nella tarda età del bronzo, cui appartiene il mondo degli eroi, o non rifletta piuttosto esperienze dell'età oscura in cui l'epopea si è venuta formando, o addirittura un'attenzione precoce per la diaspora coloniale dei Greci nel Mediterraneo occidentale (tav. 1, p. 65).

È un dilemma che si presenta puntualmente per molti altri aspetti istituzionali, socio-economici e materiali dell'epica greca, e in termini quali sono in fondo sconosciuti a chi studia l'epopea mesopotamica di Gilgamesh, quella germanica dei *Nibelunghi* o l'epica cavalleresca medievale. Chi ha alle spalle una formazione prevalentemente letteraria, forse assolverà con una certa rassegnazione il compito di pronunciarsi su un punto cruciale della questione omerica. Di fronte al valore eterno della poesia, se questa esprime sentimenti, idee e visioni con una profondità di pensiero e un'efficacia comunicativa ignote alle altre creazioni dell'ingegno umano, tanto vale tenersi al carattere universale e incondizionato della poesia omerica, seguendo nel tempo gli innumerevoli echi e riprese che da essa scaturiscono presso i posteri. Di qui l'ombra della pedanteria e un senso di fastidiosa sazietà che talvolta pesano sulla questione omerica nell'insegnamento scolastico e universitario – per tacere della comunicazione al grande pubblico – come pesano su altre questioni ugualmente complesse, perché presuppongono un interesse non occasionale per la storia nella sua interezza e non solo come storia letteraria.

Sulle tracce di Ulisse: centralità dell'Egeo

Nell'*Odissea* vi sono alcune scene che con i dettagli dell'ambientazione trasmettono come un'eco della riapertura del mare alla navigazione e ai traffici dopo i primi secoli oscuri del medioevo ellenico. Nei paraggi della terra inospitale dei Ciclopi c'è un'isola piatta, dove approda la nave dell'eroe. Boscosa e popolata solo di capre selvatiche, presenta le condizioni più favorevoli per un insediamento: pascoli e terra fertile lungo le rive per coltivare la vite e il grano, un porto naturale con una sorgente d'acqua limpida e così ben protetto che non occorre gettare l'ancora. Privi come sono di ogni esperienza nautica, i Ciclopi non potrebbero mai sfruttare le opportunità di quest'isola, che pure si trova quasi a portata di mano, osserva il Poeta. Da una terra non lontana dai Ciclopi, stanchi delle loro angherie i Feaci erano emigrati a Scheria sotto la guida di Nausitoo, che «...fece templi di dèi e distribuì le terre coltivabili», come fanno i fondatori delle città 'coloniali'. È suggestiva l'ipotesi di chi vede qui un riferimento alla colonizzazione di Corcira / Corfù da parte di Corinto. Comunque sia, in età classica è ormai generalmente condivisa l'identificazione con Corcira di Scheria, il paese dei Feaci.

Nella loro città ideale tutto parla di navi, a partire dai nomi di Nausitoo e Nausicaa, il padre e la figlia del re Alcinoo. Così Nausicaa preannuncia a Ulisse la vista della città marinara:

> Ma quando arriveremo alla città – un alto muro la circonda,
> e da ambedue i lati della città c'è un bel porto,
> e stretta è l'entrata, e le navi ricurve stanno lungo la via
> tratte in secco, e tutti hanno uno scivolo e ciascuno per sé;
> e lì adiacente al bel Posideio hanno la piazza
> connessa con pietre trascinate e confitte nel suolo.
> E lì si prendono cura delle attrezzature delle nere navi,
> gomene e funi, e raschiano lo sporco dai remi.
> I Feaci non pensano ad archi e faretre,
> bensì agli alberi e ai remi di navi e alle navi ben fatte,
> su cui con orgoglio attraversano il mare canuto.
>
> (VI, 263-273; *trad. di V. Di Benedetto e P. Fabrini*)

I progressi della ricerca archeologica documentano già sul volgere del IX sec. a.C. la ripresa dei contatti fra l'Egeo e l'Italia meridionale passando per le Isole Ionie, fra le quali si trova il regno di Ulisse con Cefalonia e Itaca. La nuova documentazione ha naturalmente ridestato l'interesse per la figura di Ulisse, che agli occhi dei primi esploratori greci nei mari dell'Occidente, Eubei e Corinzi, sarebbe apparso come un «eroe protocoloniale». Certamente i canti dell'*Odissea* appartengono al bagaglio culturale dei coloni, ma sarebbe una forzatura rovesciare i termini del rapporto per cercare in Omero i segni o l'eco dell'emigrazione greca in Occidente. La compresenza di singoli manufatti, tecniche o pratiche dell'età del bronzo accanto a elementi di età più tarda, che provengono dal mondo del Poeta, è tipico della tradizione epica, un amalgama di età diverse su cui da tempo gli studiosi hanno richiamato l'attenzione. Ma questo amalgama non può comprendere anche la percezione del movimento coloniale come fenomeno contemporaneo agli aedi.

Se la composizione dell'*Odissea* è un fatto compiuto verso la fine dell'VIII sec. a.C. – vale a dire appena due generazioni dopo il più antico insediamento degli Eubei a Ischia e neanche una generazione dopo le prime fondazioni in Sicilia, Nasso e Siracusa – cui seguono Catania, Lentini, Megara Iblea, Zancle/Reggio, Sibari, Crotone, Taranto, Metaponto – non si può chiedere al Poeta di avere sui tempi lunghi, che attraversano il suo presente, la visione prospettica dei moderni. In altre parole, non c'è alcun bisogno di cercare in Omero i riflessi delle attuali conoscenze archeologiche sulle fasi che precedono e accompagnano l'emigrazione dei Greci in Occidente. Per noi queste fasi costituiscono gli inizi di uno svolgimento storico destinato a produrre la civiltà della Magna Grecia e delle città siceliote nelle sue varie manifestazioni; una prospettiva simile era invece estranea al Poeta e al suo uditorio.

Si tratti dell'incerta memoria delle navigazioni dall'Egeo verso lo Ionio e il Tirreno nella tarda età del bronzo (c. 1600-1200 a.C.) o di esperienze più recenti, l'orizzonte positivo della geografia omerica nel settore occidentale si arresta comunque al mare di Itaca e di Cefalonia. I rarissimi riferimenti a popoli o paesi situati eventualmente più in là restano troppo vaghi e incerti per poter mutare la sostanza di questa affermazione. Nei racconti di Ulisse alla reggia di Alcinoo la burrasca che dirotta la sua nave nei paraggi di Capo Malea trasferisce il ritorno dell'eroe nel regno del mito, dove tempo e spazio non sono nozioni commensurabili all'esperienza umana. È qui che egli incontra Lotofagi e Ciclopi, il dio dei venti Eolo, i Lestrigoni, l'isola di Circe e nell'aldilà i compagni caduti in guerra, quindi le Sirene, Scilla e Cariddi, per approdare infine all'isola di Calipso. Cercare in questo mondo gli indizi topografici o ambientali – il famoso 'nòcciolo di verità'– che consentirebbero di tracciare l'itinerario dell'eroe nel bacino occidentale del Mediterraneo è fatica vana, come è infondata l'idea, mai sopita del tutto, secondo cui le conoscenze geografiche del Poeta arriverebbero fino allo Stretto di Gibilterra e oltre. Nulla in Omero fa intravedere la concezione di un mare interno distinto da quello esterno alle Colonne d'Eracle. Il rapporto fra il mare e l'Oceano, il fiume del mondo che segna il termine dell'esistenza umana, appartiene allo spazio che si estende al di qua del Canale d'Otranto – ammesso per un momento che il rapporto si possa formulare in questi termini.

Ben prima della colonizzazione di età arcaica (VIII-VI sec. a.C.) un'altra grande emigrazione porta i Greci sulle coste dell'Asia Minore (fig. 6).

Se sulla colonizzazione fenicia e greca nel Mediterraneo occidentale siamo poco e male informati, né valgono a dissipare la nebbia i racconti di fondazione che emergono assai più tardi nella letteratura antica, il quadro generale si presenta ancora più oscuro per il massiccio trasferimento di genti dall'Ellade continentale verso le isole dell'Egeo e le coste dell'odierna Turchia. Alla vigilia delle guerre persiane (499-479 a.C.) una serie di città-stato sorge nelle isole che fronteggiano il continente (Lesbo, Chio, Samo, Cos, Rodi), lungo il litorale asiatico (Focea, Smirne, Colofone, Efeso, Mileto, Alicarnasso solo per ricordarne alcune) e anche nelle valli che si aprono verso l'altopiano (Magnesia del Sipilo e Magnesia sul Meandro). Le relazioni fra le due coste dell'Egeo risalgono almeno all'età del bronzo, ma all'incirca dall'inizio del X sec. a.C. il trasferimento di genti dalla Grecia centro-settentrionale e dal Peloponneso verso l'Asia Minore fu un fatto nuovo, soprattutto per la sua dimensione.

Si tratta di un fenomeno migratorio esteso per diverse generazioni e la cui dinamica non si lascia ricostruire nel suo intero sviluppo. Anche in questo caso tempi, modi e circostanze ci sfuggono, come accade quando la ricerca storico-archeologica tenta di tradurre in un racconto appena coerente i motivi che spingono intere popolazioni a cercare altrove migliori condizioni di vita.

Agli sconvolgimenti che investirono la Grecia nei primi 'secoli oscuri' (XII-XI sec. a.C.: tav. 1, p. 65) gli autori antichi fanno riferimento con «il ritorno degli Eraclidi» (mentre i moderni parlano piuttosto di invasione dei Dori): provenendo dalle regioni centrali e settentrionali della Grecia, i discendenti di Eracle occuparono il Peloponneso e se ne spartirono il territorio all'incirca tre generazioni dopo la caduta di Troia. Se l'indagine storica moderna deve ricorrere all'astrazione e alle generalizzazioni quando manca il tessuto o la catena degli accadimenti, la tradizione antica non può invece fare a meno di legare la memoria del passato più lontano alle azioni dei suoi protagonisti. Solo Tucidide nella premessa retrospettiva al racconto della guerra del Peloponneso (431-404 a.C.) riuscì a tradurre, per la prima volta, anche in termini di generalizzazione storica l'epopea omerica.

Riguardo al massiccio trasferimento in Asia Minore la tradizione antica mette in risalto la migrazione degli Ioni, per via soprattutto del loro rapporto di filiazione etnico-culturale rispetto all'Attica, rapporto che in età classica Atene mantenne sempre vivo in funzione dei suoi interessi politici nell'Egeo. All'inizio del VI sec. a.C. Solone afferma che l'Attica è «la terra più antica della Ionia». Per Tucidide la colonizzazione ionica si colloca un certo tempo dopo la guerra di Troia, mentre per Eratostene di Cirene (III sec. a.C.) – ingegno poliedrico, il quale pose tra l'altro le basi per la cronologia critica della storia greca – essa avvenne sessanta anni dopo il «ritorno degli Eraclidi», che entrambi datano ottanta anni dopo la guerra di Troia (tav. 2, p. 66). L'emigrazione in Asia Minore si inserisce coerentemente nell'età che viene dopo i fatti illustrati dall'epopea omerica, mentre la fondazione di città in Sicilia e in Italia meridionale appartiene piuttosto alla memoria collettiva dei Greci d'Occidente, Sicelioti e Italioti.

Considerando l'andamento delle cose dalla fine, l'esito fu straordinario perché l'emigrazione in Asia Minore coinvolse le tre componenti del popolo ellenico, quali si andarono definendo nei secoli oscuri dopo la fine rovinosa della civiltà micenea. Lungo la costa egea della Turchia, procedendo da nord a sud, troviamo in età classica (V-IV sec. a.C.) tre regioni etnico-linguistiche: Eolide, Ionia e Doride (fig. 6). Un quadro simile trova pochi confronti nella diapora greca verso le coste del Mediterraneo occidentale e del Mar Nero. Anche le colonie fondate dagli Achei del Peloponneso sul versante ionico della Calabria (Sibari, Crotone, Metaponto, Caulonia) e quelle fondate dai Calcidesi dell'Eubea in Sicilia (Zancle / Messina e Reggio, Nasso, Catania, Lentini) circoscrivono ambiti geografici culturalmente omogenei, se si guarda al paese d'origine dei coloni; il fenomeno appare però ancora più marcato nello spazio dell'Egeo. L'insediamento dei Greci in Asia corrisponde grosso modo alla posizione delle tre aree etnico-linguistiche di partenza: la Tessaglia (Eoli), l'Attica con l'Eubea (Ioni) e il Peloponneso (Dori). Il passaggio attraverso le isole dell'Egeo lasciò un'analoga ripartizione fra Eoli e Ioni a nord, Dori più a sud. La cartografia storica, che mostra questo imponente trasferimento di genti, ferma come l'ultimo fotogramma di una lunga sequenza, in cui diverse migrazioni portarono all'insediamento e alla creazione di comunità stabili nella forma della città-stato. Nel V sec. a.C. se ne contavano una dozzina nell'Eolide e altrettante nella Ionia.

Una delle questioni più complesse, per chi studia gli ultimi secoli del medioevo ellenico, è capire come il senso di appartenenza etnica si sviluppasse accanto al senso di appartenenza alle diverse comunità cittadine, che erano allora in formazione in Grecia come in Asia Minore, e più tardi anche in altre parti del mondo coloniale. Fin dall'inizio del XIX secolo vi era la tendenza a leggere in chiave di storia 'nazionale' le tradizioni antiche sulle 'stirpi greche', come allora si diceva. Oggi ha grande fortuna la nozione sociologica o antropologica delle 'identità collettive' come specchio dell'etnicità. Il confronto di idee in questo campo di ricerca è vivace, ma di un fatto non c'è ragione di dubitare: l'appartenenza di diverse comunità ad un medesimo 'popolo' è orientata o cementata da interessi comuni, non certo da ancestrali ed esclusivi legami di parentela. La comunanza di lingua e di culti ha naturalmente il suo peso, ma sono le dinamiche dei rapporti politici che indirizzano l'etnicità. Così anche nella Grecia d'Asia forme di solidarietà, che superano i limiti delle singole città-stato, si esprimono nella funzione di

Fig. 6 – L'emigrazione dei Greci in Asia Minore (Baratta – Fraccaro 1954, *ivi*).

alcuni centri di culto regionale, come il Panionio presso il promontorio Micale, che fronteggia l'isola di Samo, e il Triopio all'estremità della penisola di Cnido. Fin dall'età arcaica gli Ioni si ritrovano periodicamente al Panionio per celebrare il culto di Posidone, mentre i Dori al Triopio venerano Apollo.

Diverse città rivendicarono il vanto di aver dato i natali a Omero e due di esse, Smirne e Chio, si trovano nella Ionia d'Asia. A parte queste tradizioni campanilistiche, vi sono fondati motivi per ritenere che proprio nella Ionia i due grandi poemi ricevettero la sistemazione definitiva. Giova qui ricordare quanto scriveva Giorgio Pasquali (1885-1952), il più grande dei nostri filologi classici del secolo scorso.

> I poemi omerici sono stati scritti senza dubbio, almeno per la parte maggiore, nelle colonie greche dell'Asia Minore, come mostra il dialetto, fondamentalmente ionico, e come conferma l'esatta cognizione geografica che il poeta mostra almeno di parte di queste coste. Ma gli eroi sono peloponnesiaci o, che più importa, tessali.

Si capisce meglio, così, perché la poesia omerica assumesse il valore di memoria collettiva per i Greci emigrati in Asia Minore. Parliamo naturalmente dei ceti aristocratici e occorre guardarsi dal proiettare sui Greci antichi l'idea moderna dell'identità nazionale. In ogni caso un fatto va sottolineato, per quanto banale: sono le comunicazioni fra le sponde dell'Egeo, alimentate da questa emigrazione massiccia, a disegnare il quadro storico-geografico che può spiegare la considerazione positiva di Omero per la nautica, con l'insieme delle tecniche che essa comporta, dalla carpenteria all'edilizia portuale. Secondo alcuni studiosi l'immagine idealizzata della città marinara dei Feaci richiama la situazione di Smirne, le cui più antiche strutture risalgono al IX sec. a.C. Mettere anche la nautica, accanto all'agricoltura e alle norme sociali, fra le espressioni di una comunità civile non deriva certo da rischiose navigazioni in paesi poco o male conosciuti di un lontano Occidente, dove emigreranno i coloni. Dai versi di Omero traspare piuttosto la consapevolezza, ormai acquisita, che le vie del mare assicurano i rapporti fra gli uomini senza mettere a repentaglio la loro condizione. Sono gli effetti, ancora operanti, del trasferimento massiccio di Greci in Asia attraverso l'arcipelago dell'Egeo, non l'eco di esplorazioni precoloniali in Occidente. È una visione diversa da quella esiodea che è contingente, come vedremo più avanti. Lo sguardo di Omero sul mare è più profondo, come si evince anche dalla profezia consegnata da Tiresia a Ulisse nell'XI canto dell'*Odissea*.

> Poi, quando i pretendenti nella tua casa
> avrai ucciso o con l'inganno o a viso aperto con acuto bronzo,
> allora va' via, prendendo un ben connesso remo, finché

tu non arrivi da uomini che non conoscono il mare
né mangiano cibo mischiato con sale,
e nemmeno conoscono navi dalle gote miniate,
né ben connessi remi, che sono ali alle navi.

(vv. 119-125; *trad. di V. Di Benedetto e P. Fabrini*)

Quando l'eroe alla corte di Alcinoo rivela la propria identità, egli descrive la posizione di Itaca come «lontanissima verso occidente», assumendo così la medesima visuale egeo-centrica del Poeta, per il quale il regno di Ulisse si trova alla periferia del suo orizzonte geografico, in una zona remota, al di là di Capo Malea, di Pilo, di Zacinto; al di là anche di Cefalonia, il cui alto profilo è visibile prima di Itaca a chi si accosta da sud (fig. 7). Con prospettiva rovesciata l'Eubea è «lontanissima» per i Feaci, il cui paese è in qualche modo contiguo all'orizzonte di Itaca (*Od.* VII, 322). L'Eubea – su Capo Geresto fanno rotta i reduci raccolti a Lesbo con Nestore – costituisce anche qui un punto di riferimento nel mare di Omero, che non è ancora lo spazio dilatato dalla colonizzazione di età arcaica verso lo Ionio e il Tirreno; piuttosto è l'arcipelago, aperto ai contatti con il Levante e con l'Egitto, e in cui sono attivi i Fenici. Ribadire la centralità dell'Egeo, il primo mare interno della storia greca, nel mondo epico e anche nel ritorno di Ulisse in patria non toglie nulla ai più recenti risultati della ricerca archeologica. Per la nostra conoscenza della storia antica del Mediterraneo si tratta infatti di due ordini di 'fonti', la cui natura è sostanzialmente diversa e per molti aspetti non comparabile.

Mobilità dei toponimi

Una volta che le comunità raggiungono una sedentarietà, la stabilità dei toponimi è inseparabile dall'esistenza individuale e collettiva, dalla stessa possibilità di orientarsi e di ritrovarsi nello spazio circostante, anche quando esso è mutato. Questo rapporto elementare con l'ambiente accompagna le comunità emigrate in paesi stranieri.

La diaspora greca, prima sulle coste dell'Asia Minore poi verso l'Occidente e più tardi nel Mar Nero, comportò il trasferimento di vari toponimi dai paesi d'origine, e non si trattava certo di un fatto nuovo. Chiunque osservi anche per la prima volta una carta della Grecia e dell'Asia Minore in età classica (V-IV sec. a.C.), sarà colpito dal fatto che certi nomi di luoghi e di regioni ricompaiono in aree diverse e fra loro distanti. Oltre all'Acaia del Peloponneso, la regione che porta ancora oggi il suo nome antico, ve n'era un'altra nella parte meridionale della Tessaglia: l'Acaia Ftiotide, il regno di Achille. A duplicazioni simili portò, con la fine della civiltà micenea, l'emigrazione di intere comunità, che sconvolse il quadro preesistente degli insediamenti.

Fig. 7 – BARATTA – FRACCARO 1954 (fasc. 1, tav. 8, dettaglio). Scala 1:1.500.000.

Già Erodoto e Tucidide cercano di ricostruire la dinamica di queste invasioni e occupazioni, sì da rendere in qualche modo congruente il passaggio dalla situazione più antica, attestata da Omero, a quella dei loro tempi (V sec. a.C.). Si tratta comunque di genti parlanti dialetti diversi della stessa lingua greca. La tendenza a riprodurre nelle nuove sedi tratti del mondo domestico si accentua naturalmente in una terra straniera, dove si parlano altre lingue, e nulla meglio di un nome può ricreare il legame con il paese di provenienza. L'emigrazione dei toponimi accompagna i viaggi senza ritorno.

Dall'isola di Eubea il nome di Calcide venne portato in Macedonia, dove designa ancora la penisola con tre punte che si allunga nell'Egeo. In quella occidentale, la Pallene, il toponimo Flegra evocava nel paesaggio la battaglia fra gli dèi e i Titani; esso fu poi trasferito dagli Eubei in Campania, dove sopravvive negli odierni Campi Flegrei. Prima di approdare in Campania, una Cuma c'era già nella Grecia d'Asia e da lì il padre di Esiodo era emigrato in Beozia a cercare miglior fortuna. Megara Iblea a nord di Siracusa e Locri Epizefiri rimandano all'origine megarese e locrese dei coloni. Quelli di Sibari diedero ai due fiumi della grande pianura, dove fondarono la loro città, i nomi di una fonte e di un corso d'acqua (Crati) dell'Acaia peloponnesiaca, da cui essi provenivano. Nel territorio di Taranto, fondata dagli Spartani, vi erano vari toponimi lì trasferiti dai coloni, fra i quali spiccava l'Eurota il fiume di Sparta. All'isolotto occupato inizialmente dai Corinzi, fondatori di Siracusa, venne dato il nome di Ortigia (l'isola delle quaglie) con cui era designata Delo, l'isola sacra ad Apollo. La Doride dell'Asia Minore aveva il suo doppio in un piccolo distretto della Grecia centrale, che era considerato a torto o a ragione come la sede originaria dei Dori. Nell'entroterra asiatico le due città di Magnesia portavano il nome della penisola arcuata che disegna l'odierno Golfo di Volos, la Iolco da cui partirono gli Argonauti. L'elenco potrebbe continuare con i monti (Olimpo, Ida), i fiumi (Inaco, Peneo) e le città (Argo, Tebe), che in regioni diverse e talvolta assai distanti portano lo stesso nome. Sia nel mondo antico sia nella storia medievale e moderna vi sono vari esempi di simili duplicazioni toponomastiche ed etnico-geografiche. Un caso particolare, che non trova confronti nella geografia della diaspora greca, rappresenta poi la denominazione Magna Grecia (*Megàle Hellàs*) con cui venne designata buona parte dell'attuale penisola calabro-lucana all'epoca della sua fioritura in età arcaica.

Diversamente dalle grandi migrazioni che segnano il passaggio dall'età antica al medioevo, diversamente dall'arrivo dei Normanni nel Mediterraneo o dalla colonizzazione europea nel Nuovo Mondo, i Greci emigrarono in un ambiente per molti aspetti simile a quello di provenienza. A parte l'area settentrionale del Mar Nero, essi trovarono sulle coste del Mediterraneo le medesime manifestazione naturali a loro familiari nella madrepatria. Anche questa omogeneità di caratteri fisici, che impronta largamente la regione mediterranea, favorì la tendenza universale a trasferire nei nuovi insediamenti l'onomastica dei luoghi di provenienza. Al riconoscimento di aspetti domestici si affiancò naturalmente anche la caratterizzazione dei diversi quadri topografici del mondo coloniale. Come in tutti i fenomeni di interazione culturale i Greci accolsero talvolta la toponomastica in uso presso le comunità locali. Se Ancona designava in greco il gomito/*ankòn* che forma la costa adriatica nei pressi del Conero, il nome di Zankle, che i Calcidesi diedero alla futura Messina, nella lingua dei Siculi significava «falce». Quanto agli spazi geografici, in cui erano compresi i territori delle nuove città-stato, i Greci dovettero fare i conti con le popolazioni locali e di norma erano i loro nomi a connotare la diversificazione regionale nei paesi d'oltremare.

Ora, nelle rappresentazioni alimentate dalla diaspora greca di età arcaica va messo anche il riconoscimento del passaggio di Ulisse in alcuni luoghi del Mediterraneo occidentale. C'è forse in questo riconoscimento una sintonia inconscia con il viaggio tormentato verso Itaca, nel senso che ciascuno di quei luoghi sta lì a ricordare lo smarrimento dell'eroe sulla via del ritorno. Come da tempo si è osservato, la geografia dell'*Odissea* venne elaborata dai coloni greci, anche se non fu certo la loro preoccupazione primaria. Occorre però distinguere due fasi ben diverse, e non solo perché sono distanziate nel tempo. L'ellenizzazione dello spazio geografico, con il trasferimento di nomi e di miti dalla madrepatria, si afferma con immediatezza di pari passo con la formazione di nuove città-stato e con l'occupazione di vari territori in Italia meridionale e Sicilia. L'atteggiamento romantico di chi, armato di erudizione e mosso dalla nostalgia per un passato lontano, si mette sulle tracce di Ulisse e di altri eroi reduci dalla guerra troiana, emergerà molto più tardi. Dalla fine del IV sec. a.C. in alcuni autori contemporanei si farà sempre più acuto il senso di decadenza della Magna Grecia al confronto con l'età arcaica, mentre la poesia omerica sarà progressivamente oggetto di studi eruditi e anche di rivisitazioni creative da parte dei poeti ellenistici.

L'identificazione delle Isole di Eolo con l'arcipelago delle Lipari, di Scilla e Cariddi con lo Stretto di Messina costituisce già per Tucidide un dato oggettivo, così come l'identificazione del paese dei Feaci con Corcira, dove Alcinoo era anche oggetto di culto in un santuario. Lo stesso vale per le Isole delle Sirene, a sud della Penisola Sorrentina, e per la dimora insulare di Circe, che venne ritrovata nel Circeo (fig. 8) anche se i versi di Omero fanno pensare piuttosto a una collocazione orientale. Dapprima il promontorio era un'isola, poi congiunta alla terra dai depositi alluvionali di alcuni fiumi, argomentava Teofrasto, il collaboratore di Aristotele e poi suo successore alla guida del Liceo. Si tratta di riconoscimenti geografici in cui gli Eubei ebbero probabilmente un ruolo pionieristico, anche se non esclusivo. Nonostante il loro radicamento nella geografia del Mediterraneo, i toponimi che nel bacino occidentale ricordano le peripezie di Ulisse – è appena il caso di dirlo – non hanno un valore storico sostanzialmente diverso dall'orma gigantesca (due cubiti, c. 90 cm) che ai tempi di Erodoto (IV, 82) i Greci del Ponto / Mar Nero additavano in una roccia presso il fiume Tira / Dnister come prova del passaggio di Eracle in Scizia.

Nel riconoscimento dei luoghi di Ulisse è opportuno però distinguere, per quanto è possibile, due fasi ben diverse, come si è già detto. Ne abbiamo un buon esempio nella proiezione geografica delle istruzioni date da Circe all'eroe dopo il suo ritorno dall'aldilà (*Od.* XII, 37-110). Come a Nestore, dubbioso sulla rotta da prendere da Lesbo verso il Peloponneso, così anche a Ulisse si prospetta una scelta. Puntare sulle Plancte (Rupi erranti, Πλαγκταί) – attraverso le quali riuscì a passare solo la nave Argo, che Giasone riportò indietro dal paese di Aiete – oppure verso i due scogli (σκόπελοι) di Scilla e Cariddi: nei versi di Omero il primo si eleva fino al cielo con la sua cima appuntita, mentre l'altro è basso.

Associate alle Simplegadi (le Rupi che cozzano, dette anche Cianee per il colore scuro) le Rupi erranti connotano già nel V sec. a.C. la topografia marittima del Bosforo (Tracio), così come Scilla e Cariddi designano lo Stretto di Messina; sono riconoscimenti geografici che risalgono all'esperienza coloniale di età arcaica. L'alternativa fra le due rotte indicate da Circe presuppone però, a ben guardare, un medesimo quadro geografico: se Scilla e Cariddi si trovano nel Mar Tirreno, lo stesso dovrebbe valere per le Rupi erranti. Argomentazioni del genere sono sottese alla localizzazione di una di esse fra le Isole Eolie o all'identificazione delle Plancte con le Colonne d'Eracle. Si tratta però di ipotesi erudite che si affermano più tardi nella seconda fase, come l'idea secondo cui Ogigia, l'isola di Calipso, si troverebbe nelle acque di Crotone, o ancora come la collocazione nei Campi Flegrei dell'Ade visitato da Ulisse. Fra le identificazioni proposte dagli antichi per Scilla e Cariddi c'era anche lo stretto fra Capri e la Penisola Sorrentina, nei cui paraggi si mostravano le Isole delle Sirene. Eratostene faceva però notare che lo 'scoglio' in questione non era così elevato come nei versi di Omero, ma si spingeva in mare «lungo e stretto» da Sorrento verso Capri, separando il golfo di Cuma da quello di Posidonia (Strabone I, 2, 12). È da notare comunque che nel ritorno dell'eroe il passaggio dal mare all'Oceano avviene nello spazio che si estende al di qua delle Colonne d'Eracle.

Alla seconda fase appartengono, in buona parte almeno, certi miti di fondazione che attribuiscono un'origine eroica ad alcune città greche dell'Italia. Si tratta infatti di un fenomeno secondario, che presuppone nell'arco di alcune generazioni un certo sviluppo delle comunità istallate in terra straniera, senza il quale è impensabile una riflessione sulle proprie origini e quindi il bisogno di connetterle alle figure eroiche della tradizione epica. In questi miti di fondazione i Greci presentano l'insediamento in terra straniera come un ritorno negli stessi luoghi, sui quali erano già approdati i loro eroi dopo la guerra di Troia. Bisogna poi considerare la prospettiva antiquaria delle nostre fonti letterarie, che si avverte distintamente dalla fine del IV sec. a.C. Poiché anche il ritorno in patria di questi reduci – Nestore, Filottete, Diomede, per ricordarne alcuni – non prevede ovviamente

Fig. 8 – Il profilo del Circeo dalla spiaggia di Nettuno (foto di P. Ponterio).

un passaggio nel bacino occidentale del Mediterraneo, si dovrebbe pensare che fossero finiti fuori rotta come Ulisse. Sono però argomenti senza peso e perfino risibili di fronte alla forza del mito, che non solo fa parte del bagaglio culturale dei coloni ma si autoalimenta più tardi nelle particolari condizioni storico-culturali della sua rielaborazione.

Gli eroi dell'epopea emigrano e viaggiano con i Greci

La colonizzazione arcaica ampliò anche il raggio d'azione di Eracle, il figlio di Zeus e Alcmena, la figura archetipica dell'eroe greco, ma al tempo stesso quella che pone maggiori ostacoli ai tentativi di definirne in termini univoci identità e funzioni. Sebbene la sistemazione canonica delle celebri 'fatiche' venga più tardi, vi allude già la poesia omerica. Due delle sue imprese sono inoltre richiamate da Esiodo (*Teogonia* 215 sgg.; 287 sgg.; 517 sgg.). Nella prima l'eroe dovrà impadronirsi dei buoi di Gerione, un essere mostruoso fatto dall'unione di tre corpi (fig. 9), per consegnarli a Euristeo, il re di Micene. Nella seconda Eracle è alla ricerca di certi frutti misteriosi (i pomi delle Esperidi), che gli procura Atlante uno dei Titani, al quale però l'eroe deve temporaneamente sostituirsi nel reggere il peso del cielo, che poggia sulle spalle di Atlante (fig. 10).

Sia i pascoli e le mandrie di Gerione, sia il monte Atlante vengono collocati più tardi nell'estremo Occidente, là dove li ha spinti l'ampliamento dell'orizzonte geografico prodotto dalla colonizzazione. La tendenza a trasferire verso la periferia di un'ecumene in espansione i luoghi immaginari del mito suscitò talvolta posizioni di segno opposto, ma si trattava della protesta isolata di un 'razionalista' come Ecateo di Mileto. Verso la fine del VI sec. a.C. egli sostenne (fr. 26 J.) che i pascoli di Gerione andavano cercati in Epiro nei pressi di Ambracia / Arta e non in Iberia al di là delle Colonne d'Eracle. La maggior parte delle 'fatiche' dell'eroe sono infatti ambientate in Grecia. Anche nella Provenza i Focei, fondatori di Marsiglia (c. 600 a.C.), riconobbero le tracce del passaggio di Eracle, il quale aveva usato i ciottoli sparsi nella pianura della Crau come proiettili contro i Liguri.

È in virtù delle nuove conoscenze su popoli e paesi del Mediterraneo occidentale, che i miti entrano progressivamente nella geografia 'coloniale'. In

Fig. 9 – Eracle affronta Gerione. Nel disegno (di K. v. Woyski) è rappresentata la scena incisa in una lamina di bronzo (ultimo quarto del VII sec. a.C.) rinvenuta frammentaria nel santuario di Era a Samo (da Brize 1985, Beilage 2, dettaglio).

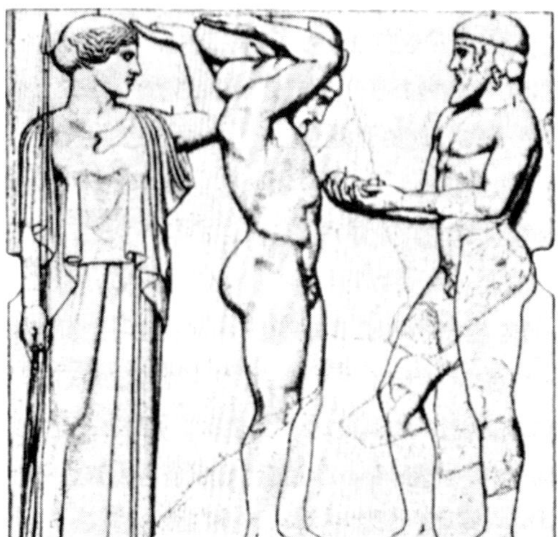

Fig. 10 – Eracle e Atlante. Il disegno riproduce una metopa del tempio di Zeus a Olimpia, V sec. a.C. (Brommer 1953, Taf. 1).

età modena (XVI sec.) assistiamo al medesimo fenomeno con le Isole di Salomone nell'Oceano Pacifico o con il Rio delle Amazzoni. Questa linea di svolgimento emerge con chiarezza, quando si confronta la geografia di Omero con quella di Esiodo, che gli antichi collocavano subito dopo Omero o consideravano suo contemporaneo.

Pur riprendendo dalla tradizione epica motivi e forme espressive (la lingua e il ritmo dell'esametro), la poesia esiodea se ne distacca nettamente. Miti che in Omero rientrano in un più ampio sfondo narrativo, sono oggetto in Esiodo di una trattazione diversa. Come è ben noto, la religione greca non si basa su un testo sacro e intangibile, cui nulla si può aggiungere o togliere. Affermando che furono Omero ed Esiodo a dare ai Greci i loro dèi, Erodoto esprimeva certamente un'opinione largamente condivisa ai suoi tempi. Ai nostri occhi, però, Omero conclude e riassume un'epoca mentre Esiodo ne annuncia un'altra. Nella poesia di entrambi si muovono dèi, eroi e uomini in carne ed ossa, ma in Esiodo la nascita e le stirpi degli dèi costituiscono materia separata di un poema (*Teogonia*), in cui l'umanità è esclusa dalle azioni di esseri soprannaturali, dai conflitti fra le potenze divine come anche dalla catena delle generazioni. È in un altro poema (*Le opere e i giorni*) che Esiodo espone il mito delle fasi primordiali attraverso cui passa il genere umano (l'età dell'oro, dell'argento, del bronzo e del ferro). Domina l'idea di una progressiva decadenza dallo stato iniziale di beatitudine. Interrompendo questa traiettoria, gli eroi dell'epopea omerica trovano posto in una sezione a parte, prima della grigia età del ferro cui appartiene il mondo di Esiodo.

Miti che fondano l'origine dell'universo e il suo divenire sono ben attestati nelle civiltà del Vicino Oriente, da cui sono poi passati nella Grecia arcaica. Come si è già visto a proposito dell'Oceano, tracce evidenti delle cosmogonie orientali si trovano nella stessa poesia omerica, che tratta però il mondo divino non per sé ma in quanto agisce sulle azioni degli eroi e degli uomini. Pur riecheggiando certi motivi delle tradizioni orientali, la *Teogonia* di Esiodo rappresenta, per così dire, una fase più avanzata rispetto a Omero. Isolando la nascita degli dèi con le loro stirpi, ne fa oggetto di riflessione autonoma. Nella letteratura greca Esiodo è anche il primo a parlare di sé stesso. Nei suoi versi possiamo cogliere la tensione fra le forme di vita sociale, tradizionalmente legate al possesso della terra, e le attività dei traffici marittimi. Sono ben note nelle *Opere e i giorni* le raccomandazioni sui tempi adatti alla navigazione per commercio, che il poeta rivolge al fratello Perse (vv. 618-694). Egli ha con il proprio tempo un rapporto più stretto e quindi più saldo di Omero, perciò i primi riflessi dell'emigrazione greca in Occidente si trovano nella sua poesia.

Esiodo può ancorare in un quadro geografico alcune tappe del ritorno avventuroso di Ulisse, aggiungendo ai luoghi evocati da Omero anche l'Etna, l'isolotto di Ortigia (Siracusa) e i Tirreni (Strabone I, 2, 14). L'osservazione risale a Eratostene, per il quale il confronto fra i primi due poeti dei Greci si poneva anche sul piano storico delle conoscenze geografiche. In Omero erano ancora limitate all'Egeo e al Mediterraneo orientale, mentre Esiodo si mostrava più informato sui mari della Sicilia e dell'Italia. Si tratta di aggiornamenti suggeriti dalla coeva esperienza coloniale, e importa sottolineare che con l'ambientazione siciliana del ritorno di Ulisse emergono, per la prima volta nella letteratura greca, anche gli Etruschi/Tirreni. Quanto sappiamo sulla civiltà materiale dell'Etruria meridionale attorno all'VIII sec. a.C. trasmette l'immagine di comunità urbane relativamente strutturate e dinamiche (Veio, Cerveteri, Tarquinia, Vulci) e quindi non dovrebbe sorprendere che all'inizio del VII sec. a.C. la loro identità 'etnica' venga recepita da Esiodo. Nell'VIII sec. inizia a diffondersi in Etruria l'uso della scrittura, grazie all'alfabeto portato dagli Eubei; secondo alcuni studiosi anche la viticoltura con il consumo del vino è introdotta dai Greci in Etruria e nel Lazio.

Non sembrano perciò sussistere valide ragioni per espungere il verso della *Teogonia* (1013) in cui *Agrios* (Selvaggio) e *Latinos*, che regnano sui Tirreni, sono figli di Circe e di Ulisse. L'integrazione di nuovi popoli e paesi nell'universo mentale dei Greci procede coerentemente sia nelle rappresentazioni etnico-geografiche sia in quelle mitico-genealogiche. Risale probabilmente a Esiodo anche la prima attestazione sulla genealogia mitica del popolo greco, diviso in tre 'stirpi' (Ioni, Dori, Eoli), che discendono da un comune progenitore (*Hèllen*). Di una simile costruzione non v'è traccia in Omero. Gli storici antichi, con Tucidide in testa, hanno dovuto riconoscere che nell'epopea non v'è alcuna distinzione fra Greci e stranieri ('barbari') e che per designare l'insieme delle forze guidate da Agamennone contro i Troiani, Omero non usa né il nome di Ellade né quello di Elleni, ma parla di Danai, Argivi, Achei. Anche in questi dettagli si può notare la permeabilità della poesia esiodea all'osservatorio del suo tempo, mentre il carattere tradizionale dell'epopea omerica la rende meno disponibile all'aggiornamento. È da sottolineare, comunque, un fatto significativo per la percezione del mondo coloniale: Esiodo inserisce luoghi e popoli nuovi dell'Occidente nel contesto epico delle peripezie di Ulisse, come mostra la stessa ubicazione tirrenica della dimora di Circe. In altre parole, nelle *Opere e i giorni* non vi sono riferimenti o allusioni alla colonizzazione o ai traffici marittimi degli Eubei, che pure il poeta aveva sotto gli occhi nella sua Beozia e la cui attività è sottesa, probabilmente, ai consigli sulla stagione più adatta per la navigazione commerciale.

Il confronto con Omero permette dunque di osservare in Esiodo la prima sicura ambientazione siciliana e tirrenica dell'avventuroso ritorno di Ulisse. Questa espansione verso occidente delle conoscenze su popoli e paesi lontani non significa affatto, però, che nella nozione esiodea dei «limiti della terra» (πείρατα γαίης) vi sarebbe un'allusione allo Stretto di Gibilterra o alla Colchide (Georgia caucasica), la meta degli Argonauti. Sono luoghi che non possono ancora intervenire nella visione greca della terra abitata. Chi cerca la loro realtà geografica nella cosmologia di Omero o di Esiodo, ignora la dinamica che comporta la concezione stessa dei limiti dell'ecumene, che non sono dati una volta per sempre. Se fin dall'inizio della storia e della letteratura greca essi vengono posti là dove in realtà saranno trasferiti solo più tardi, si perde ogni distinzione fra il prima e il dopo, né si vede quale sarebbe l'apporto dell'esperienza coloniale all'ampliamento dell'orizzonte geografico. Nelle rappresentazioni mitiche i confini del mondo si somigliano, si scambiano e si sovrappongono grazie alla natura dell'Oceano, il fiume cosmico la cui corrente scorre all'indietro. Esso rappresenta lo spazio degli itinerari alternativi riservato agli eroi, che possono tornare al punto di partenza senza ricalcare la via seguita nell'andata. Introdurre nella concezione omerica ed esiodea dell'Oceano la polarità geografica fra lo Stretto di Gibilterra nell'estremo Occidente e la Colchide all'estremità orientale del Mar Nero, per fare chiarezza e mettere ordine, non aiuta a comprendere meglio le cose, ma porta solo a modernizzarle alla luce di conoscenze che verranno dopo.

Alla fine della *Teogonia* (963 sg.), prima di passare ad altro argomento, Esiodo prende congedo dal tema trattato, la nascita del mondo e le stirpi degli dèi. Il suo sguardo abbraccia per un momento il panorama che dall'alto dell'Olimpo si apre sul Mare Egeo, così familiare anche a Omero. Qui troviamo per la prima volta l'idea di un vasto spazio marittimo, interno alle masse terrestri:

> E ora a voi salve, che abitate le case d'Olimpo,
> isole e continenti e salso mare che è steso fra voi
>
> (*trad. di Graziano Arrighetti*).
>
> Ὑμεῖς μὲν νῦν χαίρετ', Ὀλύμπια δώματ' ἔχοντες,
> νῆσοί τ' ἤπειροί τε καὶ ἁλμυρὸς ἔνδοθι πόντος.

Ancora l'Egeo è chiamato da Esiodo «il nostro mare» (fr. 241 M.-W.: τὸ ἡμέτερον πέλαγος) che non può certo riferirsi all'intero Mediterraneo, come sarà invece per Platone nel IV sec. a.C.

La tendenza a collocare nella geografia coloniale i luoghi del mito, si tocca con mano un secolo più tardi nella *Gerioneide* di Stesicoro di Imera (inizio VI sec. a.C.), città fondata da Zancle / Messina sulla costa settentrionale della Sicilia. Rielaborando nella poesia corale i temi della tradizione epica, anche egli illustra l'impresa di Eracle. Nella *Teogonia* di Esiodo per impadronirsi delle mandrie di Gerione, l'essere mostruoso che sta nell'isola Eriteia (rossa), l'eroe deve attraversare la corrente dell'Oceano, il fiume del mondo, così come deve fare Ulisse per approdare nell'aldilà. Nei versi di Stesicoro l'isola di Gerione si trova invece non lontano da Tartesso, nome con cui veniva indicata in età arcaica la basse valle del *Baetis* / Guadalquivir (p. 20, fig. 5, riquadro), le cui risorse minerarie fecero di questa terra una sorta di Eldorado nella visione greca dell'Occidente (Strabone III, 2, 11). Si tratta di Cadice, allora separata dalla costa iberica. Il fatto che lo stesso nome di Eriteia si trovi nei due poeti non autorizza a proiettare su Esiodo le conoscenze di Stesicoro, ignorando la sostanziale diversità dell'ambientazione.

Si spiega allo stesso modo la storia delle Rupi erranti (*Planktài*), attraverso le quali riuscì a passare solo la nave di Giasone e degli Argonauti. Il mito è già noto al Poeta dell'*Odissea* ed è attestato nelle arti figurative di età arcaica. La sua ambientazione nella Colchide e non più in uno spazio indefinito dell'Oriente, rientra in questa tendenza generale della geografia arcaica. Fu la colonizzazione greca nel Mar Nero (VII-VI sec. a.C.) a disegnare la topografia dell'impresa argonautica, siccché l'identificazione delle Rupi erranti con il Bosforo (Tracio) è 'post-omerica' come è 'post-omerica' l'ubicazione delle Colonne d'Eracle sullo stretto che separa il mare interno da quello esterno. È esemplare in questo senso il caso di Eéa, il paese su cui regna Aiete, uno dei figli del Sole (*Helios*) e fratello di Circe, nonché padre di Medea. Come il paese di Gerione nel mito di Eracle, così Eéa è la meta di Giasone. A quest'ultimo fanno riferimento Omero (*Od.* X, 136) ed Esiodo, ma nei loro versi non si intravede ancora nessun elemento distintivo del quadro geografico in cui agiscono gli Argonauti. L'associazione di Aiete e di Eéa con la Colchide / Georgia emergerà solo più tardi, con gli sviluppi della colonizzazione greca nel Ponto, soprattutto per opera di Mileto.

Dalla diffusione dei miti alla scoperta del mare interno

Nessuno degli eroi greci si presenta con la vocazione a spingersi nei luoghi più remoti come Eracle, anche se non si tratta di una sua attitudine originaria. Certamente anche gli dèi viaggiano fino ai confini della terra, ma questo rientra nella loro natura di esseri soprannaturali: la totalità del mondo appartiene loro fin dalla creazione. Solo agli dèi è dato viaggiare dal paese degli Etiopi a quello dei Solimi in Licia, senza sentirsi spaesati perché hanno lasciato l'Olimpo. L'azione degli eroi, che si spingono verso i medesimi limiti, comporta invece un impegno faticoso e irto di ostacoli, che li accosta simpateticamente all'affanno dei mortali. All'inizio del V sec. a.C. Pindaro (*Nemea* III, 19 sgg.) celebra Eracle perché ha reso sicure le vie del mare fino ai confini della terra, ch'egli ha segnato come termine della sua lunga navigazione. È chiaro che emergono qui i tratti dell'eroe, quali si erano andati delineando nel corso dell'età coloniale. Anche il suo legame con la regalità agisce inizialmente in Grecia, prima di essere trasferito in altri paesi. Nella tradizione antica, come si è già accennato, gli Eraclidi dopo la guerra di Troia occuparono il Peloponneso e se ne spartirono il territorio. A Sparta le famiglie dei due re avevano come capostipiti i figli di Eracle. La stessa origine veniva attribuita alla prima dinastia dei re di Lidia il cui ultimo esponente, Creso, dovette soccombere dinanzi all'espansione di Ciro II il Grande (metà VI sec. a.C.).

A Cadice l'arrivo di Eracle è preceduto dal fenicio Melqart, il leggendario signore di Tiro, la cui figura fu assimilata dai Greci a quella del loro eroe. La fisionomia di Melqart appare però sfuggente agli stessi studiosi della civiltà fenicia, sicché non si capisce ancora a chi dei due appartengano propriamente le Colonne d'Eracle.

Nelle rappresentazioni della regalità, che conosciamo dai testi del Vicino Oriente, i sovrani indicano con una stele, su cui viene scritta l'impresa, il limite estremo raggiunto dalle loro conquiste che essi proclamano estendersi fino ai confini del mondo. Forse si spiega con questo retroterra culturale il segnacolo associato all'eroe nel luogo in cui egli è venerato a Cadice dai fondatori della città, i Fenici di Tiro. Nella ricezione greca del mito i segni lasciati da Melqart diventano, a un certo punto, due stele (στῆλαι, *columnae* in latino) poste da Eracle sui lati dello stretto fra Europa e Libia (il nome greco dell'Africa), là dove termina il mare interno e inizia la distesa del mare esterno. Si tratta però di una razionalizzazione tardiva del mito. Nell'iconografia di Eracle figurano la clava, l'arco e la pelle di leone, mentre le due stele sembrano connotare piuttosto la figura di Melqart, stando almeno a quanto Erodoto (II, 44) afferma d'aver visto nel suo santuario a Tiro. Il termine stele designa comunque un pezzo o una tavola commemorativa di pietra; non ha quindi il significato di pilastro, struttura portante, significato che invece può esprimere l'espressione latina, passata poi nelle lingue moderne. È perciò fuorviante associare alle stele di Eracle le «lunghe colonne» che reggono il cielo nel mito di Atlante (*Od.* I, 52 sgg.).

In età ellenistica (III-I sec. a.C.) l'ubicazione delle stele di Eracle è materia controversa, come mostra la lunga discussione che leggiamo in Strabone (III, 5, 5-6), storico e geografo attivo al tempo di Augusto. Per un verso l'identificazione con l'odierno Stretto di Gibilterra è ormai consolidata – si tratta, se mai, di individuarne i segni nel quadro geografico (isolotti o promontori?). D'altro canto le stele vengono cercate anche nel santuario di Eracle a Cadice, mentre lo stretto fra l'isola di Cadice e la costa iberica diventa a sua volta la porta che separa il mare interno da quello esterno.

Se la figura di Melqart assorbì i tratti assiri del re-conquistatore, la duplicazione della stele fu una creazione secondaria, perché presuppone l'unità del mare interno, che comunica col mare esterno appunto attraverso le Colonne di Eracle. Comunque sia, a tale scoperta geografica, di cui conosciamo solo l'esito, i Greci giunsero probabilmente solo nel corso del VII sec. a.C., se non più tardi.

Questa affermazione, necessariamente approssimativa, può certo apparire fin troppo prudente agli studiosi di archeologia e soprattutto di protostoria del Mediterraneo. Vi sono fenomeni di irradiamento culturale con diffusione di manufatti (la civiltà megalitica di Malta, l'ossidiana di Melo e di Lipari, i rapporti di Creta minoica con l'Egitto nella prima metà del II millennio a.C.), che possono spiegarsi solo con la navigazione su lunghe distanze. Abbiamo prima accennato al dinamismo marittimo della civiltà micenea non solo verso Creta e il Levante con Cipro, ma anche verso il bacino occidentale del Mediterraneo; più tardi i Fenici si spingono ancora più in là, fino alla costa del Marocco e dell'Andalusia. Le carte di distribuzione di manufatti in aree assai lontane rispetto a quelle di produzione non possono però dirci nulla sulle concezioni geografiche, che certamente si accompagnarono alla mobilità degli uomini. In assenza di testi scritti sarebbe illusorio cercare nelle carte tematiche, che visualizzano la diffusione di oggetti egei o levantini nella protostoria del Mediterraneo, un qualche riflesso delle coeve rappresentazioni degli spazi attraversati.

Quale che sia la convinzione che ognuno può maturare in proposito, l'idea di un grande mare racchiuso fra le masse terrestri e separato dalle acque che si estendono al di là delle Colonne d'Eracle, questa scoperta senza rumore fu una delle acquisizioni impreviste della colonizzazione greca e fenicia, di cui erano all'oscuro Omero ed Esiodo.

Sebbene rappresenti un fenomeno più tardo rispetto al riconoscimento dei luoghi mitici di Ulisse e alla dislocazione occidentale delle imprese di Eracle, non è meno istruttivo il trasferimento del mito e del culto di Achille nel mondo coloniale della Scizia (Ucraina). Diversamente da Eracle e Ulisse la figura di Achille non ha nulla in sé che la predisponga ai lunghi viaggi. Degli eroi caduti sotto le mura di Ilio/Troia egli è il più illustre. L'ubicazione della sua tomba su un promontorio dell'Ellesponto (Dardanelli) è indicata da Agamennone nel colloquio che questi ha nell'oltretomba con Achille nell'ultimo canto dell'*Odissea* (XXIV, 80-84). Era un grande tumulo che accolse anche le ossa di Patroclo,

> [...] su una costa sporgente sull'ampio Ellesponto
> perché fosse visibile da lontano, dal mare, ai naviganti,
> quelli che vivono oggi e quelli che vivranno in futuro.
>
> (*trad. di V. Di Benedetto e P. Fabrini*)

Anche Ulisse incontra nell'aldilà l'ombra di Achille, ma ben presto si afferma in età arcaica la leggenda che lo vuole nella Pianura Elisia (o Campi Elisi) in una condizione di beatitudine riservata dagli dèi solo ai migliori degli eroi, come Menelao. Nelle rappresentazioni mitiche questo luogo immaginario si confonde spesso con le Isole dei beati, che solo in età tardo-ellenistica (II-I sec. a.C.) vennero identificate con le Canarie. Ora, è sorprendente trovare il culto di Achille in un'area della Scizia marittima compresa fra il delta del Danubio e lo Stretto di Kerč (Bosforo Cimmerio). In quest'area Mileto, che spicca per il suo dinamismo sociale ed economico nella Ionia arcaica, fondò varie città, ma più tardi rispetto alle colonie greche sorte nel Mediterraneo occidentale.

Diversi luoghi legati al culto di Achille punteggiano il paesaggio della costa settentrionale del Mar Nero (fig. 11), così come viene descritta da Strabone (VII, 3, 16 e 19). Egli segnala in mare aperto l'Isola Bianca sacra ad Achille (*Leukè*, Isola dei serpenti, Ucraina) e non lontano dalla foce del Boristene (Dnepr/Dnipro, che sbocca nel golfo di Odessa) la Pista di Achille, una striscia sabbiosa (Penisola di Tendra) lunga mille stadi e larga due (circa 180 km x 360 m, ma la lunghezza è sovrastimata), che ospita all'estremità occidentale un luogo di culto dell'eroe. Un altro santuario in cui egli è venerato (*Achilleion*) si trova nel Bosforo Cimmerio (fig. 12). Certamente solo l'eroe «pie' veloce» può esercitarsi nella corsa su una distanza di mille stadi, ma non si tratta affatto di una tardiva creazione letteraria di stampo ellenistico, come potrebbe far pensare la descrizione di Strabone appena richiamata.

Riferimenti alla Pista di Achille si trovano già nella letteratura greca di V sec. a.C., mentre le testimonianze epigrafiche del suo culto risalgono alla seconda metà del VI sec. a.C. (sono graffiti su frammenti di ceramica). Il culto e il mito di Achille appartengono quindi alla storia e alla geografia coloniale della Scizia, dove sorgono le città fondate da Mileto, a cominciare da Olbia sulla riva destra dell'Ipani/Bug, che confluisce nell'estuario del Boristene. Nel medesimo quadro di interazioni culturali, e certo anche di un relativo bilinguismo, trova accoglienza il mito di Eracle in Scizia, dove l'eroe giunge tornando dal paese di Gerione, dal lontano Occidente al di là delle Colonne (Erodoto IV, 8). Anche in questo caso è uno strano ritorno nel Peloponneso, che passa per l'oceano settentrionale. Erodoto afferma che presso gli Sciti Eracle veniva addirittura considerato il progenitore della

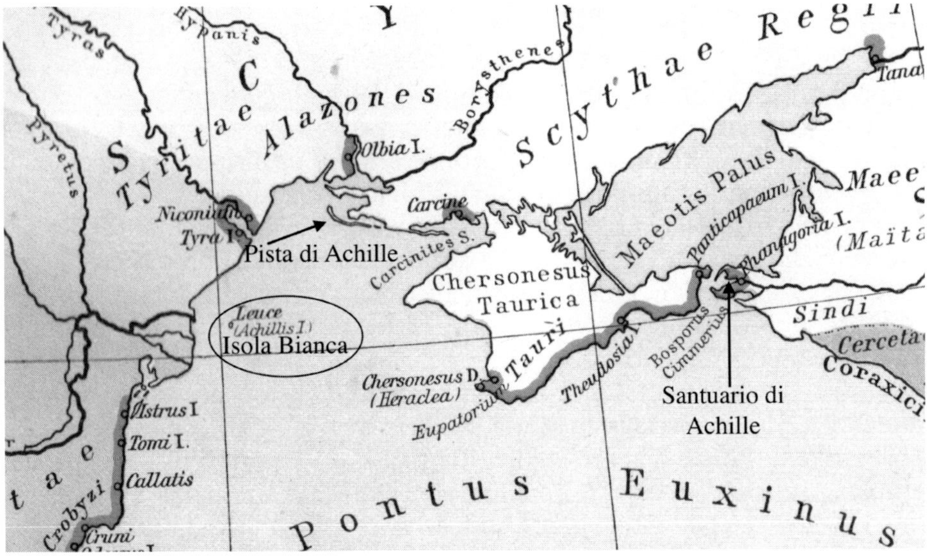

Fig. 11 – L'Isola Bianca e la Pista di Achille (adattamento da Putzgers 1913, tav. 3).

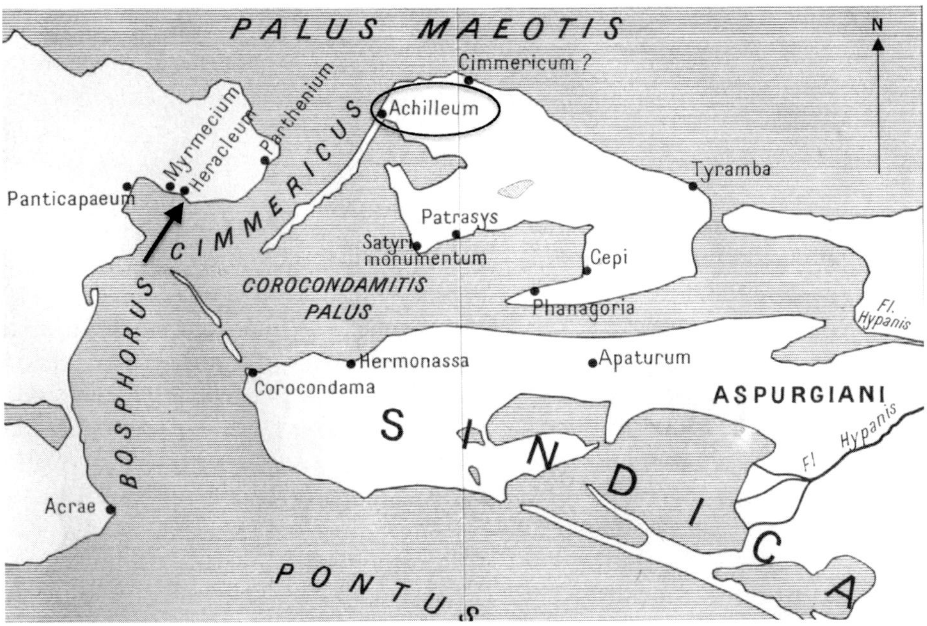

Fig. 12 – Il santuario di Achille e di Eracle nel Bosforo Cimmerio descritto da Strabone (Lasserre 1975, carta f.t., dettaglio).

famiglia reale. La prospettiva unilaterale della nostra fonte non ci permette di sapere quale fosse veramente la versione scitica di questa storia, ma essa va letta nel quadro della 'ellenizzazione' delle aristocrazie indigene, documentato ampiamente dall'archeologia.

Dèi ed eroi della poesia epica rappresentano i primi personaggi della letteratura greca, destinati a un lungo futuro nella letteratura classica, ellenistica e poi in quella latina, per non parlare della loro ricezione in età moderna e contemporanea. Mettendo qui da parte la loro dimensione letteraria, gli eroi greci – in quanto semidei e quindi mortali – da tempo hanno destato l'interesse degli studiosi di storia delle religioni e di antropologia culturale; in certi casi fortunati l'archeologia può mostrarci il contesto topografico dei loro culti. Forse in nessun altro settore di ricerca sul mondo antico il rapporto fra mito e storia, fra religione e poesia, si presenta così problematico come nel caso degli eroi greci. Peculiare del culto dell'eroe è comunque lo stretto legame con il territorio della comunità che lo venera, perché si crede che lì vi sia la sua tomba; così a Sparta troviamo il culto di Menelao, ad Atene quello di Teseo e così via. Riportare le reliquie dell'eroe al loro posto è uno dei motivi che alimentano i conflitti fra le città-stato della Grecia arcaica. Alla stabilità territoriale dei culti eroici – almeno in linea di principio – si accompagna la loro mobilità, che riflette la mobilità stessa dei Greci nel corso della storia, dalle migrazioni dei 'secoli oscuri' alla colonizzazione arcaica. In questo senso la dislocazione dei miti e dei culti divini ed eroici – quando i culti possono essere documentati – corrisponde al ventaglio della diaspora greca nel Mediterraneo e nel Ponto Eusino, ben prima che il mare interno venga riconosciuto come tale.

Appena sbarcato sulla costa dell'Asia Minore (334 a.C.), Alessandro Magno si recò sulla tomba di Achille, che si credeva fosse non lontana da Ilio/Troia presso il promontorio Sigeo all'entrata dei Dardanelli (figg. 2 e 24). Attestato in diversi luoghi della Grecia, il culto di Achille venne portato dai Milesi nelle colonie fondate in Scizia, come abbiamo appena visto, senza che questo trasferimento entrasse in conflitto con la tomba dell'eroe, che era venerato al Sigeo. Le ricerche storico-religiose e antropologiche sulla natura degli eroi greci e sui loro culti non possono ignorare la loro mobilità, perché è il particolare contesto in cui approda il culto, che in ultima analisi gli conferisce la sua ragion d'essere.

La storia di San Giacomo di Compostella offre un confronto significativo sotto questo aspetto. Il martirio dell'apostolo, fratello di Giovanni Evangelista, era avvenuto nella Giudea, ma questo non impedì il trasferimento della sua tomba nella Spagna sotto il dominio musulmano, come vuole una leggenda locale risalente ai tempi di Alfonso II (792-842), il re delle Asturie, il quale avrebbe fatto erigere in Galizia una chiesa sulla tomba dell'apostolo. Come l'arrivo in Galizia non ci dice sulla figura di San Giacomo nulla più di quanto già sappiamo dal Nuovo Testamento, così l'arrivo di Achille e di Eracle nella Scizia coloniale non aggiunge o toglie nulla alla loro natura eroica. La questione che si pone è perché il culto di Achille mise radici anche lì. La mobilità geografica degli eroi non è una variabile insignificante per chi voglia studiarne culti e miti, sia che questi esprimano certi bisogni universali della psicologia individuale sia che corrispondano alle aspirazioni e agli stili di vita di comunità aristocratiche.

Un fenomeno geograficamente comparabile – l'accostamento non è nuovo e vi abbiamo appena accennato – si può osservare nel culto medievale degli apostoli. La rappresentazione sinottica della loro missione sta nella *mappa mundi* che illustra un codice (inizi XIII sec.) del commento all'Apocalisse del Beato di Liébana (Asturie), un monaco spagnolo attivo nella seconda metà dell'VIII sec. I volti dei dodici apostoli sono distribuiti nei tre continenti e sotto ogni immagine una didascalia ricorda il luogo della loro missione e sepoltura (fig. 13). Naturalmente il confronto riguarda la superficie dei due fenomeni storici e può essere di qualche utilità, solo se vengono marcate le differenze. La missione ecumenica del cristianesimo, religione monoteistica e rivelata, si basa sul Libro (la Bibbia) e soprattuto sul Nuovo Testamento (*Atti degli apostoli*), mentre il culto degli eroi dell'epopea ha i suoi apostoli nella forza dei miti, nella loro eccezionale capacità di adattamento ai contesti più diversi e distanti da quelli di provenienza – e di norma socialmente elevati. I miti appartengono al bagaglio culturale dei Greci e li seguono nella loro diaspora.

Per concludere questo paragrafo, rispetto alle navigazioni dell'età del bronzo l'emigrazione fenicia e greca di età arcaica è dunque un fatto nuovo, che cambia radicalmente la geografia umana del Mediterraneo (pp. 20 sg., fig. 5). La scoperta dei luoghi in cui era approdato Ulisse e più tardi dell'unità geografica del mare interno segnano rispettivamente gli inizi e gli esiti dell'esperienza coloniale.

La straordinaria diffusione dei miti – tenuti vivi non solo dalla tradizione e dal prestigio della poesia epica, ma anche dall'adesione simpatetica delle comunità aristocratiche del mondo greco o in parte ellenizzato – sarebbe però impensabile senza la mediazione delle arti figurative, e questo vale sia per la Grecia sia per il mondo coloniale di età arcaica. In comunità largamente illetterate le immagini sono l'unico strumento di comunicazione accanto alla recitazione dei rapsodi o all'esecuzione della poesia corale. Il paragone con la storia sacra illustrata nelle chiese medievali può sembrare trito, ma conserva la sua efficacia. Scene tipiche, in cui agisco-

Fig. 13 – La missione universale degli apostoli (MILLER 1895, p. 35). L'est è in alto; in basso a sinistra San Giacomo con il suo santuario. Facsimile ridotto; nel codice la *mappa mundi* misura cm 38 × 30.

no Ulisse, Achille, Eracle o altri eroi dell'epopea, pur isolate nello spazio della raffigurazione, richiamano il tessuto narrativo da cui sono estratte (fig. 14). Si tratti dei frontoni monumentali e delle metope dei templi o della pittura vascolare, nell'insieme si delinea una grammatica e una sintassi visuale codificata dalla fruizione collettiva delle immagini. Buona parte di quanto si è detto finora potrebbe essere illustrata da un album di figure. Se si considera che esse sarebbero comunque una piccola porzione della documentazione archeologica e che questa è assai lacunosa, come tutta la nostra conoscenza del mondo antico, possiamo farci un'idea della pervasività delle immagini nella diffusione e nella vitalità dei miti greci. Essi erano noti alle aristocrazie delle città etrusche e latine assai prima che l'*Odissea* venisse tradotta in latino da Livio Andronico, un greco di Taranto emigrato a Roma nel III sec. a.C.

Fig. 14 – Ulisse e le Sirene. Il disegno riproduce la scena di un vaso attico a figure rosse (V sec. a.C.), conservato al British Museum.

Strabone di Amasea (Amasya, Turchia), la capitale del regno ellenistico del Ponto, compose al tempo di Augusto una grande opera geografica, cui abbiamo già fatto riferimento a proposito del culto di Achille in Scizia. Descrivendo il litorale mediterraneo dell'Iberia, il geografo segnala nell'entroterra delle colonie fenice di Malaga e di Abdera / Adra (p. 20, fig. 5, riquadro), in una zona dell'odierna Sierra Nevada, una città chiamata *Odysseia* e nei pressi un santuario di Atena, affermando inoltre che altri eroi della guerra di Troia erano giunti in Galizia (III, 4, 3). Strabone attribuisce queste informazioni a Posidonio di Apamea (Siria ellenistica), Artemidoro di Efeso e Asclepiade di Mirlea (Mudanya, nell'antica Bitinia, sulla costa asiatica del Mar di Marmara). Si tratta di autori provenienti dall'Oriente ellenistico e attivi attorno al 100-90 a.C. Dei tre, che giungono in Iberia in circostanze diverse, Posidonio, rappresentante di spicco della filosofia stoica, è senza dubbio la figura più nota nella Roma della tarda repubblica per la sua statura intellettuale.

Di particolare interesse però è l'attività svolta da Asclepiade, il quale non solo insegna greco in Turdetania (Andalusia), come veniva chiamata la provincia romana della *Hispania ulterior*, ma scrive anche una sorta di periegesi sui popoli della regione (ἀνὴρ ἐν τῇ Τουρδητανίᾳ παιδεύσας τὰ γραμματικὰ καὶ περιήγησίν τινα τῶν ἐθνῶν ἐκδεδωκὼς τῶν ταύτῃ). Nella descrizione vengono inserite le storie sull'arrivo in Iberia di Ulisse e di altri reduci da Troia, e – dettaglio che ha il suo peso – Asclepiade pubblica quest'opera in Turdetania. Diversamente dal mito di Eracle e Achille in Scizia, l'approdo degli eroi dell'epopea in Iberia non ha come sfondo la colonizzazione greca, cui la penisola iberica restò sostanzialmente estranea, ma solo alcuni secoli di storia letteraria, che si innestano nella civiltà provinciale della Spagna romana.

Dal II sec. a.C. l'attività di grammatici e letterati greci a Roma, dove il loro insegnamento è richiesto dalle famiglie dell'aristocrazia, è la conseguenza delle conquiste militari di una città-stato che ha assunto ormai la dimensione di un impero. Alla forza di attrazione della capitale si aggiunge quella della *Hispania ulterior*, la cui prosperità per i Romani deriva dall'intenso sfruttamento delle risorse minerarie. Qui Asclepiade insegna lingua e letteratura greca, aggiungendovi una buona dose di miti, che non manca mai nel bagaglio di certi letterati e di solito è bene accetta al loro pubblico, tanto più nel caso della Turdetania, che passava per una delle regioni più ricche e progredite culturalmente della Spagna romana. Chi muove dal presupposto, infondato, che il mare di Omero arrivi alle Colonne d'Eracle e anche oltre, sarà felice di trovare in Iberia le tracce di Ulisse e di altri eroi dell'epopea. In realtà le cose stanno diversamente e per chiarire lo sfondo storico-culturale, su cui si muove Asclepiade, occorre partire da lontano.

Il carattere tradizionale dell'epica ha sempre rappresentato per i Greci la memoria storica degli inizi, con cui confrontare di volta in volta il loro presente, possibilità che fu preclusa ai Romani. Naturalmente il confronto con Omero diventa più incisivo di pari passo con gli sviluppi della storia sociale e politica nelle città-stato e più tardi nei centri di cultura dei regni ellenistici. Alla fruizione emotiva della poesia epica, nei luoghi e nei tempi convenzionali dei rapporti sociali, si affianca fin dalla tarda età arcaica la riflessione critica sui suoi valori etici, segno della presa di distanza dal mondo di Omero. Il fatto che si tratti di voci isolate di dissenso, che non intaccano il prestigio della poesia epica, non toglie nulla alla rilevanza del fenomeno. Il confronto con il Poeta disegna comunque una linea ininterrotta che attraversa il pensiero dei presocratici per passare nella letteratura, nella filosofia e nella storiografia di età classica ed ellenistica. I capolavori della tragedia attica di V sec. a.C. sarebbero impensabili senza la ripresa e la rivisitazione di personaggi e miti dell'epopea. Anche in tale particolare funzione storico-culturale sta il carattere originale dei poemi omerici, che non trova forse termini di confronto nella tradizione epica di altre civiltà.

Lungo questa linea si colloca anche la controversia sulla localizzazione delle peripezie di Ulisse. Essa assume nella letteratura ellenistica una rilevanza che va ben oltre i singoli problemi di esegesi omerica, su cui si affannano i grammatici e i critici, al punto da costituire un interessante capitolo di storia culturale. Prima di soffermarci sull'attività di Asclepiade nella Spagna romana, nelle pagine seguenti proveremo dunque a disegnare lo sfondo su cui va collocato il dibattito ellenistico sulle conoscenze geografiche di Omero. Potremo così capire meglio perché un erudito dell'Oriente ellenistico scriva una periegesi antiquaria della Turdetania, cercandovi le tracce del passaggio di Ulisse, e la pubblichi in greco nella più lontana provincia dell'Occidente romano.

Premessa: Alessandro Magno e Pitea ai confini del mondo

Nella seconda metà del IV sec. a.C. due fatti, totalmente diversi da ogni punto di vista, cambiarono l'immagine tradizionale del mondo, la conquista macedone dell'impero persiano e la navigazione atlantica di Pitea di Marsiglia, la città fondata dai Focei d'Asia Minore attorno al 600 a.C.

Pitea compie la circumnavigazione dell'Europa fino alle Isole Britanniche, spingendosi forse anche più a est, e al ritorno pubblica uno scritto *Sull'oceano* come resoconto del lungo viaggio. Per la prima volta nella letteratura greca compariva un'opera con questo titolo, che espose subito l'autore all'incredulità dei contemporanei e dei posteri. Per tutta l'età classica (V-IV sec. a.C.) lo spazio posto al di là delle Colonne d'Eracle veniva designato solitamente come «mare esterno» oppure Atlantico dalla catena montuosa che si trova nella parte occidentale dell'Africa mediterranea e che ancora conserva il nome antico. L'oceano era associato piuttosto ai viaggi degli eroi e degli dèi, cantati dai poeti. Proprio per questo il libro di Pitea fece subito rumore, perché l'autore affermava di essersi spinto oltre i limiti del mondo fino allora conosciuto, solcando le acque dell'oceano settentrionale.

Il primo a prendere posizione contro l'attendibilità del resoconto di Pitea fu Dicearco di Messina, uno degli allievi diretti di Aristotele. Più tardi, nel II sec. a.C., una critica severa venne da Polibio, lo storico greco che cercò di spiegare a sé stesso e ai connazionali le ragioni della rapida ascesa di Roma a potenza mondiale. Come avrebbe potuto un privato cittadino compiere un'impresa simile? Per Polibio nessun avanzamento era possibile nelle conoscenze geografiche senza il sostegno di mezzi e risorse assicurato dal potere politico. Invece Pitea affermava d'essere giunto da solo ai confini dell'ecumene, quasi fosse Ermete, il dio viaggiatore. Uno dei pochi a prestare fede al navigatore marsigliese fu Eratostene (III sec. a.C.) e in questo giocò certamente la stima del matematico e dell'astronomo per il collega, che aveva calcolato con lo gnomone la latitudine di Marsiglia. Anche fra i moderni le opinioni si dividono, soprattutto perché non sono chiare le motivazioni e le circostanze storiche che spinsero Pitea a intraprendere il lungo viaggio. Almeno tre punti vanno comunque evidenziati.

L'obiettivo dichiarato, di compiere l'intero periplo dell'Europa da Cadice fino al Tanai/Don – vale a dire fino al confine fra Europa e Asia sul versante oceanico della terra abitata – è un segno delle aspettative geografiche da cui era mosso il viaggio di Pitea. Le regioni settentrionali dell'Europa erano infatti *terra incognita* e nessuno poteva affermare se fossero delimitate dalle acque del mare esterno. L'opera *Sull'oceano* è andata perduta, ma ne conosciamo alcune parti grazie alle citazioni degli autori antichi. Non c'è dubbio che risalga a Pitea la prima descrizione della costa atlantica dell'Europa, basata su un'autentica esperienza di navigazione.

In secondo luogo è curioso che, mentre Ulisse va e viene dal fiume del mondo senza mostrare particolari emozioni, Pitea a un certo punto del viaggio trasmetta la sensazione di essere giunto ai limiti dell'esperienza umana. Indipendentemente dalle manifestazioni naturali osservate, si avverte come l'eco di più antiche concezioni sulla natura dell'oceano. Egli raccontò d'essere arrivato là dove non esistevano né terra vera e propria né mare né aria, ma una loro mescolanza, qualcosa di simile al «polmone marino» (la medusa) in cui la terra, il mare e tutti gli elementi si trovavano in sospensione, qualcosa che teneva insieme tutto e non era accessibile né per mare né per terra (Strabone II, 4, 1). Quale che sia la realtà geografica di questa descrizione, il codice linguistico in cui essa si esprime ci avverte che siamo ai confini del mondo, dove la natura primordiale e caotica dell'oceano vieta ai mortali di procedere oltre. Nell'*Odissea* il Poeta quasi si astiene dal fornire particolari sui fenomeni che caratterizzano l'Oceano, lasciando semplicemente intendere che esso appartiene a una dimensione intangibile per i mortali. Proprio la sensazione del limite raggiunto induce invece Pitea a esprimersi con il linguaggio e con i toni suggestivi del mito.

Per venire al terzo punto, Pitea evitò comunque di battezzare i luoghi toccati o avvistati nella sua lunga navigazione con nomi associati al passaggio di Ulisse, di Eracle o di altre figure eroiche della tradizione epica. La posizione di Tule, l'isola misteriosa avvistata al punto estremo della rotta verso settentrione, venne connotata da Pitea esclusivamente con i fenomeni astronomici corrispondenti alla sua latitudine (66° N); si tratta però di fenomeni non realmente osservati ma estrapolati mediante la geometria della sfera. Non fu certo Pitea a istituire una connessione fra il suo periplo e gli itinerari degli eroi dell'epopea. Fu invece uno storico di grande erudizione come Timeo di Tauromenio/Taormina, esule ad Atene attorno al 300 a.C., a modernizzare il ritorno degli Argonauti in Tessaglia alla luce dell'esplorazione atlantica del marsigliese. Secondo Timeo essi rientrarono dalla Colchide nell'Egeo ricalcando in senso inverso la rotta di Pitea. Dopo essere passati dalla Palude Meotide (Mar d'Azov) nell'oceano risalendo il fiume Tanai/Don, giunsero nel Mediterraneo attraverso le Colonne d'Eracle.

Prima delle conquiste di Alessandro Magno le conoscenze dei Greci sui popoli e i paesi dell'Asia centrale e dell'India (la valle dell'Indo) sono in sostanza quelle tradizionali, che risalgono a Ecateo (c. 520 a.C.) ed Erodoto. Le cose cambiano rapidamente quando i generali di Alessandro pubblicano il racconto delle sue imprese in Oriente e quando viene fondato il regno dei Seleucidi, la dinastia macedone che fa capo a uno dei generali di Alessandro. Dei regni ellenistici, creati dopo la sua morte, questo è il più esteso, perché comprende buona parte dei territori dell'impero persiano, dall'Asia Minore fino ai confini dell'India, la regione associata all'estremità orientale dell'ecumene.

Nella marcia attraverso il Punjab (328/7 a.C.) anche Alessandro come Pitea era convinto di essere giunto ai limiti del mondo conosciuto in prossimità del «mare orientale», un'altra porzione ancora ignota dell'oceano che circondava la terra abitata. Il rifiuto dell'esercito di seguirlo al di là dell'Ifasi/Beas costrinse Alessandro a tornare indietro, ma sulle rive del fiume egli fece erigere dodici altari monumentali a ricordo delle sue «fatiche» (Arriano, *Anabasi* V, 29, 1). Questi altari entrarono nella geografia e nella cartografia dell'Asia orientale, prima che fossero registrati da Claudio Tolemeo con le loro coordinate (fittizie), per ricomparire poi nelle *mappae mundi* medievali accanto al paradiso terrestre.

Non si trova nell'antichità greco-romana nessuno che come Alessandro riassuma in sé la figura dell'eroe, e con lo stesso grado di consapevole immedesimazione nel ruolo. Fin dalla fanciullezza è affascinato dall'*Iliade*; egli vede in Achille il campione e il modello ideale. In nessun altro protagonista della storia antica la dimensione letteraria dell'eroe epico si fonde a tal punto con la costruzione del proprio mito. Con l'emigrazione dei Greci in età arcaica anche i loro dèi ed eroi approdano nelle città fondate sulle coste del Mediterraneo e del Mar Nero; con la conquista dell'impero persiano arriva fino all'alta valle dell'Indo l'azione di Eracle e Dioniso, che avrebbero preceduto la spedizione di Alessandro. È un altro aspetto di quel fenomeno generale che porta alla 'ellenizzazione' dei nuovi spazi geografici, in cui vengono trasferiti i miti greci. In questo caso però possiamo cogliere almeno alcuni momenti della loro elaborazione nelle stesse circostanze della conquista, così come vengono illustrate più tardi dai compagni e storici di Alessandro.

Con l'esplorazione atlantica di Pitea e la conquista dell'impero persiano il mondo abitato si espande sensibilmente agli occhi dei Greci. Ora si avverte assai meglio di prima il grande divario fra le conoscenze geografiche degli antichi, con in testa Omero ed Esiodo, e quelle moderne. In tali termini è posta la questione dei viaggi di Ulisse nel primo trattato 'scientifico' di geografia, scritto da Eratostene di Cirene attorno al 240-230 a.C.

Cratete contro Eratostene

Eratostene trascorre ad Atene gli anni della sua formazione. Di quell'esperienza conserverà un'immagine nitida e amplificata nel ricordo, come traspare dalle riflessioni seguenti, citate da Strabone (I, 2, 2).

> All'interno delle stesse mura e in una sola città si trovarono allora nel fiore degli anni, cosa mai accaduta prima, filosofi come Aristone, Arcesilao e i loro discepoli.

In una delle rarissime descrizioni dell'Atene ellenistica, osservata da un viaggiatore contemporaneo (Eraclide Critico), le conferenze dei filosofi costituiscono un aspetto caratteristico del quadro urbano. Accanto all'Accademia e al Liceo acquistano rapidamente notorietà le nuove scuole dei cinici, degli stoici, degli epicurei. L'ingegno di Eratostene si è fatto già notare quando il re dell'Egitto Tolemeo III (246-221 a.C.) lo chiama ad Alessandria per affidargli l'educazione del figlio e la direzione della biblioteca nel Museo, l'istituzione religiosa e culturale ospitata nel palazzo reale. Eratostene frequenta campi assai diversi di studio, dalla filologia e dalla critica letteraria alla matematica e all'astronomia, mostrando un'originalità e una versatilità intellettuale che trova pochi confronti nell'antichità greco-romana. Per i moderni il suo nome è legato soprattutto al calcolo matematico della circonferenza terrestre e alla fondazione della geografia 'scientifica', ma non si dovrebbe dimenticare che egli pose anche le basi per la cronologia critica della storia greca (tav. 2, p. 66) e fu il primo a fregiarsi del titolo di 'filologo'.

Il trattato di geografia, in tre libri, è andato perduto ma possiamo ricostruirne il contenuto soprattutto grazie a Strabone. Il secondo e il terzo libro affrontano in sostanza il problema di come disegnare la nuova carta della terra abitata dopo il periplo atlantico di Pitea e le conquiste orientali di Alessandro; il primo libro presenta una storia della geografia, che si apre anche alla storia della terra e alle ipotesi geologiche. Eratostene segue l'esempio di Aristotele, secondo il quale ogni seria ricerca richiede la rassegna critica delle conoscenze acquisite dai predecessori.

Alla geografia di Omero rivolgevano in età ellenistica la loro attenzione letterati e grammatici con un lavoro analitico di esegesi puntuale. Per semplificare, vi erano in sostanza due tendenze interpretative: Omero sapeva che Ulisse aveva attraversato i mari della Sicilia e dell'Italia (Scilla e Cariddi), ma trasfigurò la realtà di alcuni luoghi, presentandoli in una ambientazione fantastica; si trattava quindi di distinguere la realtà dal mito. Secondo altri nell'intera *Odissea* si riflettevano le informazioni geografiche e storiche del Poeta. All'ammirazione tradizionale per Omero si aggiunse poi la tesi, cara agli stoici, secondo cui negli esordi della poesia erano depositati i germi di un'antica sapienza. I primi poeti diventavano così i primi filosofi.

L'idea non era del tutto nuova, ma trovò nello stoicismo il terreno migliore per svilupparsi, con la conseguenza che un giudizio su Omero non poteva essere confinato nel campo dell'estetica o della critica letteraria, perché coinvolgeva anche le sue conoscenze. Nei versi del Poeta era racchiusa un'esperienza vasta e poliedrica, pari alle qualità creative. L'interpretazione allegorica – se ne possono seguire le tracce a partire da Teagene di Reggio (fine VI sec. a.C.) – era il mezzo con cui gli stoici facevano emergere la sapienza nascosta nei versi del Poeta. La globalità delle conoscenze omeriche, anche nel campo tecnico-pratico, contrastava con il sapere settoriale dei 'moderni'; già nel IV sec. a.C. la questione è discussa da Platone nello *Ione*. Proprio la specializzazione della ricerca, che nella prima età ellenistica si sviluppò nei campi più diversi, alimentò così la consapevolezza della superiore polimatia di Omero. Assistiamo a un capovolgimento di prospettiva rispetto alle critiche di alcuni presocratici, poi di Erodoto e di Platone, nei riguardi della poesia epica.

Staccandosi nettamente dalle altre, la posizione di Eratostene si basa su argomenti storici e su un'affermazione di principio, che rivendica l'autonomia della scienza rispetto alla poesia; la figura dello 'scienziato-poeta' è infatti del tutto estranea alla concezione eratostenica del sapere. L'ampliamento dell'orizzonte geografico, prodotto dalle conquiste di Alessandro e dall'esplorazione atlantica di Pitea, mostra il grande avanzamento delle conoscenze moderne rispetto a quelle di Omero, che sono ancora assai limitate. Secondo Eratostene solo con Esiodo si viene precisando il quadro siciliano e tirrenico del ritorno in patria di Ulisse, come abbiamo visto. Eratostene è convinto che ai suoi tempi la geografia dell'ecumene è assai progredita e su quest'idea egli si sofferma ripetutamente, accentuando talvolta la distanza fra antichi e moderni, come si può ricavare dai frammenti della sua opera, che qui proviamo a riassumere.

Nei tempi più antichi si navigava a scopo di pirateria o di commercio, e non in mare aperto ma lungo costa; nessuno osava ancora spingersi nel Mar Nero, né lungo la Libia, la Siria e la Cilicia. Anche se si ammette che fosse intenzione di Omero ambientare il ritorno di Ulisse nei mari occidentali, egli non disponeva ancora di informazioni precise; comunque non era questo il suo proposito, ma quello di trasferire ogni episodio in una dimensione favolosa. Voler identificare i luoghi di Ulisse è come cercare l'artigiano che cucì l'otre dei venti, consegnato da Eolo all'eroe. Ogni poeta è un intrattenitore (φλύαρος) *e mira a creare emozioni, non a trasmettere conoscenze* (Strabone I, 2, 3: Ποιητὴν γὰρ ἔφη πάντα στοχάζεσθαι ψυχαγωγίας, οὐ διδασκαλίας). Non è l'esperienza dei luoghi o delle tecniche che aggiunge qualcosa alla qualità di un poeta.

Se la geografia omerica assunse nella letteratura ellenistica una rilevanza particolare, ciò si deve alla nettezza di affermazioni simili, che suscitarono reazioni altrettanto nette anche in autori di età posteriore. Poesia e scienza appartenevano per Eratostene a due campi ben distinti e questo valeva in particolare per la lettura di Omero. Anche Eratostene, naturalmente, era un ammiratore di Omero e non disdegnava affatto l'attività poetica, di cui egli stesso diede prova. Per apprezzare il senso delle sue affermazioni, bisogna collocarle nel contesto del Museo, che replicava nella capitale del regno tolemaico l'organizzazione della ricerca condotta alla scuola di Aristotele.

Studi letterari e scientifici si sviluppano infatti gli uni accanto agli altri ad Alessandria. Qui sotto il primo Tolemeo (304-283 a.C.) troviamo Euclide, il grande matematico, e il fisico Stratone di Lampsaco (una città dell'Ellesponto/Dardanelli), chiamato per completare la formazione del giovane Tolemeo II prima di succedere a Teofrasto nella guida del Liceo ad Atene nel 287 a.C. La progressiva specializzazione degli studi comporta un nuovo atteggiamento fra i rappresentanti di saperi diversi e, non meno dei letterati e dei poeti, nella prima età ellenistica gli scienziati hanno consapevolezza del proprio ruolo. È esemplare il rapporto di stima reciproca fra Eratostene e Archimede, il quale dedica al collega il saggio *Sul metodo*. Per formulare il celebre enigma matematico, Archimede ricorre ai buoi del dio Sole, che i compagni di Ulisse affamati sacrificano, contravvenendo al divieto. La poesia epica stava al centro dell'intenso lavoro dei filologi nel Museo e si capisce come anche uno scienziato potesse attingere con discreta ironia al serbatoio di una comune formazione letteraria, che aveva in Omero il suo pilastro.

C'era poi il rovescio della medaglia, perché difendere l'autonomia della scienza significava anche prendere le distanze da certe invasioni di campo da parte dei letterati (se oggi può accadere il contrario, è un segno dei tempi). Nel III sec. a.C. Arato di Soli (Cilicia), su richiesta del re di Macedonia Antigono Gonata, mise in versi il trattato astronomico di Eudosso, compagno di Aristotele all'Accademia di Platone. I *Fenomeni* di Arato ebbero subito un notevole successo, ma nel II sec. a.C. Ipparco di Nicea, il grande astronomo, pubblicò un commento dei *Fenomeni* per denunciare puntualmente gli errori di questa versione poetica. Prima di Eratostene nel Museo troviamo alla guida della biblioteca Apollonio Rodio, autore di un poema epico sull'impresa degli Argonauti, in cui l'antico mito viene rivisitato dalla creatività dell'autore. In alcune tappe la rotta degli Argonauti ricalca i luoghi di Ulisse nel Mediterraneo occidentale.

La diffidenza di Eratostene verso i miti geografici, rielaborati e amplificati secondo le circostanze, era ben fondata sull'esempio di quanto poteva osservare in alcuni storici di Alessandro Magno. Essi narravano l'incontro leggendario del re in Ircania (Iran settentrionale) con Talestria, la regina delle Amazzoni, anche se il paese delle Amazzoni nella pianura del fiume Termodonte (Turchia centro-settentrionale) distava dall'Ircania 6.000 stadi (c. 1000 km). La storia di Eracle e Dioniso in India, come pure lo spostamento del Caucaso e del Tanai/Don nell'Asia centrale a una distanza di 30.000 stadi almeno, si spiegavano secondo Eratostene con lo spirito di adulazione dei Macedoni, che volevano soddisfare l'amor di gloria di Alessandro. Erano luoghi associati tradizionalmente dai Greci ai confini della terra abitata e il loro trasferimento in Oriente doveva esaltare la marcia eroica di Alessandro; quanto alla storia di Eracle e Dioniso in India, si trattava per Eratostene di un mito *recente* (Strabone XV, 1, 9). C'è una coerenza di fondo nella sua critica sia alla geografia omerica di certi letterati sia ai miti geografici di Alessandro, che egli per primo denunciò con franchezza sorprendente, se si considera la venerazione di cui erano oggetto la memoria di Alessandro e la sua tomba nella capitale del regno tolemaico.

Nel secolo seguente (II a.C.) i poemi omerici diventano oggetto di studi approfonditi e sistematici, che investono in particolare le conoscenze topografiche del Poeta. Demetrio di Scepsi, un piccolo centro della Troade, scrive trenta libri di commento ai 62 versi del secondo canto dell'*Iliade* (il 'catalogo delle navi'), che passano in rassegna gli alleati dei Troiani. Apollodoro di Atene dedica una monografia (in dodici libri) alle forze guidate da Agamennone. Nella descrizione della Grecia e della Troade Strabone attinge ampiamente da entrambi.

Si tratta di un enorme lavoro erudito, le cui premesse risalgono alle ricerche sviluppate nei nuovi centri di cultura, Alessandria e Pergamo soprattutto, grazie al patronato dei sovrani ellenistici. Da espressione irripetibile di una civiltà pre-letteraria l'epica dei Greci è diventata ormai il testo prediletto sul quale si misura l'acume e l'erudizione di grammatici e filologi. Le opere monumentali di Demetrio e di Apollodoro riguardano la geografia politica e regionale dell'epopea; rappresentano l'inizio di una linea di studi che in età moderna porterà alla nascita della topografia e della geografia storica. Nello stesso secolo (II a.C.) la cosmologia mitica di Omero viene letta dagli stoici come una sorta di 'geografia generale', per usare l'espressione coniata da Bernhardus Varenius (1650) in un'opera che ebbe l'apprezzamento di Isaac Newton. Le concezioni del Poeta furono interpretate alla luce della sfericità terrestre, teoria che non fece la sua apparizione in Grecia prima del V sec. a.C., al più presto.

Il campione di questa disinvolta modernizzazione è Cratete di Mallo (Cilicia), letterato e critico di formazione stoica, attivo nella corte di Pergamo, la capitale del regno degli Attalidi, che nell'Asia Minore fronteggia l'isola di Lesbo. Poco dopo la fine della monarchia macedone nella battaglia di Pidna (168 a.C.) Cratete fa parte della missione inviata dagli Attalidi a Roma, dove tiene alcune conferenze assai apprezzate dall'élite cittadina. A Roma vi sono in quegli anni il filosofo Panezio e lo storico Polibio, deportato insieme a un migliaio di esponenti dell'aristocrazia greca, ma poi accolto nella cerchia degli Scipioni, dove gode dell'amicizia dell'Emiliano, il vincitore della terza guerra punica che si concluse con la distruzione di Cartagine (146 a.C.). Roma era divenuta allora la meta di numerosi letterati greci, pronti a offrire il proprio insegnamento ai giovani delle famiglie più in vista, come sappiamo dallo stesso Polibio (XXXI, 6-7).

Mettendo da parte l'apporto di Cratete agli studi grammaticali e filologici, sconcerta non poco la sua lettura della geografia omerica, che è di segno diametralmente opposto a quella di Eratostene. Per spiegare la posizione degli Etiopi «divisi in due» lungo l'oceano (vedi p. 14), Cratete modifica il testo dell'*Odissea* nella convinzione che già a Omero fosse nota la sfericità terrestre: gli Etiopi sarebbero separati dall'oceano nella zona equatoriale sia a oriente sia a occidente. Si spiega in tal modo come il nome di Cratete sia potuto finire nella storia della cartografia antica, allestita per il grande pubblico e disponibile anche *on line*, dove esso viene associato all'immagine di un globo terrestre diviso in quattro porzioni uguali dalle acque dell'oceano (fig. 15).

Fig. 15 – Il globo quadripartito di Cratete (THOMSON 1948, p. 203, fig. 27).

L'uso della sfera armillare a scopi scientifici, come modello meccanico dei fenomeni astronomici nella teoria geocentrica, è attestato in Grecia dal IV sec. a.C. Il globo terrestre fatto costruire da Cratete (a quanto pare con un diametro di tre metri!) serviva invece come strumento spettacolare per illustrare la sua avveniristica interpretazione della geografia omerica e del viaggio di Ulisse. Secondo Cratete l'eroe si era spinto fino al polo sud, dove Omero avrebbe collocato la sua discesa nell'Ade, e anche il ritorno avventuroso di Menelao veniva spiegato come un periplo dell'Africa con una puntata in India. I Sidoni e i Fenici dell'*Odissea* erano collocati sulle rive del Golfo Persico, da dove sarebbero poi emigrati nel Mediterraneo. La stravaganza di posizioni simili ha suscitato un certo imbarazzo negli studiosi che riconoscono a Cratete un posto nello sviluppo della grammatica e della critica letteraria ellenistica. I tentativi di giustificare in qualche modo la sua lettura di Omero alla luce dell'orientamento generale della filosofia stoica sulla poesia epica non sono però convincenti.

Abbiamo già accennato alla progressiva specializzazione dei saperi come presupposto per la riscoperta della sapienza omerica. La prima età ellenistica è segnata da un forte impulso nel campo degli studi scientifici e anche i letterati respirano quest'aria di novità. Così, nel tradizionale lavoro esegetico alcuni di loro vogliono presentarsi al passo con i tempi, modernizzando oltre ogni ragionevole limite il mondo di Omero, l'autore per eccellenza sul quale essi esercitano la loro critica filologico-letteraria. Questa sorta di ingenua attualizzazione della poesia epica non deriva semplicemente dalla prassi dell'interpretazione allegorica. L'attualizzazione a buon mercato di testi antichi – ancora oggi una tendenza purtroppo non estranea alla lettura dei classici nella scuola e talvolta perfino nell'insegnamento superiore – comporta la perdita di ogni distinzione fra antico e moderno, fra il prima e il dopo.

Idee simili erano contrarie non solo ai metodi e agli indirizzi della filologia alessandrina, per nulla incline ai voli dell'allegoria, ma anche all'atteggiamento critico degli scienziati coevi, come Ipparco di Nicea (fr. 2 Dicks), i quali condividevano con i grammatici almeno per un tratto la medesima formazione intellettuale. Quando un serio divulgatore scientifico come Gemino di Rodi (XVI, 21 sgg.), contemporaneo di Posidonio e di Cicerone, pubblicò un'introduzione all'astronomia, sentì il dovere di prendere posizione contro Cratete. Egli demolisce la tesi secondo cui già Omero avrebbe concepito la sfericità terrestre con i fenomeni connessi, e soprattutto contesta con forza la disinvolta attribuzione ai «matematici antichi» di un oceano collocato nella zona equatoriale fra i due tropici. Lo stesso Strabone, che pure da fervido seguace dello stoicismo non perde occasione per difendere la sapienza di Omero in materia di geografia, lascia intendere che anche agli occhi di alcuni letterati le idee di Cratete apparivano «demenziali».

Cratete rappresenta certamente le estreme conseguenze cui portò la filosofia stoica con la riscoperta della sapienza depositata nei poeti antichi. Altri, come Polibio e in parte lo stesso Strabone, cercarono di conciliare la finzione della poesia omerica con l'informazione storica e geografica. La posizione di Polibio (II sec. a.C.) in particolare desta interesse, perché egli scrive storia contemporanea (228-146 a.C.). Interamente calato nel suo tempo, è avverso in linea di principio alle ricerche sulla storia più antica, sulle origini e le migrazioni dei popoli, sulle fondazioni delle città. Grazie all'amicizia di Scipione Emiliano Polibio gode di grande libertà di movimento e nel corso dei suoi viaggi in Italia meridionale arriva alle Isole Eolie e allo Stretto di Messina.

Anche se nella poesia di Omero verità e finzione si trovano mescolate, Polibio è convinto di poter discernere l'una dall'altra. Basandosi sull'esperienza diretta dei luoghi, egli razionalizza le peripezie di Ulisse secondo una tendenza interpretativa dei miti che proprio in età ellenistica riprende grande vigore. La signorìa di Eolo sulle isole attorno a Lipari, la presenza di Ciclopi e Lestrigoni nella regione dell'Etna e nella pianura di Lentini, la loro caratterizzazione come genti ostili risalgono alle informazioni di Omero: a quel tempo infatti questi luoghi erano inaccessibili e lo Stretto di Messina era controllato dai pirati. I versi dell'*Odissea* su Cariddi (XII, 105), che risucchia l'acqua scura («Tre volte al giorno emette, tre volte risucchia») descrivono l'alternanza della corrente nello Stretto di Messina, a patto di correggere «tre volte» (*trìs*) in «due volte» (*dìs*) per salvare la corrispondenza con la duplice inversione della corrente, diurna e notturna. Eolo, il signore dei venti, indica all'eroe la rotta migliore attraverso lo Stretto, in acque piene di vortici e pericolose per la navigazione. Allo stesso modo egli spiega i versi su Scilla (XII, 95: «Qui pesca, frugando lo scoglio all'intorno ...») come un riferimento alla cattura del pesce spada con la tecnica praticata ai suoi tempi nelle acque del promontorio Scilleo, che fronteggia Capo Peloro (Cariddi).

Il cuore del problema, concernente l'orizzonte del mondo omerico, era rappresentato dal fiume Oceano, la cui natura veniva ricondotta dagli stoici alla dimensione del mare esterno alle Colonne d'Eracle. Secondo l'interpretazione di Cratete la navigazione di Ulisse si era spinta nell'Oceano Atlantico (ἐξωκεανισμός) e così anche l'Iberia entrò nella geografia dell'*Odissea*. Quando verso la fine del I sec. d.C. Plutarco nel suo scritto *Il volto della luna* accenna a Ogigia, l'isola di Calipso, situata «a cinque giorni di navigazione dalla Britannia» verso occidente, egli riprende le speculazioni dissennate di Cratete. Anche nella letteratura latina della prima età imperiale (II sec. d.C.) ai filologi alessandrini con Aristarco in testa, che collocavano nel Mediterraneo il viaggio di Ulisse, viene opposta la tesi di Cratete il quale trasportava l'eroe al di là delle Colonne d'Eracle.

Per questa via l'idea arrivò fino a Dante, che la rielaborò nell'*Inferno* (XXVI, 100-142).

> L'un lito e l'altro vidi infin la Spagna
> fin nel Morrocco, e l'isola d'i Sardi,
> e l'altre che quel mare intorno bagna.
> Io e' compagni eravam vecchi e tardi
> quando venimmo a quella foce stretta
> dov'Ercule segnò li suoi riguardi,
> acciò che l'uom più oltre non si metta:
> da la man destra mi lasciai Sibilia [Siviglia],
> da l'altra già m'avea lasciata Setta [Ceuta].
>
> (vv. 103-111)

Nella concezione epica del mondo l'attraversamento dell'Oceano corrisponde alla natura eroica di Ulisse, mentre il superamento delle Colonne diventa per l'etica cristiana la trasgressione del limite posto alla condizione umana. Mettendo da parte le rivisitazioni letterarie dei miti omerici, la navigazione di Ulisse al di là delle Colonne d'Eracle comporta una contraddizione insanabile. Né al tempo della guerra di Troia né al tempo di Omero Eracle si è ancora spinto così lontano verso occidente, perché questo è un mito più recente, come direbbe Eratostene.

Omero e l'insegnamento del greco nella Spagna romana

La tesi, secondo cui l'Oceano di Omero sarebbe l'Atlantico, viene sviluppata da Strabone fin dalle pagine introduttive della sua grande opera geografica. Il Poeta conosceva i popoli e i paesi dell'estremo Occidente e anche gli altri popoli posti alla periferia dell'ecumene, cui farebbe allusione in maniera velata; era compito dei critici portare alla luce l'ampiezza del sapere geografico di Omero, ricorrendo agli strumenti dell'esegesi allegorica. Le maree dell'Atlantico e la concezione insulare della terra abitata diventano così nozioni familiari al Poeta, al quale viene attribuita anche una completa rappresentazione del Mediterraneo. Già in tale contesto proemiale (I, 1, 6-7) ricorre il nome di Cratete e di Posidonio. Strabone riprende poi la questione nella descrizione dell'Iberia, richiamandosi esplicitamente all'attività letteraria di Asclepiade di Mirlea, che insegnò il greco in Turdetania e pubblicò una periegesi di questa regione, cercando le tracce di Ulisse e di altri eroi reduci da Troia.

Sebbene negli scritti su Omero Asclepiade mostri la medesima tendenza all'interpretazione allegorica, tipica di Cratete, non abbiamo nessun elemento sicuro per affermare che fosse suo allievo diretto. Ignoriamo inoltre le circostanze dell'arrivo in Spagna, che certamente fu preceduto da un soggiorno a Roma. Il modo, in cui Strabone cita Asclepiade, induce a ritenere che la sua periegesi antiquaria venisse già menzionata da Artemidoro e da Posidonio a proposito dei luoghi di Ulisse in Iberia.

A che punto potesse spingersi l'esegesi omerica ispirata dai metodi di Cratete mostra quanto sappiamo della monografia (*Sulla nestorìs*) dedicata da Asclepiade ai versi dell'*Iliade* sulla coppa di Nestore (XI, 632-637). Vi domina l'idea che la coppa sarebbe in realtà un'allegoria del cielo con gli astri e che nei versi omerici il lessico della circolarità, pur riferendosi a oggetti di uso quotidiano, esprimerebbe i ritmi dell'esistenza umana, improntata all'ordine cosmico. Asclepiade procede per associazioni di idee e di nomi, che sono ridicole già singolarmente prese per non parlare dell'esito cui approdano. Nella pratica a oltranza dell'interpretazione allegorica vi è in fondo la riluttanza a considerare i *realia* dell'epica per quello che sono, o più semplicemente l'incapacità di concepirli come oggetto di poesia.

Prima di partire per la Spagna, Asclepiade ha già scritto almeno dieci libri sulla storia della Bitinia in cui, a quanto pare, la narrazione delle origini mitiche del paese nativo (Mirlea si trova in Bitinia, come si è detto) dava spazio anche a varie peculiarità geografico-naturalistiche. L'interesse per le leggende locali, unito a una certa curiosità antiquaria, accompagna Asclepiade nel viaggio che passando per Roma lo porta in Turdetania. Qui nell'insegnamento del greco egli non solo mette a frutto le competenze acquisite in patria, ma va a cercare i segni del passaggio di Ulisse. Ciò che nella posizione modernizzante di Cratete era solo implicito, riceve nella periegesi di Asclepiade la conferma di una (presunta) testimonianza oculare. Nel territorio montano, che si estende alle spalle del litorale compreso fra Malaga e Abdera / Adra, Asclepiade segnala una «città di Ulisse» (*Odysseia*) con il santuario di Atena, la divinità tutelare dell'eroe. Le offerte votive nel santuario, scudi e *akrostòlia* (gli ornamenti sulla prua delle navi), attesterebbero il suo passaggio. Anche nella Campania antica troviamo fra i luoghi di Ulisse un santuario di Atena all'estremità della Penisola Sorrentina (Punta della Campanella), ma lì, diversamente dalla Turdetania, l'intero Golfo di Napoli è uno spazio ellenizzato.

Nella bassa valle del Guadalquivir la regione di Tartesso, dove era giunto Eracle nella *Gerioneide* di Stesicoro, fu meta dei traffici fenici e greci in età arcaica, ma è assai dubbio che ospitasse una colonia greca. L'area della colonizzazione greca nel bacino nord-occidentale del Mediterraneo è rappresentata da Marsiglia e dalla rete di centri litoranei fra i Pirenei e Nizza (*Nikaia*). Dopo la prima guerra punica (264-241 a.C.) i Cartaginesi compensarono la perdita dei possedimenti in Sicilia e in Sardegna, rafforzando ed espandendo il loro dominio in Iberia. Conclusa la guerra annibalica (218-202 a.C.), la creazione delle due nuove province romane (*Hispania citerior* e *Hispania ulterior*) segnò l'inizio di un profondo riassetto dei territori conquistati. Il processo di urbanizzazione nella *ulterior* (*Corduba* / Cordova divenne la capitale amministrativa) fu particolarmente esteso nella valle del Guadalquivir (*Baetis*) dove alle notevoli risorse minerarie, già sfruttate dai Cartaginesi, si aggiungevano i vantaggi di un suolo fertile.

L'influsso della cultura greca era a Roma di antica data, mediato in età arcaica dalla civiltà etrusca e dai contatti con le città della Magna Grecia. Con la conquista dell'Italia meridionale (III sec. a.C.) l'ellenismo divenne parte costitutiva della cultura romana. Nel secolo successivo il fenomeno si accentuò, soprattutto nella classe dirigente, con l'estendersi delle conquiste in Grecia e con la creazione della provincia d'Asia (133 a.C.). Rispetto all'espansione militare, prima nella penisola poi nei paesi d'oltremare, i Romani giunsero però relativamente tardi a elaborare in prosa una memoria storica, orientata dalla riflessione sul presente. Inizialmente essi espressero il rapporto con il passato nella poesia epica (Nevio ed Ennio) o nelle forme emotivamente coinvolgenti della tragedia. Temi mitici ed eroici vennero ripresi dal repertorio del teatro greco, ma la tragedia portò talvolta sulla scena fatti di storia contemporanea, una scelta che restò eccezionale anche nell'Atene di V sec. a.C. Gli esordi della letteratura latina mostrano così un singolare interesse per gli spettacoli teatrali, che ripropongono modelli importati dalla Grecia, mentre la storiografia si fa strada più tardi, dopo la guerra annibalica. Poiché le prime opere di storia sono scritte in greco da Romani bilingui, i destinatari vanno cercati nel mondo ellenistico, che deve fare i conti con la rapida ascesa di Roma a potenza egemone nel Mediterraneo.

Nelle civiltà antiche il fascino delle origini non conosce confini né etnici né politici, perché al fondo c'è sempre un'idea: la nascita del mondo e delle forze che lo governano non è senza conseguenze sul suo divenire ed eventualmente sul suo destino. Oltre all'azione degli dèi, nelle origini intervengono però anche gli eroi, esseri che si trovano a metà strada fra il divino e l'umano. Già nella Grecia di età classica (V-IV a.C.) si pone la questione se una tale materia debba entrare nel racconto degli storici o debba essere lasciata ad altri, e fu quest'ultima la soluzione generalmente adottata. In età tardo-ellenistica (I sec. a.C.) la teologia mitica diventa invece una sorta di premessa al racconto della storia 'universale', vale a dire nel nostro caso di Greci e non-Greci. Nella *Biblioteca storica* di Diodoro Siculo le figure divine, che agiscono nel tempo delle origini, vengono reinterpretate in senso eroico. Si tratterebbe di esseri mortali che grazie alle loro qualità e azioni straordinarie divennero, dopo la morte, oggetto di venerazione come benefattori dell'umanità e furono perciò elevati al rango di esseri divini. In tutto questo si riflette, come è stato osservato, il culto del sovrano nei regni ellenistici.

In ogni caso, nella civiltà greco-romana il punto di partenza della storia umana è segnato dalla guerra di Troia, perché la fase anteriore appartiene alla teologia. Il problema non sussiste per la civiltà cristiana, perché vi è perfetta continuità fra storia sacra e storia profana. Il messaggio della Salvezza si è manifestato infatti e agisce all'interno della storia; per i cristiani è qui la differenza sostanziale rispetto ai miti della teologia pagana, che ne restano fuori.

Fin dall'età arcaica i Greci mostrano la tendenza a ellenizzare le origini dei popoli 'altri' mediante l'azione degli eroi dell'epopea, come si è visto anche con i Latini e i Tirreni. A un certo punto (almeno dall'inizio del III sec. a.C.) anche a Roma la classe dirigente accetta di buon grado l'inserimento della storia patria nell'universo epico-mitico dei Greci. Accanto alla leggenda romana della fondazione di Romolo, si afferma la leggenda greca dell'approdo di Enea sulle coste del Lazio. Con le origini troiane i Romani possono così conservare la loro alterità, pur entrando nello stesso orizzonte delle origini greche. Ben prima che Virgilio rielabori il mito troiano nel grande poema nazionale che celebra l'età di Augusto, esso è attestato nella letteratura greca di età classica per passare poi in quella latina. Dopo la guerra annibalica, con l'espansione romana in Grecia e poi in Asia, alle comuni origini troiane fanno appello alcune città ellenistiche nei loro rapporti con la nuova potenza egemone, a cominciare da Pergamo, la capitale del regno degli Attalidi, erede in un certo senso di Troia. Origini troiane sono proiettate anche su città della Gallia Cisalpina legate a Roma, come Padova, secondo lo schema elementare delle parentele fra popoli diversi, sulle quali fanno leva all'occasione le relazioni internazionali nella storia antica. Fatto non meno importante, l'accettazione di Roma fra le nazioni civili è poi sancita agli occhi dei Greci dalla qualità delle sue istituzioni politiche. Le prime considerazioni in tal senso risalgono a Eratostene (III sec. a.C.) e sono poi ampiamente sviluppate nelle *Storie* di Polibio (II sec. a.C.). Punto d'arrivo di questo svolgimento, qui richiamato per sommi capi, è in età augustea la *Storia antica di Roma* scritta da un letterato dell'Oriente ellenistico, Dionigi di Alicarnasso, il quale raccoglie tutte le testimonianze disponibili per dimostrare che i Romani hanno in fondo un'origine greca.

In tale quadro e su questo sfondo va collocato l'arrivo in Spagna di Asclepiade, Artemidoro e Posidonio, con i loro interessi storico-geografici e antiquari che sono sollecitati dal soggiorno in Turdetania.

Usi e costumi di comunità iberiche venivano descritti nell'opera geografica di Artemidoro (in undici libri) e soprattutto nelle *Storie* di Posidonio, che continuavano le *Storie* di Polibio dall'anno in cui s'era arrestata la narrazione (146/5 a.C.). Posidonio è una fonte di prim'ordine sull'etnografia iberica e celtica, illustrata a un pubblico ellenistico curioso di notizie sui paesi dell'estremo Occidente. La periegesi di Asclepiade insisteva soprattutto sulla fase leggendaria delle origini. Anche in questo campo la cultura greca non aveva rivali, perché almeno dal V sec. a.C. le origini dei popoli con i loro spostamenti, con i cambiamenti di nomi e di sedi, costituiva un settore specifico di ricerca (archeologia/ἀρχαιολογία) che si alimentava attingendo alla tradizione epica, rielaborata e amplificata secondo le contingenze della storia politico-culturale. Nella periegesi di Asclepiade troviamo così una città chiamata Elleni (*Hèllenes*) addirittura in Galizia, una regione che sarà completamente sottomessa solo al tempo di Augusto. Due eroi della saga epica, Teucro e Anfiloco, sarebbero giunti nell'entroterra della Galizia, dove il secondo avrebbe trovato la morte. Eracle e i suoi compagni diventano gli artefici di una vera e propria attività coloniale in Iberia, mentre certe usanze dei Cantabri, i quali hanno già richiamato l'attenzione di Catone al tempo della seconda guerra punica, vengono spiegate con una loro presunta origine spartana. Sono schemi interpretativi di antica data, che Asclepiade non ha alcuna difficoltà ad applicare alla Spagna romana.

Stando così le cose, porterebbe fuori strada interrogarsi sulla eventuale realtà materiale delle 'prove' fornite da Asclepiade sull'approdo di Ulisse in Iberia. Nella valle del Quadalquivir e nella zona a nord di Malaga sono attestati epigraficamente dei toponimi iberici (*Ulisi*, *Oducia*), in cui egli avrà visto un'alterazione di Ulisse e *Odysseia*, la città presso la quale si troverebbe il santuario di Atena. Resterebbe la possibilità che si tratti di un centro di culto locale, pre-romano, reinterpretato come deposito di reliquie odissiache, ma allo stato attuale delle nostre conoscenze non si hanno riscontri topografici al riguardo. Non dovremmo mai dimenticare, in ogni caso, che i miti non hanno bisogno sempre e necessariamente di un terreno adatto per mettere radici. Talvolta possono attecchire anche in un suolo sterile.

Su un piano generale l'interesse antiquario della cultura ellenistica per le origini si accentua nel II sec. a.C., il secolo dell'ascesa di Roma a potenza mediterranea. Abbiamo già richiamato i trattati monumentali di Demetrio di Scepsi e di Apollodoro di Atene sulla geografia e sulla topografia omerica. Poco più tardi una descrizione in versi della terra abitata (Pseudo-Scimno) segnala con insistenza le città greche disseminate lungo le coste del Mediterraneo. Si tratta di un interesse per la permanenza della civiltà greca al di fuori dell'Ellade, lo stesso che ha alimentato le tradizioni leggendarie sull'arrivo degli eroi omerici nelle colonie della Sicilia e della Magna Grecia.

Le cose cambiano se questo interesse viene trasferito nelle province romane dell'estremo Occidente. Qui le condizioni per l'insegnamento del greco e per la pubblicazione di una periegesi antiquaria della Turdetania sono assicurate dalla conquista romana. Strabone afferma che i Turdetani, soprattutto quelli stanziati lungo il *Baetis*/Guadalquivir, hanno ormai mutato la loro maniera di vivere e adottato quella dei Romani, dimenticando così la propria lingua. Fu la diffusione del latino, nell'élite provinciale di città come Cordova o di comunità miste (iberi, punici, italici emigrati da più generazioni), a creare i presupposti per l'insegnamento del greco e per l'attività letteraria di Asclepiade. La sua ellenizzazione delle origini iberiche, che sono inserite nell'universo epico e mitico dei Greci, trova la via aperta dall'inserimento delle origini romane e italiche nel medesimo universo. Sottolineando le origini greche di vari popoli iberici, Asclepiade si trovò ben presto in buona compagnia, perché sia Artemidoro sia Posidonio ripresero notizie e leggende dalla sua periegesi.

L'atteggiamento di Posidonio era però diverso. L'intera questione dell'orizzonte occidentale delle peripezie di Ulisse poteva trovare infatti una soluzione, ammettendo che Omero avesse preso dai Fenici le informazioni sul contesto iberico in cui ambientare la finzione poetica. All'inizio del secolo scorso l'idea venne ripresa da Victor Bérard (1864-1931).

Secondo Posidonio i Fenici giunsero in Iberia e ne sfruttarono le risorse prima dei Greci. La poesia di Omero (*plàsma*) si basa quindi sulle informazioni (*historìa*) avute dai Fenici, che per primi conquistarono la Turdetania e ne restarono padroni finché i Romani non posero fine al loro dominio. Non solo l'impresa di Eracle ma anche l'arrivo di Ulisse in Iberia vengono presentati come una vera e propria spedizione militare nel quadro delle vicende successive alla caduta di Troia. La marcia straordinaria di Alessandro,

1600-1200 a.C.	**Tarda età del bronzo** in Grecia	**Civiltà micenea**
1200-800 a.C.	**Medioevo ellenico, *Dark Age***	I Greci emigrano in Asia Minore
X-IX sec. a.C.	**Età geometrica**	Formazione della tradizione epica
VIII sec. a.C.	**Inizio età arcaica**	Colonizzazione greca e fenicia; i Greci adottano l'alfabeto fenicio
V sec. a.C. - 323 a.C.	**Età classica**	Dalle **guerre persiane** (499-479 a.C.) alla morte di Alessandro Magno
323 a.C. - 31 a.C.	**Età ellenistica** Stati monarchici in Grecia, in Asia e in Egitto	Le lettere, le arti e le scienze ricevono un nuovo impulso nelle corti dei sovrani
218-202 a.C.	Seconda guerra punica o guerra annibalica	Inizi della storiografia romana
146 a.C.	Distruzione di Cartagine e di Corinto (fine terza guerra punica), **Roma potenza mediterranea**	Dopo la battaglia di Azio (31 a.C.) Roma estende il suo dominio anche sull'Egitto
27 a.C. - 14 d.C.	**Augusto e la fondazione dell'impero**	
476 d.C.	Fine dell'impero romano d'Occidente	In Oriente l'impero (bizantino) dura ancora per un millennio
V-VI sec. d.C.	Età tardo-antica in Occidente	
VII-X sec. d.C.	**Alto Medioevo**	**Espansione dell'Islam**
XI-XV sec.	**Basso Medioevo**	
1492-1815	**Età moderna**	
XIX-XXI sec.	**Età contemporanea**	

Tav. 1 – Questa tabella ha il solo scopo di fornire un primo orientamento cronologico per i riferimenti storici che si trovano nel testo.

che nell'arco di un decennio aveva conquistato l'impero persiano, rafforzò infatti la convinzione che l'ampliamento delle conoscenze geografiche non poteva essere opera di mercanti o di singoli esploratori. Nell'ampia sezione che Strabone dedica alle Colonne d'Eracle, i comportamenti di Alessandro ai limiti orientali della terra e le stesse leggende messe in giro dai Macedoni sui viaggi di Eracle e di Dioniso in India, offrono argomenti al proposito di razionalizzare l'impresa di Eracle in Iberia e alla tesi secondo la quale, come gli altari eretti in India da Alessandro così anche le Colonne d'Eracle dovevano risalire alle conquiste dei generali, non all'attività dei mercanti (Strabone III, 5, 5-6).

Il passaggio di Ulisse in Iberia – passaggio assai tardivo rispetto all'arrivo di Melqart/Eracle nell'estremo Occidente – rientra nella tendenza generale che caratterizza l'etnocentrismo culturale dei Greci. Diversamente da altre aree periferiche del mondo antico come il Mar Nero, dove fu la colonizzazione greca a costituire il presupposto per il trasferimento degli eroi dell'epopea, in Iberia fu decisiva invece la conquista romana per il suo inserimento nel mondo delle origini elleniche. È in tale contesto che le speculazioni modernizzanti di un Cratete sul viaggio oceanico di Ulisse vengono riprese da Asclepiade nella periegesi della Turdetania.

1184/3 a.C.	La presa di Troia
1104/3 a.C.	80 anni dopo: ritorno degli Eraclidi
1044/3 a.C.	+ 60: colonizzazione della Ionia
885/4 a.C.	+ 159: legislazione di Licurgo a Sparta
776/5 a.C.	+ 108: la prima Olimpiade
480/79 a.C.	+ 297: spedizione di Serse (seconda guerra persiana)
432/1 a.C.	+ 48: scoppio della guerra del Peloponneso
405/4 a.C.	+ 27: disfatta di Atene
371/0 a.C.	+ 34: battaglia di Leuttra, in Beozia (breve egemonia di Tebe in Grecia)
336/5 a.C.	+ 35: morte di Filippo II di Macedonia
324/3 a.C.	+ 12: morte di Alessandro Magno

Tav. 2 – La cronologia della storia greca secondo Eratostene (*FGrHist* 241 F1). Da notare l'assenza della colonizzazione in Occidente.

Capitolo II

IL MEDITERRANEO NELLA GEOGRAFIA ANTICA (VI SEC. A.C. - II SEC. D.C.)

L'idea della scoperta, che segna l'ampliamento delle conoscenze geografiche, è ben presente nella coscienza antica. Si tratta però di esplorazioni, condotte fra la fine del VI e il V sec. a.C., che hanno come teatro l'Oceano Indiano e l'Atlantico quando si è già affermata la concezione unitaria del mare interno. Il primo autore a parlarne, in contesti che sono insieme narrativi e argomentativi, è Erodoto. Solo di passaggio egli lascia intendere che anche il Mediterraneo occidentale era stato un tempo *terra incognita*, poiché furono i Greci d'Asia, i Focei, a scoprire con le loro lunghe navigazioni l'Adriatico, la Tirrenia, l'Iberia e Tartesso (I, 163). In questa affermazione è già sottesa l'dea di una progressiva estensione dell'orizzonte geografico, ma sono riflessioni che si collocano nettamente *post eventum* e che danno quindi come ormai condivisa l'idea geografica dell'intero spazio mediterraneo. Lo stesso discorso vale per il viaggio avventuroso del mercante Coleo di Samo che nella seconda metà del VII sec. a.C., dirottato dalla meta abituale dei suoi traffici in Egitto, è spinto dai venti al di là delle Colonne d'Eracle fino a Tartesso (Erodoto IV, 152). La scoperta del Mediterraneo non appartiene alla prospettiva storica degli antichi e il primo motivo, fin troppo ovvio, di questa assenza è che tale scoperta non fu preparata da nessuna aspettativa pratico-utilitaristica.

Nello sviluppo della geografia antica ha una parte decisiva la colonizzazione arcaica, perché da essa deriva la concezione di un mare interno che eserciterà la sua forza centripeta nella rappresentazione greco-romana della terra abitata. Questo legame di causa-effetto resta però un apporto degli studi moderni, di cui non troviamo traccia nella letteratura antica. Solo la prospettiva moderna ha dato unità problematica all'emigrazione fenicia e greca, un fenomeno che si sviluppa in maniera discontinua nell'arco di circa due secoli e che occupa ormai un'intera sezione nei manuali di storia greca. L'attenzione della storiografia antica è invece orientata sui grandi fatti politico-militari e sono questi che portano a un ampliamento delle conoscenze su popoli e paesi lontani; da Erodoto a Plinio il Vecchio gli autori antichi insistono sul ruolo determinante delle conquiste per i progressi della geografia. In Erodoto e Tucidide non mancano osservazioni sul ruolo del mare e della marineria nello sviluppo della Grecia arcaica, ma esse sono sollecitate dalla realtà contemporanea dell'impero ateniese, non certo dall'idea che il mare interno costituisca lo spazio della diaspora greca.

Come si giunse a scoprire l'unità del Mediterraneo? Ne abbiamo già parlato nel capitolo precedente, ma conviene ora riprendere il filo del discorso.

Le ricerche archeologiche condotte negli ultimi decenni sui siti delle colonie fondate in Occidente possono elaborare carte di distribuzione, sempre più dettagliate, dei manufatti che documentano la frequentazione di quei siti da parte di genti greche o levantine già prima dell'VIII sec. a.C. Sarebbe però illusorio ricostruire su basi simili la preistoria della conoscenza geografica di un mare interno, che appare come tale solo nelle nostre carte. Né può essere di grande aiuto proiettare in questa preistoria la figura di un Mediterraneo dimezzato, in cui vengono cancellati o sfumati i suoi contorni occidentali e l'ampio circuito del Mar Nero. Rispetto alla secolare esperienza marittima, che li mise in contatto con popoli e paesi lontani, i Greci in realtà arrivarono relativamente tardi a elaborare una rappresentazione grafica dell'ecumene con le sue partizioni continentali. Chi cerchi di ricostruire il processo che portò a integrare l'ignoto nell'orizzonte geografico, dovrà innanzitutto considerare i meccanismi che presiedono all'ordinamento dello spazio vissuto in funzione degli itinerari che lo attraversano – quello spazio che abbiamo imparato a chiamare 'odologico' grazie agli studi di Pietro Janni (1984) –, ma dovrà anche tener conto del peso che esercitano le concezioni tradizionali della cosmologia arcaica. Sappiamo come andarono le cose con le Indie Occidentali (1492) perché conosciamo sia le conoscenze e le teorie geografiche, che orientarono inizialmente la scoperta del Nuovo Mondo, sia il loro superamento. Queste condizioni non sussistono per la scoperta del mare interno, che costituì in sostanza l'espansione di quel primo Mediterraneo che fu per i Greci l'Egeo.

Nella poesia omerica il Canale d'Otranto segna verso occidente la frontiera fra l'orizzonte egeo-centrico e il mondo dell'ignoto o del poco noto (cap. I); d'altra parte i rapporti fra Egeo e Tirreno nell'età del bronzo passano necessariamente per questo stretto di mare e lo stesso vale più tardi per l'emigrazione greca in Occidente. Quale idea si sono fatta inizialmente i naviganti sulle terre che si trovavano al di là di Corcira/Corfù? Nulla all'inizo poteva sciogliere il dubbio se fossero un 'continente' o un'isola. Lo stesso dilemma si sarà presentato per le grandi isole tirreniche, a cominciare dalla Sicilia quando navigarono nello stretto fra Scilla e Cariddi. L'impulso cognitivo a circoscrivere uno spazio ignoto, rappresentandolo come un'isola, è ben attestato nella storia delle scoperte geografiche e certamente ha agito anche nella progressiva conoscenza dei paesi dell'Occidente. Quando Esiodo accenna a un luogo remoto di certe «isole sacre» (*Theog.* 1015 μυχῷ νήσων ἱεράων) là dove Agrio e Latino, nati dall'unione di Ulisse con Circe, regnano sui Tirreni, può forse trattarsi di un quadro geografico autentico (Isole Pontine? arcipelago toscano?), ma può essere anche il modo di concepire questi paesi lontani, posti ai confini del mondo conosciuto, secondo lo schema mitico della dimora insulare di Circe o di Calipso.

L'attraversamento nei due sensi del Canale d'Otranto e la fondazione delle prime colonie corinzie sul litorale dell'Epiro e dell'Illiria non bastano a spiegare quando e come i Greci giungessero a definire l'Adriatico come un golfo. Valgono le medesime considerazioni per la scoperta del Ponto Eusino (Mar Nero) e di altri settori di uno spazio marittimo che verrà riconosciuto infine come un medesimo mare. Queste possono apparire considerazioni oziose solo se si dà per scontata la concezione unitaria del Mediterraneo, così evidente nella continuità stessa del litorale. In realtà la sua continuità e unità furono un'acquisizione storica della colonizzazione arcaica.

1. Descrizione e disegno (VI-IV sec. a.C.)

Giri della terra e peripli

Nel profilo storico, con cui apre il suo trattato di geografia, Eratostene attribuisce ad Anassimandro di Mileto (c. 580 a.C.) la pubblicazione della prima carta della terra e a Ecateo di Mileto (c. 520 a.C.) la relativa descrizione, che inaugura così un particolare genere letterario. Della cartografia antica non abbiamo nessun documento originale e l'opera di Ecateo è nota purtroppo solo in brevi citazioni da parte di autori più tardi, ma possiamo fidarci di Eratostene perché la sua conoscenza della letteratura greca era certo ben fondata. L'immagine e la descrizione della terra abitata instaurano così un rapporto stretto, che accompagna l'intero sviluppo della geografia antica, perché in entrambe agisce la funzione ordinatrice del Mediterraneo. Non è certo un caso se almeno fino al IV sec. a.C. la descrizione e la carta dell'ecumene vengono indicate con la medesima espressione, che significa alla lettera «giro della terra» (περίοδος γῆς), dove il giro è innanzitutto quello del mare interno.

Paradossalmente della carta di Anassimandro e di altre consimili, tracciate nella Ionia d'Asia o più tardi nell'Atene del V sec. a.C., possiamo farci qualche idea solo grazie alla critica ironica di Erodoto, come vedremo. Per il momento basti dire che esse hanno forma circolare, come l'oceano che circonda la terra, e che un secondo cerchio – o forse un ovale – delimita lo spazio del mare interno, come in una ciambella. Questo secondo cerchio assicura l'ordinata descrizione di popoli e paesi, che vengono passati in rassegna in senso orario secondo la loro contiguità, con inizio e termine alle Colonne d'Eracle. La sequenza descrittiva di Ecateo è la stessa che troviamo più tardi nel cosiddetto *Periplo* di Pseudo-Scilace (IV sec a.C.), il quale all'inizio dichiara: «Comincerò dalle colonne d'Eracle che si trovano in Europa e proseguirò fino alle colonne che si trovano in Libia [Africa]».

Accanto alla poesia epica, che nel solco di Omero attinge al patrimonio tradizionale delle saghe eroiche e dei miti, si affermano e si sviluppano in età arcaica altre forme di poesia, legate ai costumi dei ceti aristocratici o alle ricorrenze festive delle comunità cittadine. Gli studi degli ultimi decenni hanno richiamato l'attenzione sui luoghi e sui tempi della produzione poetica e sul rapporto poeta-committente-pubblico in una civiltà urbana che conosce l'uso della scrittura, ma è ancora fortemente permeata dai modi e dalle tecniche della comunicazione orale. Si discute fra gli studiosi sulle concause che a Mileto, nella Ionia d'Asia, fra la fine del VII e la metà del VI secolo a.C. portano alla nascita della filosofia intesa come riflessione 'sulla natura'. Certe polemiche a distanza fra i 'presocratici' presuppongono la circolazione di testi scritti, sia pure in una cerchia assai ristretta. Ciò che colpisce in questa prima letteratura in prosa rispetto alla coeva produzione poetica è anche l'assenza di un contesto sociale e politico in cui agiscono autori e pubblico. La riflessività critica dei primi pensatori ionici è fine a sé stessa, si direbbe, sicché i destinatari sono i medesimi autori.

Dalla città di Mileto, appartenente allora a una delle satrapie occidentali dell'impero persiano, proveniva Ecateo, autore di *Genealogie* e della prima descrizione sistematica della terra abitata, che nella letteratura greca precede la nascita della storiografia. Se quest'ultima esprime le memorie e gli interessi locali delle singole città-stato, prima che Erodoto narri il grande evento del conflitto greco-persiano (499-479 a.C.), fin dall'inizio la geografia si rivolge invece alla totalità del mondo conosciuto, diviso in Europa e Asia, di cui fa parte la Libia (Africa). Questa vocazione universale va al di là del quadro, pure assai ampio, disegnato dai rapporti che Mileto intrattiene con le colonie nel Mar Nero, con il fondaco di Naucrati sul braccio occidentale del Delta egiziano o con Sibari, e lo stesso discorso vale per la carta di Anassimandro.

Il principio della contiguità geografica è già operante nell'omerico 'catalogo delle navi'. Nel *Giro della terra* di Ecateo l'itinerario decrittivo segue il litorale del Mediterraneo in un periplo immaginario, che nessun essere divino o eroico ha mai compiuto per intero. Come nelle *Genealogie* Ecateo ha dato qui sistemazione a un insieme di tradizioni e informazioni disparate, attingendo a materiali pre- o extra-letterari, che semplificando possiamo dividere in due categorie. Vi sono innanzitutto le notizie che circolano con le navi del commercio a lunga distanza e che trovano i loro punti di aggregazione nelle città più dinamiche della Ionia d'Asia (Focea, Mileto, Samo) e dell'Egeo (Corinto, Atene), per non parlare dei grandi santuari panellenici, come Delo e Delfi, o dei fondachi sparsi sulle coste della Tracia, del Levante e in Egitto. È assai dubbio che Ecateo potesse utilizzare dei periplі parziali del Mediterraneo, che egli avrebbe poi messo insieme. Il sapere pratico dei naviganti emergerà comunque assai più tardi in un testo scritto come somma di varie esperienze in settori diversi del mare interno, e sarebbe quindi anacronistico parlare di portolani per il VI sec. a.C. I primi periplі, di cui si abbia notizia nella letteratura greca, sono resoconti personali di esplorazioni condotte nel mare esterno; si tratta di esperienze eccezionali, il cui esito serve come argomento per pronunciarsi sui limiti meridionali e occidentali della terra abitata.

Per le regioni interne dell'Asia Ecateo utilizza informazioni risalenti, direttamente o indirettamente, all'amministrazione dell'impero persiano. Egli lo conosce abbastanza per dissuadere i concittadini dall'insurrezione che nel 499 a.C. apre il conflitto greco-persiano, «elencando tutti i popoli soggetti a Dario e le forze di cui egli disponeva» (Erodoto V, 36). Sebbene la prosa di Ecateo mostri una sintassi elementare, frasi brevi scandite da avverbi e preposizioni di luogo, alcuni richiami possono dare un'idea del carattere circostanziato e della ricchezza della sua descrizione, anche quando si allontana dal litorale del Mediterraneo.

Nell'entroterra della Calabria ionica – nella valle del Crati, sulla quale si estendeva il controllo di Sibari – egli menziona quasi una decina di oscuri centri (che chiama città/*polis*) abitati dagli Enotri. Nei territori di questo popolo italico i Greci fondarono in età arcaica le colonie che diedero poi vita alla civiltà della Magna Grecia. Ecateo (fr. 102) sa che in Epiro da uno stesso luogo del monte Lacmo (nel Pindo, non lontano dal passo di Metzovo) scorrono due fiumi, l'Inaco verso sud e verso il territorio di Argo Anfilochia (che si affaccia sul Golfo di Ambracia/Arta in Grecia), e l'Aoo (Voiussa/Vjosë in Albania) verso occidente e l'Adriatico, in cui sbocca a nord della baia di Valona (fig. 16). A Ecateo (fr. 197) risale il paragone, divenuto poi di uso comune, fra la forma del Mar Nero e un arco scitico, in cui la corda corrisponde alla costa dell'Asia Minore, mentre le due curve dell'arco sono

Fig. 16 – Il corso dell'Aoo e dell'Inaco in Epiro (Ecateo fr. 102). Baratta – Fraccaro 1954, fasc. I, tav. 9, dettaglio.

disegnate dal litorale europeo compreso fra il Bosforo Tracio (Bisanzio) e il Bosforo Cimmerio (Stretto di Kerč, fig. 5, p. 20).

Il lessico della sequenza toponomastica emerge chiaramente nelle rare citazioni dirette, che conservino un minimo di contesto dell'originale. Di particolare interesse sono le localizzazioni relative, ad alcune delle quali si accompagna l'orientamento in rapporto ai quattro settori dell'orizzonte con i loro 'punti cardinali', come mostrano i frammenti che seguono (indicati con la numerazione di Felix Jacoby; fra parentesi quadre alcune aggiunte per la comprensione del testo).

Dopo c'è Catania, all'interno (ὑπὲρ) c'è il monte Etna (73).
C'è il fiume Lameto, poi i Lametini (80: piana di Lamezia).

C'è la città di Candane e dopo vi sono i Peucezi (88: Puglia centrale).

I Chelidoni si trovano a nord dei Sesareti (100: Albania).

Poi c'è la città di Butroto, dopo c'è il porto di Orico (106: in fondo alla baia di Valona in Albania).

Gli abitanti di Dodona si trovano a mezzogiorno dei Molossi (108: Epiro).

Calcide è una città, che prima si chiamava Eubea (129).

Chio [l'isola] sta di fronte a Eritre, lì c'è la città di Chio (141).

Nel Golfo Termaico c'è Terme [Salonicco], città dei Greci in Tracia, e c'è Calastre città dei Traci (146).

I Peoni [nell'interno della Tracia: fig. 3] bevono birra di orzo e una bevanda di miglio e conizza; essi si ungono con olio di latte (154).

La città di Chersoneso sta sull'istmo della penisola (163: la penisola di Gallipoli, Dardanelli).

In Tracia la città di Kabessòs si trova nei pressi del valico del Monte Emo (169: Bulgaria, fig. 17).

I Calibi confinano a sud con gli Armeni. I Tibareni confinano a oriente con i Mossineci (203-4: Calibi, Tibareni e Mossineci stavano in quest'ordine lungo la costa sud-orientale del Mar Nero: fig. 18).

Presso la città di Alazia c'è il fiume Odrisse, che scorre attraverso la pianura Migdonia e si getta nel fiume Rindaco [venendo] da occidente dal lago Dascilitis (217: costa asiatica del Mar di Marmara).

Fig. 17 – Il M. Emo in Tracia (THOMSON 1948, p. 58, fig. 4, dettaglio).

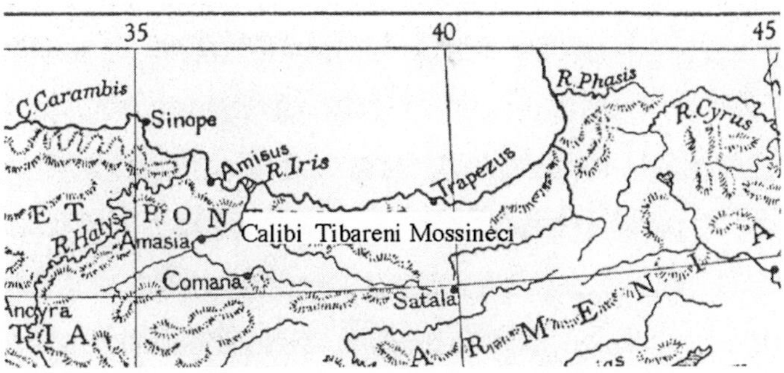

Fig. 18 – Calibi, Tibareni e Mossineci lungo la costa sud-orientale del Mar Nero (adattamento da THOMSON p. 283).

Presso il mare chiamato Ircanio [Caspio] vi sono montagne alte e fitte di boschi [Elburz], sui monti c'è il rovo canino (291).

A oriente dei Parti vi sono i Corasmi [Asia centrale, a est del Mar Caspio], che occupano sia le pianure sia le montagne; sulle montagne vi sono alberi selvatici (292: seguono notizie sulle specie botaniche).

Lungo il fiume Indo abitano gli Opiai e vi è una fortezza reale. Fin qui arrivano gli Opiai; a partire da questa fortezza la regione è deserta fino agli Indiani (299: valle dell'Indo).

Nella regione di Butoi [allo sbocco di uno dei rami centrali del Delta egiziano] presso il santuario di Latona c'è un'isola chiamata Chembis, sacra ad Apollo; l'isola è sollevata in alto e naviga e si muove sull'acqua (305).

Il Golfo Psillico è ampio e profondo; la navigazione è di tre giorni (332: la Grande Sirte in Libia, fig. 19).

Questi passi costituiscono una porzione minima della descrizione e anche del numero totale dei frammenti ecataici (c. 330), ciascuno dei quali conserva almeno un nome di luogo o di popolo. Da notare che nell'isola sacra ad Apollo del Delta egiziano i Greci hanno trasferito il luogo di nascita del dio partorito da Latona a Delo, l'isola galleggiante del mito. Alcuni frammenti su usi e costumi di popoli stranieri rivelano un'autentica curiosità etnografica con il gusto dei confronti, che riguardano l'abbigliamento dei Persiani o

Fig. 19 – Le due Sirti (Putzgers 1913, tav. 2, dettaglio).

degli abitanti della Cissia, nella bassa valle del Tigri, o ancora dei Paflagoni dell'Asia Minore. L'eterogeneità etnico-culturale dei sudditi dell'impero è ben nota del resto al Gran Re, il quale proclama la sua sovranità in tre lingue.

Le notizie di carattere etnografico, raccolte nell'opera di Ecateo e in altri *Giri della terra*, forniranno poi materiale comparativo alla riflessione dei sofisti sul relativismo delle norme sociali, un tema ricorrente nelle sezioni etnografiche dell'opera erodotea. In assenza di una precedente letteratura storico-geografica, solo la circolazione di uomini e notizie può spiegare come dalla stessa penna vengano informazioni simili sui popoli e i paesi più diversi non solo dell'impero persiano ma soprattutto del mare interno. Sul volgere dell'età arcaica è questo un aspetto della mobilità mediterranea, alimentata soprattutto dai costumi di comunità aristocratiche aperte sul mondo, in cui cercano i mezzi per soddisfare aspirazioni materiali e stili di vita. Alcuni scorci sul carattere 'internazionale' di questa società si trovano più tardi nelle *Storie* di Erodoto.

Se si deve escludere l'uso di peripli parziali come testi scritti, è probabile che almeno in parte Ecateo trovasse già elaborati blocchi omogenei di informazioni. È inverosimile che egli potesse raccogliere di punto in bianco le notizie più disparate sulla terra abitata, se alcune di queste non si fossero già amalgamate secondo gli interessi dei loro fruitori. Gli spetta comunque l'idea originale di aver dato un'ordinata sistemazione al tutto, realizzando un'opera che andava ben oltre la visuale delle singole città-stato e anche al di là della visuale sul mondo dei sovrani Achemenidi. È incerto se Ecateo abbia perfezionato la carta di Anassimandro, come ritennero in passato alcuni studiosi, ma la rappresentazione della terra abitata è comunque presupposta dalla sua ordinata descrizione.

La perdita dell'opera geografica di Ecateo è un danno irreparabile, al quale può supplire solo in parte il *Periplo* di Pseudo-Scilace, composto al tempo di Filippo II di Macedonia (359-336 a.C.). Il testo ci è giunto con il nome di Scilace di Carianda (nella Doride dell'Asia Minore), che verso la fine del VI sec. a.C. per incarico di Dario, il sovrano dei Persiani, esplorò il litorale del mare esterno dalle foci dell'Indo all'odierno Golfo di Suez. Questa attribuzione però è infondata; di qui l'uso di designare come Pseudo-Scilace l'anonimo autore del *Periplo*.

Ricalcando lo schema inaugurato da Ecateo, esso presenta un'ordinata rassegna di tutti i popoli e le città che si affacciano sul Mediterraneo e su una porzione della costa africana al di là delle Colonne d'Eracle. Si tratta di un testo senza alcuna pretesa letteraria, scarno e ripetitivo nelle formule topografiche, che riveste però un grande valore documentario per il fatto stesso di essere il primo del genere a esserci pervenuto pressoché integro. Non possiamo naturalmente aspettarci di trovare il medesimo livello informativo per tutti i settori del Mediterraneo. Come in ogni opera geografica dell'antichità, che abbraccia uno spazio così esteso, la diseguaglianza di trattamento è inevitabile e nel nostro caso riflette anche il carattere composito dell'opera.

All'inizio del *Periplo* l'intera costa iberica dalle Colonne d'Eracle fino a Emporion / Ampurias è liquidata in poche righe, con un cenno alle numerose stazioni commerciali (*empòria*) dei Cartaginesi e con la distanza stimata in sette giorni e sette notti di navigazione, lo stesso tempo che nelle condizioni più favorevoli richiede la navigazione costiera da Cartagine alle Colonne. È invece di sei giorni e sei notti il periplo della penisola calabro-lucana (da Posidonia / Golfo di Salerno a Eraclea / Policoro) e quello della contigua Iapigia / Puglia fino al Gargano. Leggiamo, tra l'altro, che la Sicilia ha forma triangolare e ogni lato misura circa 1.500 stadi.

Al criterio più antico, che registra le distanze marittime in termini di tempo, si affianca nel *Periplo* la misura lineare, nel presupposto dichiarato che una giornata di navigazione equivalga a 500 stadi (la velocità media sarebbe dunque di quattro nodi circa). È evidente il carattere approssimativo di queste stime, che esprimono tuttavia l'esigenza di ricondurre a uno stesso parametro le distanze marittime. Va nello stesso senso la navigazione costiera di un golfo, che comporta una misura maggiore rispetto alla traversata lungo l'imboccatura. Nella Grande Sirte (fig. 19) la distanza da Esperidi / Bengasi a Neapolis / Leptis Magna è di tre giorni e tre notti; si tratta probabilmente della medesima stima fornita da Ecateo un secolo e mezzo prima, anche se ignoriamo quali fossero per Ecateo le due estremità del golfo. È un indizio significativo, fra gli altri, del processo di codificazione attraverso cui passa la geografia marittima del Mediterraneo. A una navigazione di tre giorni e due notti corrisponde invece la «profondità» della Sirte, da Esperidi agli «altari di Fileno» nella parte più interna del grande golfo, dove veniva posto il confine tradizionale fra la Cirenaica e i territori sotto il controllo cartaginese. La diseguaglianza delle informazioni nel *Periplo* riflette, almeno in parte, la stessa realtà geografica e storica che caratterizza i diversi segmenti della descrizione litoranea.

Nell'Adriatico, per fare qualche esempio, la costa illirica offre un quadro quantitativamente e qualitativamente assai più denso di informazioni se paragonato al litorale opposto. Dopo Otranto in Iapigia e Ancona nel territorio degli Umbri, per trovare un altro approdo bisogna arrivare agli Etruschi del delta padano. Qui è segnalata una «città greca», raggiungibile in nave risalendo il fiume per venti stadi (c. 3,5 km), con tutta probabilità Spina, presso Comacchio. Nell'odierno Golfo di Trieste è localizzato il popolo degli Istri con il fiume omonimo, ritenuto una sorta di diramazione dell'Istro / Danubio, che sbocca nel Mar Nero (la diramazione adriatica è un'idea bizzarra, legata al mito degli Argonauti). Dal paese degli Istri fino al Golfo di Ambracia / Arta in Grecia il *Periplo* è assai più ricco di dati e non solo perché la costa italica è al confronto povera di porti naturali. I territori dell'Illiria rappresentano tradizionalmente un'area di traffici per i Greci diretti verso il delta padano, ma rientrano anche nella politica espansionistica di Filippo II. È naturale che la topografia diventi particolarmente fitta nella Grecia e nell'Egeo, in Tracia e in Asia Minore, dove il litorale presenta una sequenza di popoli e di città-stato con i rispettivi territori, che si estendono verso l'interno gli uni accanto agli altri.

Questa geografia etnico-politica è un tratto distintivo che il *Periplo* eredita dai *Giri della terra* e ripropone però in forme estreme, soprattutto in Grecia. La pertinenza etnica o politica riguarda infatti anche segmenti minori del litorale, la cui estensione è stimata in mezza giornata di navigazione, come per la costa dei Sanniti fra Campani e Lucani o per quella dei Locresi fra Etoli e Focidesi. Il territorio dei Molossi in Epiro tocca il Golfo di Ambracia su un litorale di quaranta stadi (c. 7 km) e solo trenta stadi misura la facciata marittima della Tessaglia sul Golfo di Pagase / Volos (fig. 20).

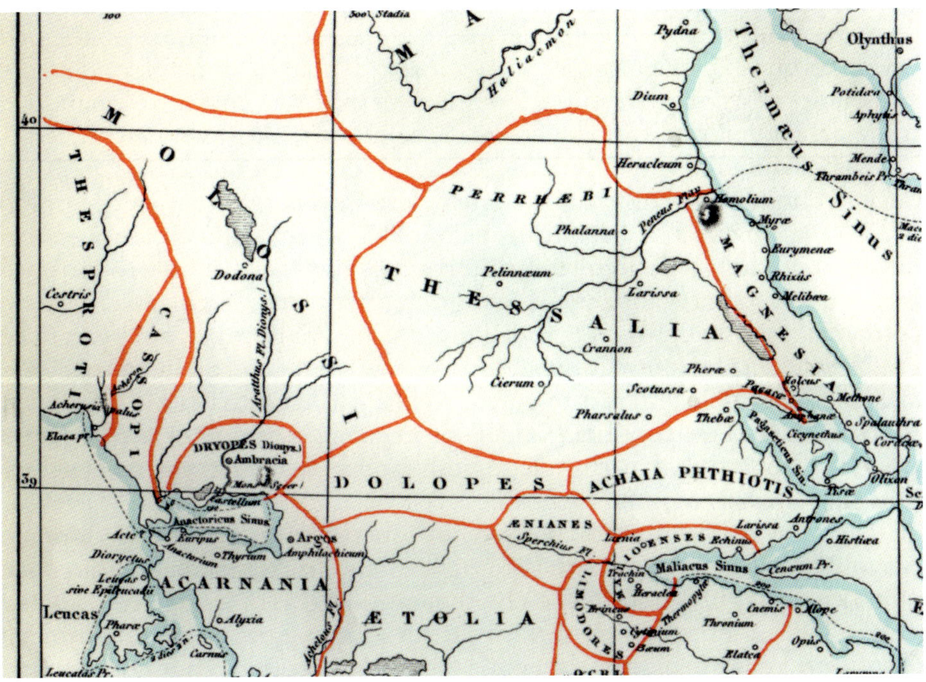

Fig. 20 – La Grecia settentrionale nel *Periplo* di Pseudo-Scilace (MÜLLER 1855, tav. IV). Le linee rosse circoscrivono le unità etniche e / o politiche. Si tratta però di una visione piuttosto modernizzante dei confini, che il *Periplo* segnala puntualmente solo lungo il litorale mediterraneo; da notare il breve tratto marittimo nel territorio dei Molossi e dei Tessali (Pagase).

Rispetto all'età di Ecateo molte cose però sono cambiate. I due conflitti greco-persiani (499-479 a.C.), il cinquantennio dell'imperialismo ateniese in Egeo, la guerra del Peloponneso (431-404 a.C.), il precario equilibrio fra i tentativi egemonici di alcune città-stato (Sparta e Tebe) e gli interessi in Egeo dell'impero persiano, infine l'espansione della Macedonia sotto Filippo II, sono i fattori che hanno ridisegnato più volte la geografia politica del mondo greco. Da qui derivano le difficoltà, a volta insormontabili, per chi cerca nel *Periplo* le tracce più recenti di queste dinamiche.

Un riflesso dei tempi può vedersi nella frequenza con cui vengono qualificate come 'greche' molte città poste in territori 'barbari', vale a dire stranieri. Il IV secolo, l'età di Platone e di Aristotele, è fortemente permeato dal sentimento panellenico, dall'aspirazione a cementare l'unità di tutti i Greci contro l'impero persiano; sono i temi su cui insiste ad Atene la retorica politica di Isocrate. L'Ellade però si estende lungo la costa dal Golfo di Ambracia fino alla valle di Tempe, nel basso corso del fiume Peneo, che rappresenta storicamente la zona di frontiera fra la Tessaglia e la Macedonia (fig. 20). È naturale del resto che una descrizione di tutto il mondo mediterraneo conservi tendenzialmente i quadri tradizionali della geografia politica ed etnica sui quali si innestano alcuni aggiornamenti, che non possono essere sistematici né riguardare tutte le regioni descritte, soprattutto quando si tratta dei confini mutevoli fra i territori delle città stato.

Nonostante il titolo di *Periplo*, assai raramente emergono notizie riconducibili direttamente alla navigazione o destinate a essere di qualche utilità pratica per i naviganti. La catena delle unità etnico-politiche, disposte ordinatamente lungo il circuito mediterraneo, è certamente il prodotto ultimo di una lunga tradizione di geografia marittima, la cui sistemazione comporta però l'effetto statico dell'inventario. Per apprezzare il carattere pratico delle istruzioni nautiche occorre rivolgersi a testi che compaiono assai più tardi nella letteratura greca. Nel *Periplo* le coste del Mediterraneo sono divise fra i tre continenti, ma la descrizione si limita sostanzialmente ai litorali. Sono quindi escluse le regioni interne dell'Asia, che invece figurano nei *Giri della terra* fin da Ecateo.

Della geografia marittima sono un aspetto caratteristico le distanze lungo costa (*parapli*), indicate sistematicamente senza soluzione di continuità, cui si aggiungono quelle che separano le grandi isole tirreniche fra di loro e dal continente; lo stesso vale per l'Egeo e per altre isole minori. Rientrano nella medesima categoria oltre ai porti (ne vengono segnalati circa 150), la possibilità di risalire in nave alcuni fiumi (ἀνάπλους) per raggiungere le città poste nell'interno, l'acqua potabile della Mareotide (nel Delta egiziano) per chi approda nell'isola di Faro, priva ancora della celebre torre che segnalerà anche di notte la vicinanza della terra alle navi dirette ad Alessandria (fondata nel 332/1 a.C.), o ancora la disponibilità di ridossi e ancoraggi in Cirenaica. Alcuni porti vengono indicati come «chiusi» (λιμὴν κλειστός), probabilmente perché sono provvisti all'ingresso di palizzate o catene, come nei «porti de catena» che conosciamo dai portolani medievali.

Un'eco della geografia nautica si coglie talvolta nella localizzazione relativa dei toponimi, i quali si trovano a destra o a sinistra per chi entra o esce da certi golfi. Si cita giustamente a tale proposito Tucidide, il quale scrive che la città di «Epidamno [Durazzo] si trova a destra per chi entra nel Golfo Ionico [l'Adriatico]». Nessun cenno però ai venti o alla meteorologia locale, né alla direzione delle distanze marittime, neppure quando le traversate interrompono la catena dei popoli e dei paesi litoranei.

Un dettaglio rivela quanto sia estraneo all'autore l'interesse per le condizioni della navigazione. Egli nota che lo stretto del Bosforo Tracio si chiama *Anàplous*, lo stesso termine da lui usato per indicare la risalita di un fiume, senza però accennare alla corrente superficiale che va dal Mar Nero nel Mar di Marmara e poi nei Dardanelli, fenomeno sotteso al toponimo e ben noto già a Erodoto. Se Tucidide ricorda la difficoltà della navigazione nello Stretto di Messina, dove le correnti marine possono spiegare il mito omerico di Scilla e Cariddi, il *Periplo* non dice una sola parola al riguardo.

Per contro emerge qua e là l'interesse per usi e costumi singolari, che fanno parte dell'immagine tradizionale di certi paesi. Presso i Liburni, che nella descrizione dell'Illiria vengono dopo gli Istri, il potere è nelle mani delle donne (ginecocrazia) «mogli di uomini liberi, le quali si uniscono ai loro schiavi e agli uomini dei territori vicini»; le medesime usanze sono riferite per alcune popolazioni della Palude Meotide (Mar d'Azov). L'etnografia del *Periplo* riprende materiali che in parte conosciamo dalla precedente letteratura storico-geografica e in certi casi li arricchisce. I popoli mediterranei dell'Africa sono descritti da Ecateo prima che Erodoto ne tratti nel quarto libro delle *Storie*, dove nella Sirte i Maci stanno a occidente dei Nasamoni. Nel *Periplo* i due popoli presentano la medesima collocazione (fig. 19), ma apprendiamo che i Maci praticano la transumanza, portando d'inverno le loro mandrie sulla costa per trasferirle poi d'estate nei pascoli dell'interno.

Nel paesaggio litoraneo del *Periplo* i toponimi che evocano i miti dell'epopea accomunano le regioni più diverse: nella terra dei Latini subito dopo il Circeo c'è la tomba di Elpenore (il compagno di Ulisse, caduto dal tetto della casa di Circe), l'isola di Calipso si trova nei paraggi di Crotone, il culto di Diomede ad Ancona nel territorio degli Umbri, Cadmo e Armonia sulle coste dell'Illiria, l'Isola Bianca di Achille al largo delle foci dell'Istro/Danubio e la tomba dell'eroe presso il promontorio Sigeo all'ingresso dei Dardanelli, o ancora in Egitto la tomba del timoniere di Menelao, Canobo, da cui prende il nome il braccio occidentale del Delta.

Va da sé che la Troade e il territorio di Cirene presentino vari toponimi legati alla tradizione epica e al mito. Con i miti della saga eroica ritroviamo però divinità greche anche nei toponimi di aree che sono rimaste estranee alla colonizzazione greca arcaica, come il litorale siro-palestinese, la costa compresa fra la Cirenaica e il territorio di Cartagine, e anche il litorale africano che si estende al di là delle Colonne d'Eracle. Dinanzi a un fenomeno così diffuso ci si interroga naturalmente sulla realtà storica che sta dietro. Quale che sia la risposta più o meno plausibile, si direbbe che l'ellenizzazione dei paesaggi mediterranei non presuppone necessariamente l'insediamento di comunità greche. Già in età arcaica il mito della discendenza di Circe e di Ulisse riguarda le origini dei Latini e degli Etruschi, come s'è visto, ma né nel Lazio né in Etruria i Greci fondarono delle colonie. Popoli e paesi, con cui i Greci entrano in contatto, vengono inseriti nel loro universo mentale, sono visti sempre e comunque attraverso la lente rassicurante di un pervicace etnocentrismo culturale.

Così nel *Periplo* fra i popoli 'barbari' (non greci) della Sicilia occidentale accanto ai Cartaginesi e agli Elimi figurano addirittura i Troiani. Secondo una leggenda, alimentata prima della guerra del Peloponneso (431-404 a.C.) dall'alleanza fra Atene e Segesta, città posta nel territorio degli Elimi, questi avrebbero infatti un'origine troiana. I Lotofagi (mangiatori di loto), incontrati da Ulisse dopo la tempesta di Capo Malea, vengono menzionati di passaggio fra i popoli dell'Illiria, ma ricompaiono poi sul litorale africano, dove trovano posto fra la Grande e la Piccola Sirte (Golfo di Gabès), che per la prima volta figura qui accanto all'altra, l'unica ancora nota a Erodoto e senza aggettivi. Una varietà di loto è grande quanto un corbezzolo e se ne ricava una bevanda simile al vino, come leggiamo già nell'etnografia libica di Erodoto. È un modo per spiegare lo stato di oblìo, che provoca il fiore misterioso nel racconto di Ulisse.

Proprio il confronto con Erodoto (IV, 177-179) permette di osservare da vicino, in questo caso, l'ellenizzazione del paesaggio nel Golfo di Gabès, una regione che conobbe la colonizzazione fenicio-punica, mentre i Greci non vi fondarono alcuna città nonostante alcuni tentativi fatti sul volgere del VI sec. a.C. Erodoto narra come la palude Tritonide, associata all'approdo nella Piccola Sirte per la navigazione antica (fig. 19), sia connessa al mito degli Argonauti, o meglio a una sua variante. Prima della partenza Giasone intende consultare l'oracolo di Delfi, ma costeggiando il Peloponneso è sorpreso a Capo Malea dal vento di borea, che lo trascina verso la Libia e verso le secche della Tritonide. La storia è complicata da una profezia – che qui possiamo tralasciare – consegnata a Giasone da Tritone, una figura di indovino che replica quella di Proteo, il «vecchio venuto dal mare» nel quarto canto dell'*Odissea*. Ora, secondo Erodoto, le ragazze di una tribù della palude Tritonide compiono annualmente un rito «per la dea indigena», *che i Greci chiamano Atena*. Nel *Periplo* non c'è però alcuna traccia del culto indigeno, mentre il santuario di Atena Tritonide appartiene ormai al paesaggio della Piccola Sirte.

A proposito del mito di Eracle nell'Occidente coloniale abbiamo già accennato ai frutti custoditi dalle Esperidi, le figlie della Notte, che nella *Teogonia* di Esiodo si trovano al di là dell'Oceano. Nel *Periplo* il Giardino delle Esperidi viene identificato con una dolina nel territorio di Cirene, la colonia fondata da Tera/Santorino colonia a sua volta di Sparta, e per la prima volta esso viene descritto in maniera circostanziata con l'elenco di tutte le sue piante, sicché in uno stesso luogo troviamo l'intera gamma della vegetazione mediterranea (manca però il fico).

È un luogo profondo otto orgie [misura delle braccia distese], tagliato in cerchio, dove non si può scendere da nessuna parte; misura non meno di due stadi in larghezza e in lunghezza. È reso ombroso dagli alberi che s'intrecciano gli uni con gli altri, fittissimi. Questi sono gli alberi: loto, mele d'ogni tipo, melograni, peri, corbezzoli, more, viti, mirti, allori, edera, olivi, oleastri, mandorle e noci.

τὰ δένδρεα ἐστὶ λωτός, μηλέαι παντοδαπαί, ῥοαί, ἄπιοι, μεμαίκυλα, συκάμινα, ἄμπελοι, μυρσίναι, δάφναι, κισσός, ἐλαίαι, κότινοι, ἀμυγδαλαί, καρύαι.

Un'ultima annotazione richiede «il mare a noi vicino» (ἡ ἐπὶ ἡμῶν θάλασσα), che nel *Periplo* (§ 40) forma con il Golfo di Corinto l'istmo omonimo. Secondo un'interpretazione risalente al filologo ed epigrafista francese Jean-Antoine Letronne (1787-1848), questa espressione si riferirebbe in senso stretto al Golfo Saronico, che bagna le coste dell'Attica, e sarebbe perciò una prova dell'origine ateniese dell'autore del *Periplo*. Per la verità una simile accezione territoriale sembra estranea all'uso linguistico dell'epoca. Proprio nell'Atene del IV secolo Platone per designare il Mediterraneo si serve di una variante della stessa espressione (ἡ παρ' ἡμῖν θάλασσα). Anche nel *Periplo* quindi essa indica il tutto rispetto a una sua porzione, circoscritta al Golfo di Corinto.

Nel IV a.C. scrive un *Giro della terra* anche Eudosso di Cnido, il celebre matematico e astronomo. La sua produzione scientifica è andata perduta, ma sappiamo che l'opera geografica comprendeva sette libri, un incremento notevole rispetto ai due libri di Ecateo. È significativo che Aristotele si riferisca ai *Giri della terra* (plurale) come a un determinato genere di scritti, da cui si possono prendere notizie su usi e costumi di popoli non greci. Questo orientamento antropico, e quindi storico nel senso più ampio, è un carattere originario che la geografia descrittiva degli antichi conserverà per tutto il suo sviluppo. Gli spazi sono caratterizzati certamente dalla natura dei luoghi ma anche dalle diverse comunità umane con le loro tradizioni e le loro istituzioni sociali. La geografia fisica – come si direbbe oggi – interviene come oggetto autonomo di studio solo quando la riflessione antica si sposta sulla struttura e sulla storia della terra, collocata al centro del cosmo. Nessuno nell'antichità greco-romana ha mai avuto l'idea di scrivere una monografia sui caratteri di questa o quella 'regione naturale'.

Il mare interno fornisce dunque lo schema compositivo a un *Giro della terra*, ma occupa anche la maggior parte della descrizione. Inaugurata da Ecateo, la geografia dell'ecumene ha una vita lunghissima. Nella prima età imperiale è rielaborata in lingua latina (Pomponio Mela e Plinio il Vecchio), attraversa in compendi ed estratti il Medioevo per poi ricomparire nelle grandi *Cosmografie* rinascimentali, che hanno i loro modelli nell'antichità classica.

Erodoto: popoli e spazi dell'impero persiano

Dalla metà del VI sec. a.C., quando le conquiste di Ciro II posero le basi dell'impero persiano, il termine Asia cominciò a designare nella lingua greca l'insieme dei territori e dei popoli soggetti al Gran Re. Alla visione greca del mondo conosciuto, che ha al suo centro il mare interno, occorre però affiancare la prospettiva delle civiltà dell'antico Oriente e infine di quella persiana, per le quali il Mediterraneo appartiene alla periferia della terra abitata. Le differenze saltano all'occhio, appena si accosta all'ecumene di Ecateo la famosa tavoletta babilonese (fine VIII-VII sec. a.C.) con la *mappa mundi* centrata sul corso dell'Eufrate (figg. 21-22). Come vedremo subito, la documentazione che consente questo confronto non è solo qualitativamente diversa, ma si presenta anche sbilanciata dalla parte greca. Con tutti questi limiti, emergono però distintamente le linee-guida che orientano la diversa rappresentazione della terra abitata.

Nelle iscrizioni autocelebrative dei sovrani assiri ricorre a distanza di secoli (dal II al I millennio a.C.) il medesimo proclama di regnare «sulle quattro parti del mondo» o, più concretamente, «dal mare inferiore al mare superiore», vale a dire dal Golfo Persico al litorale siro-palestinese. Questa retorica del potere imperiale, che non è certo un fenomeno esclusivo dell'Oriente antico, passa nell'autorappresentazione dei sovrani persiani leggibile nelle loro iscrizioni a Susa e Persepoli o in quella celebre di Bisutun, incisa sulla ripida parete di una montagna a sud-ovest di Hamadan, nell'Iran settentrionale. L'elenco dei popoli e dei paesi soggetti al Gran Re,

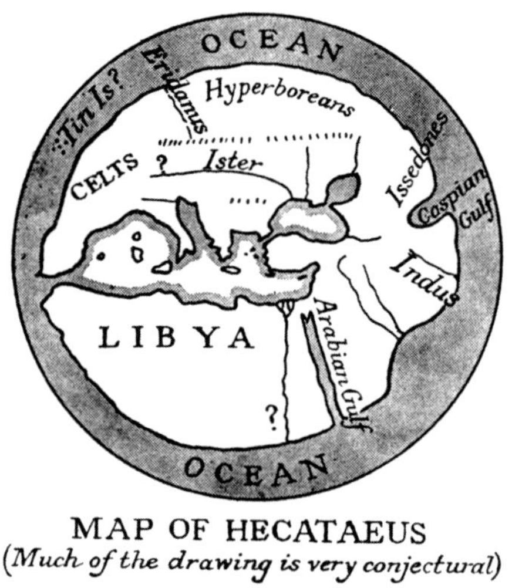

21

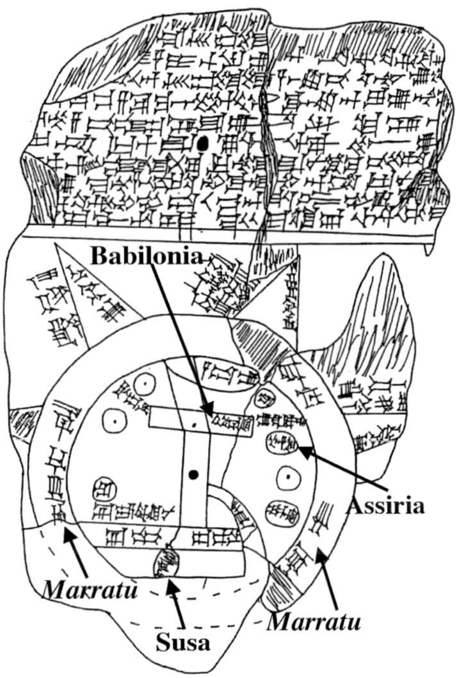

22

Fig. 21 – Una ricostruzione moderna della 'carta di Ecateo' (Thomson 1949, p. 99). Fig. 22 – *Mappa mundi* babilonese (da Horowitz 2011², p. 402: le aggiunte esplicative si basano sul cap. 2, pp. 20-42). *Marratu* designa il mare / oceano, raffigurato dal doppio cerchio concentrico; anche l'Eufrate è indicato da due segmenti paralleli, che attraversano il rettangolo di Babilonia.

che con alcune varianti compare nelle iscrizioni degli Achemenidi, richiama da tempo l'interesse degli storici che studiano le strutture amministrative dell'impero persiano, confrontando questi preziosi documenti con il quadro delle satrapie descritto da Erodoto (nel terzo libro). Nella sequenza di nomi etnici e regionali dei testi epigrafici agisce l'associazione per gruppi secondo la contiguità territoriale. Popoli e regioni dell'impero vengono dislocati in rapporto al centro, occupato dalla Persia e dalla Media, che sono collegate alle varie satrapie dalla rete delle 'vie regie', le famose piste con le loro stazioni di posta.

L'estensione e la struttura organizzativa dell'impero appaiono singolari agli occhi dei Greci, anche perché il loro mondo è costituito da un gran numero di città-stato che si trovano spesso in rapporti conflittuali per estendere territori di dimensioni modeste o per assicurarsi il controllo delle zone di frontiera. Non sappiamo quando e perché i Greci concepirono l'idea di suddividere la terra abitata in tre 'continenti' (Europa, Asia e Libia / Africa). Questa divisione non ha alcun rapporto con la tradizione delle genealogie mitiche, che risponde all'esigenza elementare di fondare sulla parentela i rapporti fra i popoli o fra comunità diverse. Certamente la divisione è nota a Ecateo, perché il suo *Giro della terra* (in due libri) è diviso fra Europa e Asia, che comprende la Libia. La questione è discussa da Erodoto (IV 36-52) in termini esclusivamente geografici, ma egli sa bene che l'Asia è il territorio del Gran Re, il quale ha ampliato i suoi confini fino alla valle dell'Indo. Se questo significato geopolitico si è affermato nel mondo greco di pari passo con l'estensione del dominio persiano, nelle iscrizioni achemenidi non c'è però alcuna traccia dell'Asia. L'idea secondo cui il mondo è fatto di tre parti, una delle quali appartiene al Gran Re, è costruzione greca. Nell'ideologia della sovranità, che gli Achemenidi ereditano dagli Assiri, l'impero coincide infatti con la totalità del mondo conosciuto.

Se si considera il ruolo storico del mare interno, come spazio condiviso e conteso da popoli diversi, è naturale che in Grecia la descrizione e la rappresentazione di tutta la terra abitata non corrispondano a nessuna realtà o aspirazione imperiale, ma esprimano semplicemente un'istanza intellettuale. Un'affermazione simile rischia di trasmettere della civiltà greca una visione idealizzata, che ha la sua storia. Il rischio però si dissolve quando si rifletta, come già accennato, sul fatto che nel mondo antico la divisione del genere umano agisce per via genealogica non geografica, e questo vale per le cosmogonie del Vicino Oriente e di Esiodo, come per il libro della *Genesi* nell'Antico Testamento. L'attribuzione ai figli di Noè (Sem, Cam, Jafeth) di una porzione della terra abitata è interpretazione tardiva, che i cristiani possono applicare alla Bibbia grazie alla tripartizione continentale della geografia pagana (vedi sotto, fig. 66). Nella seconda metà del VI sec. a.C. la divisione geometrica dell'ecumene è in realtà un'espressione originale della civiltà greca, di cui non si intravedono modelli nella storia del Vicino Oriente.

A tale proposito rivestono particolare importanza, anche per la rappresentazione del Mediterraneo, le *Storie* di Erodoto. In una lunga sezione del quarto libro (36-42) si intrecciano molti fili delle considerazioni svolte fin qui, ma il carattere argomentativo conferisce una forte unità concettuale alle pagine erodotee, di cui vale la pena riportare almeno l'inizio.

> Rido quando vedo che molti hanno già disegnato giri della terra (γῆς περιόδους) ma nessuno ne ha dato una spiegazione ragionevole. Disegnano infatti l'oceano che scorre attorno alla terra, la quale è rotonda come fatta al tornio, e fanno l'Asia uguale all'Europa. Ora mostrerò in poche parole l'estensione e la figura di ciascuna di esse.

Come in altri passi dell'opera Erodoto critica la concezione tradizionale di una terra circondata interamente dall'oceano, una terra di forma circolare e divisa in due semicerchi o in tre settori uguali dal corso del Tanai/Don, del Fasi (il Rioni nella Colchide/Georgia) e del Nilo. Egli prende posizione contro le carte disegnate nella Ionia d'Asia, perché ritiene che i loro schemi geometrici non reggano alla prova dei fatti. Il sorriso di Erodoto esprime il medesimo atteggiamento ironico, che mostra Ecateo all'inizio delle *Genealogie* accingendosi a mettere ordine nei miti dei Greci, molteplici e contraddittori. Probabilmente nella critica di Erodoto è coinvolto però anche Ecateo, che non viene nominato ma a cui Erodoto attinge per le parti descrittive delle *Storie*. Fu Ecateo a immaginare che gli Argonauti tornassero in Tessaglia senza ricalcare la rotta dell'andata, perché dal fiume Fasi sarebbero passati nel mare esterno per rientrare nel Mediterraneo attraverso il Nilo, considerato come una sorta di canale che collegava il Mediterraneo all'oceano. Dopo la scoperta del mare interno è in fondo il primo esempio della tendenza a tradurre in termini geografici la concezione epica dell'Oceano, il fiume cosmico da cui hanno origine tutti i fiumi della terra. È sorprendente, comunque, che nel giro di appena tre generazioni alcune acquisizioni della 'scienza' ionica diventino oggetto di riflessione critica nelle *Storie* di Erodoto.

Al centro delle sue considerazioni c'è la questione concernente i paesi estremi del mondo conosciuto, che richiedono la verifica dell'esperienza, reale o presunta che sia. La novità infatti sta qui nell'approccio al problema, non nella sua soluzione. La circumnavigazione dell'Asia e della Libia/Africa dimostrano che la terra abitata confina con l'oceano solo lungo il margine meridionale, ma lo stesso non può dirsi per il limite settentrionale dell'Europa. Il tempo impiegato (trenta mesi) nel periplo dell'Asia compiuto da Scilace per ordine di Dario (dalle foci dell'Indo all'odierno Golfo di Suez), e nel presunto periplo dell'Africa (che i Fenici avrebbero portato a termine in poco più di due anni) dovrebbe dare un'idea comparativa di questi spazi continentali. Ma se l'immagine circolare della terra abitata e la sua divisione in parti uguali non sono accettabili per la loro astrattezza, come raffigurarsi la forma e l'estensione dei tre continenti?

La costruzione di Erodoto (fig. 23) si basa sull'asse segnato da quattro popoli (Persiani, Medi, Saspiri, Colchi) che occupano da sud a nord le regioni comprese fra il Mare Eritreo (espressione con cui viene designato l'Oceano Indiano col Golfo Persico) e l'angolo orientale del Mar Nero (Colchide). A est di quest'asse e fino al paese degli Indiani (valle dell'Indo) la descrizione appare sommaria e incerta, mentre l'Asia prende forma a occidente dell'asse di riferimento. Da questo si staccano infatti due penisole: la prima è la nostra Asia Minore, la seconda comprende la Persia, l'Assiria e l'Arabia (la cui natura peninsulare è ignota a Erodoto) con il litorale fenicio e palestinese, cui segue quello dell'Egitto. L'istmo fra il Mar Rosso

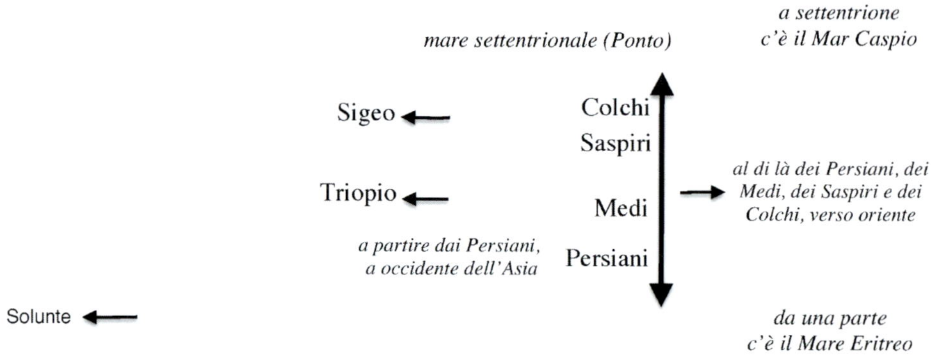

Fig. 23 – Lo schema ortogonale nella rappresentazione erodotea dell'Asia.

(«Golfo Arabico») e il Mediterraneo segna solo per convenzione il termine di questa seconda penisola, che continua verso occidente con la Libia/Africa.

Due promontori fissano l'estremità occidentale dei due litorali, che disegnano l'estensione della penisola anatolica: il Sigeo a nord e il Triopio a sud (figg. 24-25). C'è come un salto di scala fra la rappresentazione dell'Asia centrale mediante i popoli che vi sono insediati e la funzione distintiva di due capi, che appartengono alla geografia marittima dell'Egeo. Lo stesso discorso vale per il promontorio Solunte (Capo Spartel, a ovest di Tangeri in Marocco: fig. 26), che per Erodoto segna il termine occidentale dell'Africa perché chi lo doppia, costeggiando dal mare interno, deve cambiare rotta «verso mezzogiorno». Il valore documentario di tali riferimenti geografici è da rimarcare con forza, perché qui abbiamo, e per la prima volta nella letteratura greca, la delineazione dell'Asia in uno schema che comprende parte dello spazio mediterraneo.

In un articolo pubblicato nel «Geographical Journal» del 1896 (*An Attempt to Reconstruct the Maps used by Herodotus*) John Linton Myres (1869-1954), professore di storia antica a Oxford e a lungo direttore della British School of Archaeology di Atene, formulò l'ipotesi secondo cui la descrizione di Erodoto avrebbe contaminato una carta persiana con le carte ioniche della terra. Posta in questi termini l'ipotesi può apparire oggi piuttosto audace, anche perché non disponiamo di alcun documento della cartografia persiana, né può colmare la lacuna il poco che sappiamo sulla visione achemenide dell'ecumene. Non c'è dubbio, tuttavia, che su un punto Myres aveva visto giusto perché l'asse etnico, su cui si basa la rappresentazione dell'Asia, riflette la centralità della Persia e del suo potere

Fig. 24 – Il promontorio Sigeo all'entrata dell'Ellesponto (Baratta – Fraccaro 1954, fasc. 1, tav. 10, dettaglio ingrandito). Fig. 25 – Il C. Triopio nella penisola di Cnido (Baratta – Fraccaro 1954, *ivi*, dettaglio). Figg. 26a-b – C. Spartel/Solunte (a) in Baratta – Fraccaro 1954 (fasc. I, tav. 7) e in una carta nautica (b) della marina inglese (*The English Pilot*, *The Fifth Book*, London 1701: TOT, Amsterdam 1973).

24

25

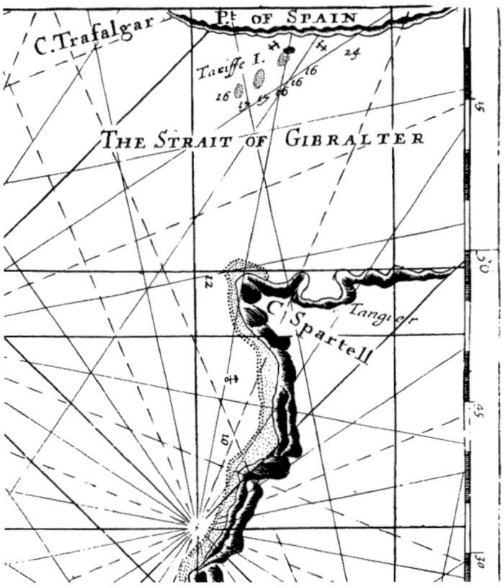

26b

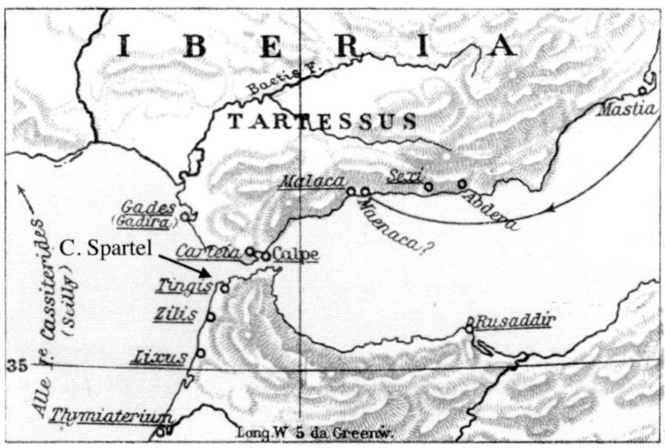

26a

nel mondo, leggibile nelle liste etnico-geografiche delle iscrizioni autocelebrative dei sovrani, le quali di solito iniziano con la Persia e la Media. È una centralità che non ricomparirà più nella geografia greca.

A occidente di quest'asse Erodoto stabilisce un altro allineamento fra il Delta del Nilo e quello dell'Istro/Danubio (fig. 27), allineamento che passa per il 'collo' (istmo) della penisola anatolica compreso fra la Cilicia e Sinope (Sinop, Turchia), là dove la costa settentrionale della penisola si avvicinerebbe maggiormente al litorale opposto, che fronteggia l'isola di Cipro. Per Erodoto l'Istro nasce nel paese dei Celti all'estremità occidentale dell'Europa, che il fiume attraversa in tutta la sua estensione prima di sboccare nel Mar Nero. Il Nilo avrebbe poi un corso speculare a quello del Danubio, un'affermazione aprioristica dettata dall'esigenza esplicita di una costruzione simmetrica rispetto all'estensione del Mediterraneo dalle Colonne d'Eracle al Ponto Eusino. Nell'immagine erodotea della terra abitata (fig. 28) ritroviamo così il medesimo principio di un ordine astratto, che egli critica nelle carte circolari della terra.

Myres mise giustamente in rilievo il carattere 'diagrammatico' dei rapporti spaziali nella geografia erodotea, che traduce in schemi ortogonali le vie terrestri e marittime. Come hanno mostrato gli studi di linguistica comparata, si tratta infatti di schemi connaturati all'orientamento dell'uomo nello spazio secondo l'opposizione destra/sinistra e davanti/dietro.

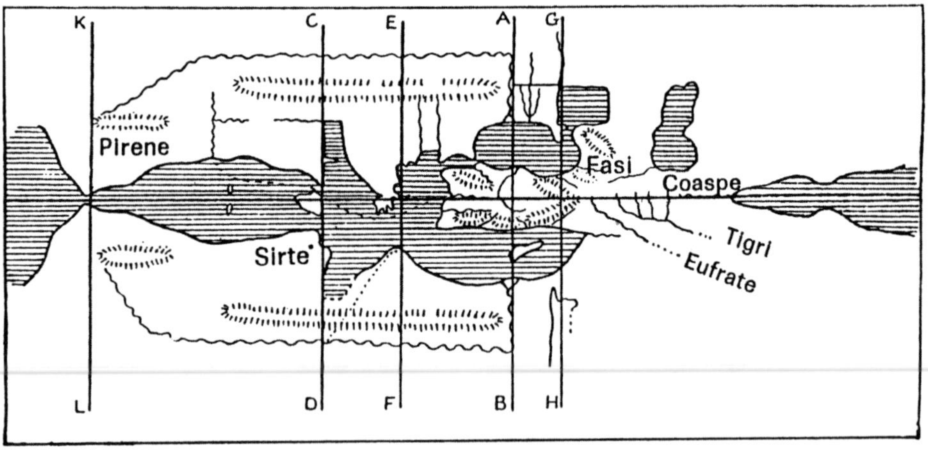

Fig. 27 – Questo disegno (Myres 1896) mostra il carattere diagrammatico della geografia di Erodoto, costruita su allineamenti ortogonali. Naturalmente esso non va considerato nei dettagli ma per l'impianto generale.

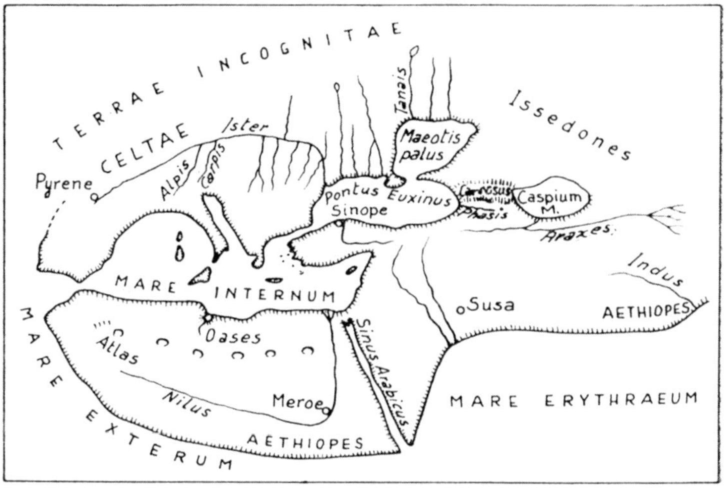

Fig. 28 – L'ecumene di Erodoto secondo Barthold Georg Niebuhr (1776-1831).

Se nell'Asia l'asse etnico ricalca le piste che collegano la Persia alla Media (Ecbatana / Hamadan) e alla Colchide, l'allineamento fra le foci del Nilo e quelle del Danubio deriva dalla pratica della navigazione in due aree assai distanti e dall'esperienza dell'itinerario interno da mare a mare, che collega la pianura della Cilicia a Sinope sul Mar Nero. Parlare qui di meridiano sarebbe decisamente fuori luogo, perché la sfericità terrestre con le sue implicazioni è del tutto estranea alla geografia di Erodoto. L'allineamento, comunque, supera ampiamente gli orizzonti locali o regionali e presuppone perciò un notevole grado di astrazione nella rielaborazione dei dati empirici.

Le traversate in mare aperto, favorite dalla posizione intermedia delle isole, ebbero certamente un ruolo decisivo nello stabilire la posizione relativa di località considerate l'una «di fronte» all'altra, per dirla nei termini antichi. Il rapporto spaziale Peloponneso (Capo Malea e Citera) - Creta - Egitto si trova già nell'*Odissea*, come si è visto, e ricompare puntualmente nel *Periplo* di Pseudo-Scilace, che colloca però la Cirenaica «di fronte» a Creta. Che la porzione occidentale della Sicilia fronteggiasse il golfo di Cartagine doveva essere cosa ben nota almeno da quando i Cartaginesi istallarono le loro colonie nell'isola, che nella geografia antica rappresentò la terra posta fra l'Europa e la Libia / Africa. Aristotele designa la penisola calabro-lucana (vale a dire la grande Lucania di Pseudo-Scilace) come una «penisola (ἀκτή) dell'Europa», anche perché dall'altra parte della Sicilia c'è appunto la Libia.

Per Erodoto un confronto fra la dimensione dei tre continenti si può fare solo lungo il circuito del mare interno, dove l'Europa si estende quanto l'Asia e la Libia/Africa prese insieme. Che il confine venga fissato sul Tanai/Don oppure sul Fasi (Colchide), la costa europea nel Mar Nero fronteggia infatti quella asiatica. Secondo Pseudo-Scilace il litorale europeo dalle Colonne al Tanai corrisponde a 153 giorni di navigazione; quello dell'Asia ne richiede 86 (fino al braccio occidentale del Delta del Nilo) e 74 il litorale mediterraneo dell'Africa fino alle Colonne. Stime del genere leggiamo già in Erodoto, quando egli intende trasmettere ai lettori un'idea sulle dimensioni della Scizia e del Mar Nero, e in Tucidide a proposito della Sicilia, il cui periplo per una nave da carico richiede almeno otto giorni. L'intenzione di tradurre in cifre il perimetro del Mar Nero si scontra però con la convinzione secondo cui esso sarebbe solo «un po' più grande» della Palude Meotide (Mar d'Azov), che secondo Pseudo-Scilace si estende quanto la metà del Ponto. Erodoto è il primo autore in cui possiamo osservare la difficoltà di commisurare gli spazi geografici sulla base delle informazioni disponibili o di credenze aprioristiche ma condivise, che accrescono perciò col tempo la loro forza. Da qui derivano le approssimazioni e gli 'errori' inevitabili dello storico, che ricorrono in varia misura un po' in tutta la geografia degli antichi.

A parte questi limiti insuperabili, è notevole comunque in Erodoto l'intento di esprimere in schemi ortogonali anche la delineazione di spazi regionali, come la grande pianura della Tessaglia (VII, 129) e la Scizia, concepita in forma di un quadrato il cui contorno marittimo è accostato a quello dell'Attica e della Iapigia (Puglia) in alcune pagine ben note delle *Storie* (IV, 99-101). L'accostamento non si spiega solo con il carattere peninsulare delle tre regioni. Esso presuppone che come la Scizia marittima così anche l'Attica e la Iapigia abbiano un lato rivolto a oriente e l'altro a mezzogiorno (figg. 29a-b). È interessante osservare che l'Attica compare con questa forma nella cosiddetta carta pisana (c. 1300: fig. 30), una delle più antiche carte nautiche conservate, di cui parleremo nel prossimo capitolo. Non c'è ovviamente nessun rapporto di filiazione; l'accostamente serve solo a mostrare che anche nel tardo medioevo la visualizzazione della terra vista dal mare si traduce, in questo caso, nel medesimo schema geometrico.

Molto si è scritto sul valore delle descrizioni erodotee per la storia della cartografia antica e la questione su alcuni punti resta ancora aperta. Giova notare comunque che le regioni peninsulari, appena richiamate, intervengono nella forma del mare interno e che la possibilità di concepire la loro figura deriva dall'esperienza della navigazione costiera, come osserva esplicitamente Erodoto. Nella Scizia il popolo dei Tauri (nella Crimea) occupa

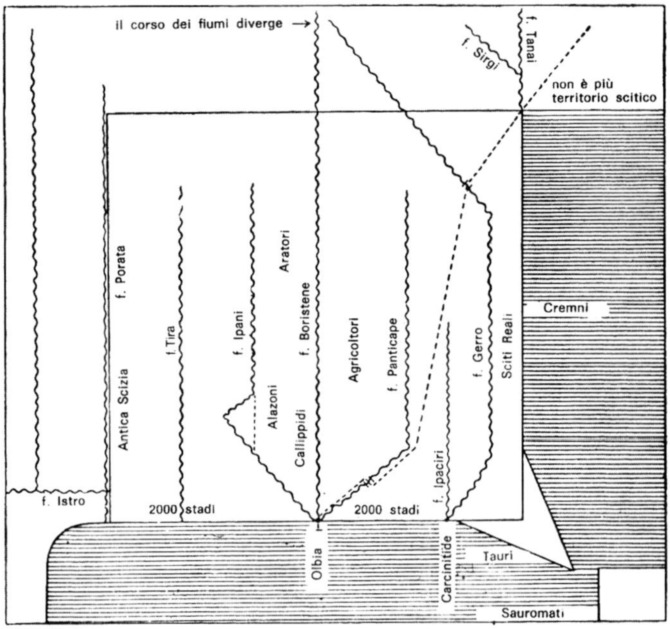

29a

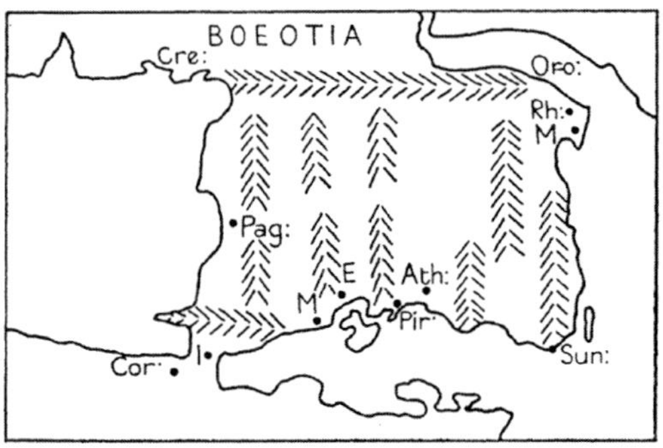

29b

Figg. 29a-b – La forma quadrata della Scizia, da cui si stacca il territorio dei Tauri/Crimea, e dell'Attica (MYRES 1896 e 1943).

infatti rispetto agli Sciti un territorio circoscritto là dove si incontrano i due lati marittimi del quadrato (fig. 29a), come se la porzione meridionale dell'Attica, che da Torico e Anaflisto si protende in mare con Capo Sunio (fig. 31), fosse occupata da un popolo diverso dagli Ateniesi. Erodoto sa bene che si tratta di due ordini di grandezza assai diversi, ma egli propone ugualmente il confronto e lo estende alla Puglia.

Per chi non ha costeggiato questi luoghi dell'Attica, lo spiegherò in altro modo: è come se un popolo diverso dagli Iapigi occupasse l'estremità della Iapigia, dal porto di Brindisi fino a Taranto, separandola dal resto.

Fig. 30 – L'Attica e il Golfo Saronico nella 'carta pisana' (c. 1300).

Per il lettore moderno è agevole verificare il grado di congruenza di queste rappresentazioni con le tavole a diversa scala di un atlante. Anche se il periplo del Sunio o della Penisola Salentina rientra nelle rotte ordinarie di chi naviga oggi per diporto nel Mediterraneo, si tratterebbe comunque di un'esperienza che si avvale di carte nautiche e che quindi non può essere accostata a quella richiamata da Erodoto. Questi ultimi esempi riguardano poi spazi di modesta estensione e per giunta peninsulari, che sono circoscritti anche dagli istmi con i loro itinerari terrestri da mare a mare. Rientrano in questa tipologia, che è variamente rappresentata nella morfologia costiera del Mediterraneo, l'estremità meridionale della Calabria (la punta dell'*Italìa* nella designazione dei Greci), il Chersoneso Tracio (penisola di Gallipoli), la penisola Calcidica,

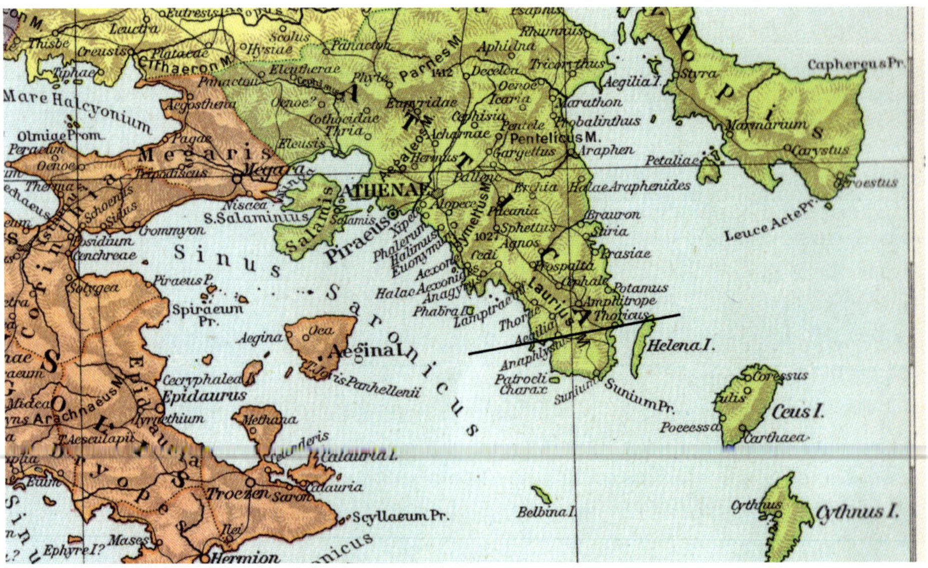

Fig. 31 – La punta dell'Attica a sud di Torico - Anaflisto (Baratta – Fraccaro 1954, fasc. I, tav. 8, dettaglio ingrandito).

quella di Cnido e così via. In casi simili il passaggio dalla percezione visiva delle singole parti a una rappresentazione più ampia che le comprenda, comporterebbe in fondo il medesimo sforzo di astrazione per il navigante antico come per il moderno, a patto che per quest'ultimo si tratti di terre mai viste prima, né in navigazione né sulla carta. Il processo di astrazione, comunque, non è certo paragonabile a quello richiesto per l'inserimento e l'ordinamento di questi spazi marittimi di modeste dimensioni (isole, penisole, porzioni ben individuabili del litorale) in un quadro ancora più ampio, che può estendersi fino ai limiti del mondo conosciuto.

Ora, le *Storie* di Erodoto offrono un ottimo campo di osservazione per tali meccanismi di astrazione, tanto più che Erodoto è nel gruppo ristretto di quegli storici i quali hanno un senso spiccato della topografia, come Tucidide e Polibio. Se per questi ultimi l'attitudine si spiega con l'esperienza maturata sul campo nella carriera militare, Erodoto apprende molto dai viaggi che lo portano tra l'altro nel Levante, in Egitto, nel Mar Nero, ad Atene e infine a Turi, la colonia fondata nel 444 a.C. sul sito di Sibari per iniziativa degli Ateniesi. Nel suo racconto della spedizione di Serse in Grecia (480 a.C.) troviamo la prima descrizione continua nella letteratura greca del litorale compreso fra i Dardanelli e l'Attica, ma nella direzione opposta a un *Giro della terra* e al *Periplo* di Pseudo-Scilace. D'altro canto il tema stesso dell'opera, il grande conflitto fra Greci e Persiani, richiede un quadro geografico che corrisponda all'ampiezza e profondità della prospettiva storica; sono due dimensioni che ritroviamo più tardi nell'opera di Polibio. L'arte della scrittura e le tecniche narrative di Erodoto non intaccano il valore documentario della topografia e della geografia, a meno che non si tratti di paesi esotici, la cui descrizione porta con sé il gusto del meraviglioso. Vale insomma anche per Erodoto l'osservazione che si può fare per altre grandi figure della letteratura, come Omero, Dante, Goethe, la cui sensibilità topografica e geografica è certamente superiore a quella che mostrano alcuni dei loro critici.

Carte mentali?

Una volta riconosciuto il mare interno come elemento unificante, si afferma nella lingua greca un sistema di localizzazioni relative che vale per l'intero circuito del Mediterraneo. Sono ubicati in basso (κάτω) popoli, luoghi e paesi del litorale, in alto (ἄνω) quelli che si trovano nell'interno o comunque appena lontani dalla costa. L'itinerario verso il mare scende, quello opposto sale, come nella spedizione che portò Senofonte dalle coste dell'Asia Minore in Mesopotamia (*Anabasi*). Erodoto distingue l'Asia bassa, la penisola anatolica che si protende nell'Egeo, da quella alta che si estende verso l'interno al di là dell'istmo fra Sinope e la Cilicia, la bassa

Macedonia del Golfo di Terme / Salonicco e il basso Egitto del Delta dalle regioni attraversate dall'alto corso del Nilo e dei fiumi macedoni. È degno di nota che occasionalmente egli designi con l'espressione *tutta l'Europa anteriore* (πάση ἡ ἔμπροσθε Εὐρώπη) la sua facciata mediterranea compresa fra il fiume Nesto, che in Tracia sbocca di fronte all'isola di Taso, e l'Acheloo (Aspropòtamos) il grande fiume che scorre nella Grecia nord-occidentale fra Etolia e Acarnania. Quanto alle regioni più interne funge da elemento diagrammatico il corso dell'Istro / Danubio, come si è detto, ma è sempre il riferimento al litorale del Mediterraneo che supplisce alle incertezze o alla scarsità delle informazioni.

Per fare un esempio, alcuni affluenti di destra del Danubio, la cui identificazione resta problematica, sono elencati da est a ovest secondo la sequenza dei popoli nel cui territorio essi scorrono. Dovendo localizzare in qualche modo i due affluenti (*Alpis* e *Karpis*) che si trovano a occidente degli Illiri, Erodoto (IV, 49) ricorre agli Umbri che si affacciano sull'Adriatico come i Veneti. Poiché le regioni interne dell'Europa occidentale sono ignote allo storico e al suo pubblico, la posizione degli Umbri sull'Adriatico è l'unico appiglio sicuro cui riferire lo spazio attraversato presumibilmente dagli ultimi (verso ovest) affluenti di destra dell'Istro, menzionati dopo quelli della Tracia e dell'Illiria.

Casi del genere non sono affatto rari nell'opera di Erodoto e ogni volta possiamo notare come ai dati topografici si affianchi una più larga visione geografica, in cui essi sono inseriti. Si può discutere sull'esito dell'operazione, ma essa esprime comunque una chiara tendenza a inquadrare il dettaglio topografico, che viene sottratto all'isolamento dei vari contesti narrativi per entrare in una rete assai più ampia di rapporti spaziali. Alle informazioni altrui si aggiunge poi la conoscenza diretta di certi luoghi, come mostra il passo seguente (I, 148).

> Il Panionio è una località sacra di Micale, rivolto a settentrione (fig. 32), che gli Ioni in comune hanno dedicato a Posidone Eliconio. Micale è un promontorio del continente che si estende verso occidente dinanzi a Samo e in cui, riunendosi dalle loro città, gli Ioni celebravano le feste chiamate Panionia.

Nella medesima sezione del primo libro Erodoto elenca le città della Ionia da sud a nord, da Mileto fino a Focea. Una lista ordinata di toponimi litoranei rientra nel bagaglio di conoscenze dello storico e circola indipendentemente dalla loro sistemazione in un *Giro della terra*. Sulla costa asiatica la città di Eritre si trova «di fronte» a Chio (la città in questo caso) per Erodoto come per Pseudo-Scilace. Anche il Sigeo e il Triopio appartengono al litorale egeo dell'Asia Minore, ma assolvono nella geografia erodotea

Fig. 32 – Posizione del Panionio sul promontorio di Micale (Baratta – Fraccaro 1954, fasc. I, tav. 10, dettaglio ingrandito).

una funzione ben diversa, come abbiamo visto. L'importanza strategica del Sigeo all'ingresso dei Dardanelli è evidente e il suo possesso fu all'origine di un conflitto che oppose Atene a Mitilene nel VI sec. a.C. Nella penisola di Cnido il Triopio ospitava un santuario di Apollo, il centro religioso delle città doriche dell'Asia Minore. I due promontori costituiscono inoltre due punti cospicui per la navigazione e avranno quindi orientato la carta mentale dei rispettivi spazi marittimi, ma non è certo l'esperienza nautica a suggerire un collegamento fra questi due capi e l'asse etnico che attraversa l'Asia centrale dal Golfo Persico all'estremità orientale del Mar Nero (fig. 23, p. 86).

Nella Ionia d'Asia anche la nozione di centralità geografica deriva dalla rappresentazione del litorale e troverebbe proprio qui la sua prima applicazione politica, se ha un fondamento storico l'idea, attribuita da Erodoto a Talete di Mileto (VI sec. a.C.), di stabilire a Teo il consiglio federale di tutti gli Ioni. Questa città si trova infatti grosso modo a metà strada nelle comunicazioni marittime fra Mileto e Focea, poste rispettivamente al limite meridionale e settentrionale della Ionia (fig. 33).

C'è poi un'altra centralità, che toglie la Ionia dall'orizzonte regionale. Nella geografia erodotea (I, 142) essa occupa un posto privilegiato perché

Fig. 33 – Centralità di Teo nella Ionia d'Asia (*ivi*, tav. 11, dettaglio ingrandito).

con le sue stagioni miti si trova lontana sia dal freddo della Scizia sia dal caldo dell'Egitto e dell'Etiopia. Si è osservato giustamente che questo si spiega con i rapporti di Mileto con le colonie del Mar Nero e con il fondaco di Naucrati nel Delta egiziano. La posizione mediana, che la Ionia condivide con l'Ellade (III, 106), esprime comunque la centralità stessa dell'Egeo nella rappresentazione del mondo conosciuto. Rientra nel medesimo ordine di idee la designazione del Ponto Eusino come «mare meridionale» rispetto alla Scizia, mentre in rapporto al Golfo Persico («Mare Eritreo») diventa «mare settentrionale» (IV, 13 e 37). Quest'ultima espressione si riferisce occasionalmente anche al Mediterraneo nella presunta circumnavigazione fenicia dell'Africa (IV, 42, 2).

Chi rifletta sulla varietà e sull'insieme dei rapporti spaziali nelle *Storie* di Erodoto, converrà che la nozione di carta mentale – un'espressione talvolta abusata negli studi recenti sulla geografia antica – ha senso solo nella dimensione topografico-regionale dello spazio vissuto. Se Erodoto descrive la forma della pianura tessala, chiusa su quattro lati dai monti, chiunque può tradurre in uno schizzo la descrizione, senza per questo immaginare che lo storico avesse sott'occhio una carta della Tessaglia; e lo stesso potrebbe dirsi per la Scizia, per l'Attica o la Iapigia, singolarmente prese. Quando però lo sguardo si allarga sulla totalità della terra e sulle sue partizioni, di una carta mentale si può parlare solo a patto di considerarla l'espressione verbale di un disegno, la descrizione di una figura percepita visivamente, anche se essa è l'esito di un'astrazione. Solo la condivisione di una certa immagine dell'ecumene consente di discutere sui confini dei continenti, e non c'è alcun dubbio sul ruolo determinante dello spazio mediterraneo per la costruzione di tale immagine. I limiti dei continenti, cui accenna Erodoto, sono segnati dai fiumi che sboccano nel mare interno: il Tanai/Don oppure il Fasi/Rioni (nella Colchide) fra Europa e Asia, l'odierno Istmo di Suez o il Nilo fra Asia e Libia/Africa. È appena il caso di aggiungere che una *mappa mundi* non può essere di alcuna utilità per l'orientamento negli itinerari terrestri o marittimi, tanto meno per la conoscenza dei luoghi in funzione dell'attività politico-amministrativa o in vista di spedizioni militari.

Nel racconto della rivolta ionica contro il dominio persiano Erodoto (V, 49) introduce una carta della terra come strumento di persuasione nella missione a Sparta di Aristagora, il tiranno di Mileto che ha dato inizio alla rivolta. Questi porta con sé una tavola di bronzo, su cui sono incisi «il giro

Fig. 34 – Lo sbocco del Peneo e la valle di Tempe (*ivi*, tav. 9; scala 1:1.500.000).

di tutta quanta la terra e tutti i mari e i fiumi». Per convincere il re spartano Cleomene a intervenire nel conflitto, Aristagora illustra sulla carta i domini dell'impero persiano e i tesori custoditi a Susa, che sono lì quasi a portata di mano. Lo spartano, diffidente, gli chiede però quanti giorni di cammino occorrano per arrivare «dal mare degli Ioni fino al Re» e Aristagora commette l'errore, osserva Erodoto, di dire la verità: tre mesi di marcia. A questo punto Cleomene congeda bruscamente l'ospite rifiutando il suo appoggio alla rivolta, ma Erodoto coglie l'occasione per illustrare la via regia da Efeso fino a Susa, con l'indicazione delle numerose stazioni di posta che si trovano nei diversi segmenti del percorso.

Molto si è scritto su questo brano e sulle possibili fonti dell'itinerario, che attraversa varie satrapie dell'impero e le cui distanze sono espresse in parasanghe, unità di misura persiana pari a trenta stadi (c. 5 km). Vi sono buoni motivi per ritenere un'invenzione erodotea il dettaglio della carta portata da Mileto a Sparta. Va ricordato però che, circa vent'anni dopo la composizione delle *Storie* di Erodoto, Aristofane nelle *Nuvole* porta sulla scena la scuola di Socrate. Fra gli strumenti dell'insegnamento socratico troviamo l'astronomia, la geometria e una «carta di tutta la terra» (αὕτη δέ σοι γῆς περίοδος πάσης), quella terra intera che la geometria vorrebbe misurare (vv. 200-217). Le battute fanno leva sull'atteggiamento del personaggio principale (Strepsiade), un ateniese della piccola borghesia che tra l'altro non sa leggere la carta – come diremmo oggi, arrischiando un anacronismo – proprio come il re spartano dinanzi alla *mappa mundi* di Aristagora. L'arte narrativa di Erodoto e l'invenzione comica di Aristofane presuppongono però che il loro pubblico, o almeno una buona parte di esso, sappia cosa sia una carta della terra.

Nel grande racconto di Erodoto si scoprono altre porzioni del Mediterraneo, viste con gli occhi dei protagonisti. Il Ponto Eusino rappresenta uno spazio a sé del mare interno e lo storico (IV, 85-89) ne tesse l'elogio per bocca di Dario, che contempla il ponte di barche fatto costruire sul Bosforo per condurre dall'Asia in Europa l'esercito con cui si appresta a invadere la Scizia (c. 513 a.C.). La scena si ripete con Serse (480 a.C.) che da Terme/Salonicco scorge il profilo dell'Olimpo e dell'Ossa e gli prende voglia di andare a vedere dal mare la gola da cui il fiume Peneo (fig. 34), attraversando la valle di Tempe, sbocca nell'Egeo fra i due monti (VII, 128).

Forse l'episodio che può completare meglio il confronto, caro a Erodoto, fra la visione greca dell'impero persiano e lo sguardo persiano sul mondo dei Greci ha come protagonista il medico Democede di Crotone, città famosa allora per l'eccellenza della sua scuola di medicina (III, 129-37). Dopo aver esercitato la professione a Egina e in Atene, ottenendo grande fama e cospicui guadagni, Democede passa alla corte di Policrate il tiranno di Samo e, dopo l'esecuzione di Policrate per ordine del satrapo di Lidia, finisce a Sardi come schiavo di quest'ultimo. È da lì che Dario lo fa venire a Susa, perché gli curi la slogatura al piede, di cui soffre dopo una battuta di caccia. La terapia di Democede è risolutiva, viene generosamente ricompensato ed è ammesso alla mensa del Gran Re. Più tardi cura con succeso anche la regina, che su suggerimento di Democede convince Dario a preparare una spedizione contro la Grecia, inviando il medico con un gruppo di Persiani a navigare lungo le regioni costiere dell'Ellade per osservare e prendere nota di ogni cosa in vista della spedizione. Democede spera così di tornare a Crotone, dove infatti alla fine approda dopo una sosta a Taranto. I Persiani vorrebbero riportare Democede a Susa, ma i Crotoniati si oppongono e il medico può così realizzare il desiderio di tornare in patria.

In tutta la storia non mancano i dettagli inverosimili e romanzeschi nello stile narrativo di Erodoto, ma qui importa richiamare l'attenzione su due punti. Il Gran Re ignora il mondo mediterraneo e ha bisogno di una guida greca per ottenere informazioni, che vengono raccolte in un periplo di ricognizione. Salpati da Crotone e privi della loro guida, i Persiani sulla via del ritorno fanno infatti naufragio in Iapigia. In realtà non sapremo mai quale idea avesse il Gran Re sul mare interno dei Greci, ammesso che la questione fosse per lui di qualche interesse.

Interrogarsi sull'estensione del mare interno è invece un esercizio intellettuale necessario, per formulare su basi empiriche una stima sull'estensione dell'ecumene con le sue divisioni continentali. Come qualsiasi superficie riconducibile a una forma geometrica, anche la terra abitata ha la sua lunghezza e larghezza. A quanto pare, fu Democrito di Abdera (città greca sulla costa della Tracia), cui risale la teoria degli atomi come elementi indivisibili della realtà fisica e umana, ad affermare per primo che la forma dell'ecumene fosse oblunga – e non circolare comme nelle *mappae mundi* criticate da Erodoto – perché si estendeva da est a ovest una volta e mezzo rispetto alla larghezza da sud a nord. Non c'è alcun dubbio che a questa stima contribuisse in maniera determinante il Mediterraneo, lungo il quale l'Europa fronteggiava Asia e Libia prese insieme. Nel celebre passo del *Fedone* platonico (109 d) il piccolo spazio occupato dal genere umano è paragonato a uno stagno le cui rive sono popolate da rane e formiche. L'immagine in miniatura del Mediterraneo («il mare a noi vicino» ἡ παρ' ἡμῖν θάλασσα) è suggerita dall'idea che sulla sfera terrestre vi siano altri luoghi abitati simili al nostro, ma l'espressione che richiama l'estensione del mare interno è quella tradizionale, risalente almeno a Ecateo di Mileto, «dal Fasi alle Colonne d'Eracle».

Sono queste le estremità dell'asse di simmetria che divide la figura della terra abitata; nella delineazione erodotea dell'Asia il lato settentrionale della penisola anatolica parte appunto dalla Colchide, dove sbocca il Fasi. Per quanto elementare e perfino banale se osservato su una carta moderna, il tracciato di questa linea ha un ruolo fondamentale nella rappresentazione geometrica dell'ecumene disposta attorno al Mediterraneo, ben prima che si affermi in Grecia la teoria della sfericità terrestre.

La divisione solstiziale dell'orizzonte

Le implicazioni della sfericità nella cartografia antica furono oggetto di studio in una cerchia assai ristretta di astronomi e matematici. Rispetto all'enunciazione dei principi teorici, la loro applicazione alla raffigurazione del mondo abitato restò sempre, fino a Claudio Tolemeo incluso (II sec. d.C.), assai limitata per la penuria di osservazioni astronomiche atte a determinare la posizione dei luoghi. Prima e dopo il IV sec. a.C., in cui la sfericità terrestre è ormai nozione condivisa alla scuola di Platone e di Aristotele, l'alternarsi ciclico delle stagioni è schematizzato con una croce obliqua, che unisce i punti solstiziali di levata e di tramonto localizzati sull'orizzonte visibile. Lo schema è documentato nella geografia e nella cosmografia del Vicino Oriente, ma esso si fa strada indipendentemente nella civiltà greca arcaica e caratterizza in maniera durevole le carte circolari della terra. Queste del resto ebbero una loro vita anche dopo che Eratostene pose le basi di una cartografia 'scientifica'.

La lunga fortuna del diagramma a croce di Sant'Andrea, su cui poggia il disegno dell'ecumene, sta nell'immediatezza con cui l'orizzonte visibile viene proiettato fino ai limiti della terra abitata e al suo orizzonte ideale, conservando il medesimo sistema di localizzazione. Per usare le espressioni antiche, oriente estivo e invernale in un settore, occidente estivo e invernale in quello opposto, sono luoghi che ogni osservatore può fissare sull'orizzonte al solstizio estivo e invernale, quando il sole raggiunge il punto più settentrionale e più meridionale di levata e di tramonto (fig. 35). In una *mappa mundi* queste nozioni relative diventano però punti di riferimento assoluti, che vengono associati stabilmente a certi luoghi e non ad altri; lo stesso discorso vale per l'oriente e l'occidente equinoziali, che completano il diagramma solstiziale dell'ecumene.

La struttura radiale presuppone naturalmente un centro, occupato dalla Grecia con l'Egeo, ed essa figurava certamente sulle carte circolari della terra. In età ellenistica il relativismo di una simile costruzione fu attaccato giustamente dai matematici (Strabone II, 4, 5-6), ma nel II sec. a.C. per descrivere ai lettori la disposizione dei tre continenti uno storico come Polibio (III, 37) si serve ancora del medesimo diagramma (fig. 36a). La sua efficacia risiede in un procedimento di astrazione assai più semplice (estensione dell'orizzonte visibile) di quello richiesto per proiettare sulla sfera terrestre i cerchi disegnati dal moto apparente del sole sulla sfera celeste nel corso

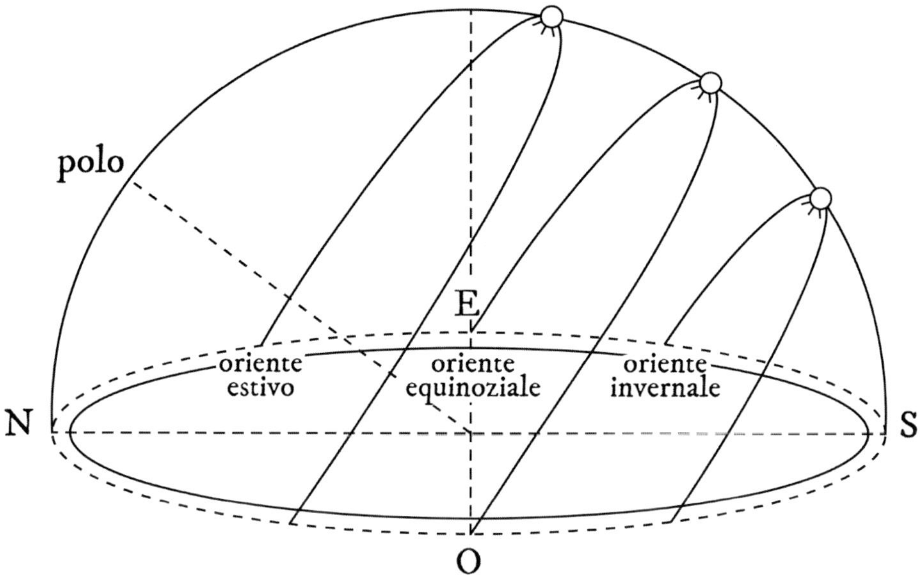

Fig. 35 – Divisione solstiziale dell'orizzonte.

dell'anno (nella teoria geo-centrica). Non c'è bisogno di ricordare che i primi rudimenti di geografia astronomica (la geometria della sfera, la nozione di latitudine e longitudine, la griglia dei paralleli e dei meridiani) costituiscono, pur con gli strumenti didattici più moderni e sofisticati, un tema impegnativo per i docenti come per gli allievi della scuola media. È uno dei paradossi inevitabili dei nostri sistemi pedagogici quello per cui agli studenti si trasmettono già confezionate conoscenze che l'umanità ha guadagnato faticosamente nel corso della sua storia, e non tutti posseggono le doti intellettuali di Giacomo Leopardi che all'età di quindici anni scrisse una *Storia dell'astronomia dalla sua origine fino all'anno 1813*.

Se si considera il rifiuto argomentato di una terra circolare, diviene comprensibile la reticenza di Erodoto sulla quadripartizione solstiziale dell'ecumene, che era un'eredità della geografia ionica. D'altra parte questo schema corrisponde alla posizione mediana assegnata da Erodoto alla Ionia, ed è esplicitamente richiamato nel cosiddetto trattato sull'ambiente di Ippocrate (*Aër.* 12), contemporaneo più giovane di Erodoto: verso oriente, piuttosto lontana dal freddo, l'Asia si trova «al centro delle levate [plurale!] del sole» e dalla sua posizione deriva la mescolanza delle stagioni. Nel secolo successivo fa riferimento al medesimo schema della geografia arcaica non solo uno storico come Eforo (fig. 36b) ma lo stesso Aristotele. Entrambi i contesti

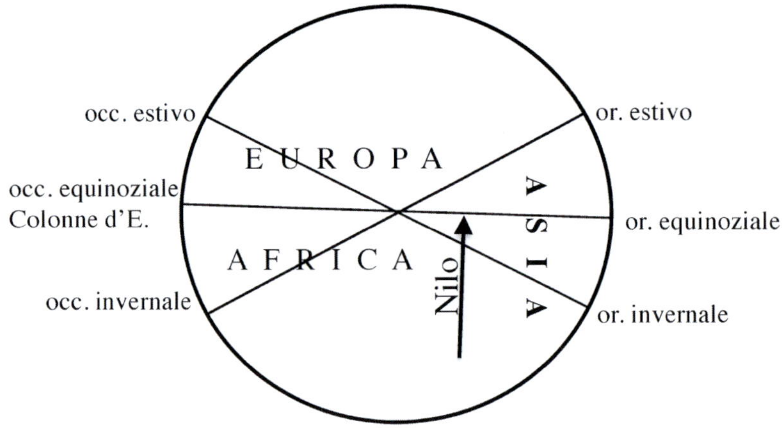

Fig. 36a – Lo schema arcaico della terra abitata nelle *Storie* di Polibio: verso est l'Asia sopravanza l'Europa nello spazio compreso fra oriente estivo e oriente equinoziale.

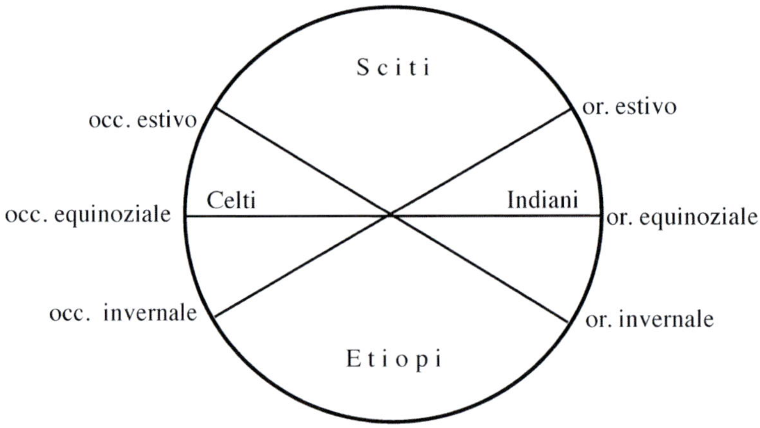

Fig. 36b – Lo stesso schema è richiamato nelle *Storie* di Eforo (IV sec. a.C.).

sono argomentativi e mostrano quanto fosse radicato questo diagramma nell'immagine dell'ecumene condivisa da letterati e scienziati.

Eforo se ne serve per spiegare l'enigma omerico degli Etiopi «divisi in due» lungo il margine meridionale della terra, ma assai più esplicito è Aristotele nella *Meteorologia*, dove egli riprende e sviluppa varie questioni trattate dai presocratici nei loro scritti *Sulla natura*. Descrivendo le *mappae mundi* usate al Liceo, Aristotele afferma che verso l'oriente estivo e quello invernale si trovano due grandi montagne, a nord-est il Caucaso e a sud-est il *Parnassòs* (Paropamiso e Hindukush) mentre le Colonne d'Eracle occupano l'occidente equinoziale, verso il quale viene collocato anche il monte Pirene / Pirenei. Da questo scorrono l'Istro / Danubio e il Tartesso / Guadalquivir, che sbocca al di là delle Colonne nel mare esterno (fig. 37a; *Meteor.* I, 13, 350a). Ritroviamo qui l'asse di simmetria che segna l'estensione del Mediterraneo da est a ovest nelle carte circolari della geografia ionica.

È interessante osservare come nello stesso trattato di Aristotele il diagramma dei punti solstiziali ed equinoziali venga inserito nella 'rosa dei venti', che appartiene alla geografia nautica con i suoi sistemi di orientamento (fig. 37b). L'orizzonte è circoscritto però all'Egeo con il Levante, come mostra la direzione del «vento dell'Ellesponto» che è diametralmente opposta a quella del Libeccio, mentre dal quadrante nord-occidentale soffia il «vento dell'Olimpo» e dal quadrante di sud-est il Fenicio (II, 6, 363a). Probabilmente è il primo tentativo di dare una sistemazione ai diversi usi locali e regionali della geografia empirica dei naviganti, riconducendoli in uno schema unitario, costruito ancora una volta sul diagramma dei punti solstiziali ed equinoziali.

Come Erodoto un secolo prima, anche Aristotele sorride dinanzi alle carte circolari della terra, ma l'atteggiamento è dettato dai principi della sfericità e delle zone climatiche, nozioni ignote a Erodoto. La forma circolare, osserva Aristotele, non può infatti rappresentare l'ecumene che è

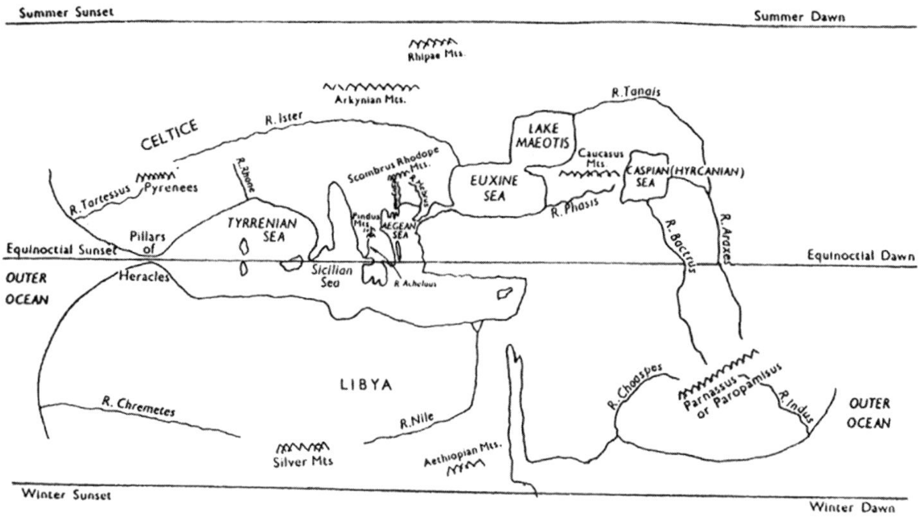

Fig. 37a – La *mappa mundi* di Aristotele (*Meteor.* I, 13, 350) nella delineazione di H.D.P. LEE, *Aristotle, VII: Meteorologica*, London 1952.

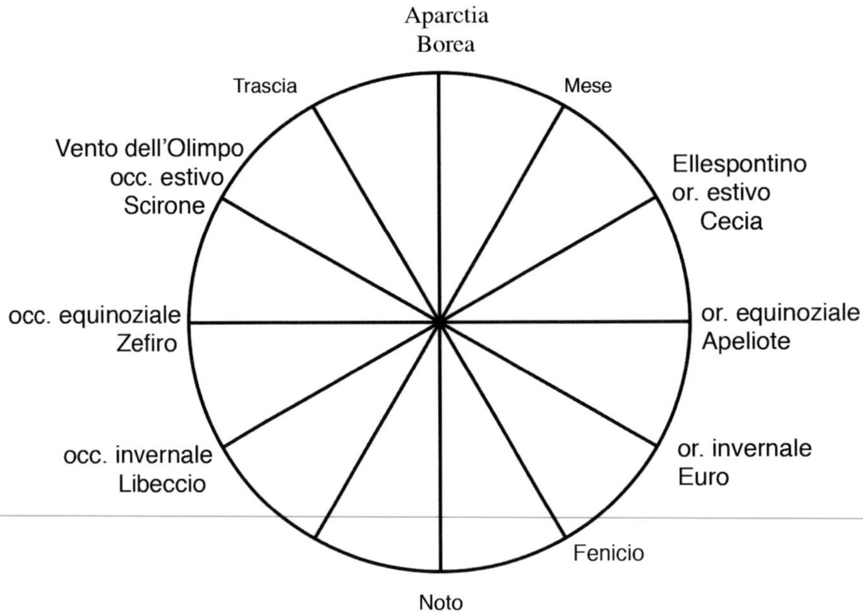

Fig. 37b – La rosa dei venti di Aristotele (*Meteor.* II, 6, 363).

limitata a nord e a sud dall'eccesso del freddo e del caldo, mentre la zona temperata si ricongiunge in cerchio sulla sfera terrestre; come risulta dai viaggi per terra e per mare, l'ecumene si estende dalle Colonne d'Eracle all'India (la valle dell'Indo) nel rapporto di 5:3 rispetto alla sua 'larghezza' dall'Etiopia alla Meotide (Mar d'Azov) e alle estreme regioni settentrionali della Scizia. I due termini di uso comune in greco per designare la lunghezza (*mèkos*) e la largezza (*plàtos*) di una superficie, assumono così un significato specifico che nel lessico della geografia ellenistica indicherà, almeno in linea di principio, una misura presa lungo i cerchi paralleli all'equatore terrestre o lungo i meridiani. Dai due termini derivano attraverso il latino (*longitudo* e *latitudo*) le nozioni moderne della geografia astronomica.

Allineamenti: Eudosso e Dicearco

Aristotele è l'autore in cui per la prima volta questioni di geografia generale vengono affrontate alla luce della sfericità terrestre. I risultati conseguiti sul piano teorico devono fare però i conti con l'inerzia delle conoscenze tradizionali, come l'immagine dell'ecumene disegnata nello schema dei punti solstiziali ed equinoziali. La compresenza di vecchio e nuovo si riflette talvolta anche in alcune formulazioni degli studiosi del secolo scorso. Per la linea che unisce levante e occidente equinoziale nelle prime carte della terra William Arthur Heidel (1937) usò il termine 'equatore' (tra virgolette), con l'intenzione di assegnare a questa linea l'importanza che avrà più tardi nella geometria della sfera. Era un modo per sottolineare il ruolo determinante dello spazio mediterraneo nella strutturazione del mondo conosciuto a partire dall'orizzonte geografico dei Greci.

A tale proposito due nomi devono essere qui ricordati, Eudosso di Cnido e Dicearco di Messina. Senza fare alcun riferimento alla teoria della sfericità, entrambi si misurano con la delineazione schematica dell'ecumene e con i medesimi procedimenti di astrazione che abbiamo osservato nella geografia di Erodoto.

In un frammento del suo *Giro della terra* (350 Lasserre) Eudosso allinea Capo Sunio con l'Acroceraunio (fig. 38), il lungo promontorio (penisola di Karaburun) che si eleva a più di 800 metri e forma la baia di Valona in Albania, terminando con C. Linguetta/Gjuhëzës (fig. 16, p. 72). Si tratta di due punti cospicui della costa, ma essi appartengono a due spazi marittimi non contigui e non rientrano certo nella tipologia dei luoghi considerati come 'opposti' grazie all'esperienza delle traversate. Del Sunio abbiamo già parla-

Fig. 38 – La linea di Eudosso: Sunio-Acroceraunio.

to. L'Acroceraunio segna con Otranto l'imboccatura dell'Adriatico nel *Periplo* di Pseudo-Scilace e si trova sulle rotte che collegano la Grecia alla Iapigia, ma anche all'Adriatico centro-settentrionale. L'imboccatura è percepibile nella porzione meridionale della Penisola Salentina, da dove in condizioni di buona visibilità si scorgono i monti dell'Albania (oltre 2000 m: fig. 39).

Per caratterizzare il profilo scientifico di Eudosso, Strabone afferma che è un «matematico, esperto di climi e di figure [geometriche]» (κλιμάτων καὶ σχημάτων). L'accostamento dei due termini è significativo. Il primo designa l'*inclinazione* del polo celeste (vale a dire la sua misura angolare) sull'orizzonte locale, l'altro si riferisce alle figure geometriche disegnate dai luoghi che condividono i medesimi *climi* sulla sfera terrestre. Secondo alcuni studiosi risalirebbe perciò a Eudosso il primo tentativo di fissare la latitudine in funzione cartografica. Si può certamente escludere però che nell'allineamento dei due promontori entrasse eventualmente la loro posizione calcolata mediante osservazioni astronomiche.

Sulle tavole dei nostri atlanti l'allineamento di Eudosso porta quasi a cancellare l'angolo formato dall'incontro della costa acarnana ed etolica presso le foci dell'Acheloo, sicché dal Golfo di Corinto fino all'Acroceraunio il litorale viene concepito come la prosecuzione in senso est-ovest della

Fig. 39 – I monti dell'Albania dall'estremità meridionale della Penisola Salentina (foto di A. De Vito).

costa compresa fra Capo Sunio e l'Istmo; va ricordato che già per Erodoto questa costa disegna il lato *meridionale* dell'Attica. Il taglio dell'Istmo rientra fra i grandi progetti di ingegneria non realizzati nell'antichità, ma una strada lastricata (δίολκος), menzionata dagli autori antichi e portata alla luce dagli archeologi, permetteva il trasporto delle merci da un lato all'altro dell'Istmo, evitando così la circumnavigazione del Peloponneso.

Poiché la nostra conoscenza dell'opera di Eudosso è assai frammentaria, non è agevole pronunciarsi sul senso geografico dell'allineamento. Considerando la statura intellettuale di Eudosso, la connessione stabilita fra luoghi così distanti difficilmente avrà avuto come obiettivo esclusivo la figura della Grecia. Egli stimava che la lunghezza dell'ecumene fosse doppia rispetto alla sua larghezza e molto probabilmente, come osservarono J.L. Myres (1943) e François Lasserre (1966), l'allineamento Sunio-Acroceraunio rientrava appunto in tale stima, che nel segmento mediterraneo doveva prendere in considerazione tra l'altro la distanza in linea retta dall'estremità meridionale dell'Attica all'imboccatura dell'Adriatico, lasciando fuori il lungo periplo del Peloponneso.

A Dicearco, uno degli allievi diretti di Aristotele, viene attribuita dalla tradizione antica l'idea di dividere la terra abitata non mediante il corso dei fiumi (Tanai, Fasi, Nilo) ma con una linea retta che dalle Colonne d'Eracle arriva fino al monte Imaos/Himalaya toccando nell'ordine Sardegna, Sicilia, Peloponneso, Ionia, Caria, Licia, Panfilia, Cilicia e il monte Tauro (frr. 109-111 Wehrli). L'ecumene risulta così divisa in una «porzione settentrionale e una meridionale». Trasferire semplicemente questo allineamento sulle carte del nostro atlante storico rischia di banalizzare l'operazione di Dicearco. Non dovremmo mai dimenticare che gli schemi geometrici, che ordinano la raffigurazione della terra abitata, sono elaborati dai geografi antichi al buio, in un certo senso. Il vecchio asse di simmetria del Mediterraneo, come viene tracciato da Dicearco, riconosce la centralità della Ionia di fronte alla Grecia, ma il suo prolungamento nella costa meridionale della penisola anatolica fa emergere la funzione diagrammatica dei monti, che sono assenti lungo la linea equinoziale dell'Asia nella carta di Aristotele (fig. 37a, p. 103). L'allineamento Tauro Cilicio - Imaos/Himalaya è una novità assoluta, introdotta dopo la conquista macedone dell'impero persiano. La marcia di Alessandro Magno non superò verso est la valle dell'Indo, ma Dicearco poteva trovare riferimenti all'Imaos/Himalaya nell'opera di Megastene sull'India. Questi infatti soggiornò a lungo a Pataliputra/Palimbrota nella media valle del Gange, dove era stato inviato in missione presso la corte Maurya, una dinastia indiana, dai sovrani della Siria ellenistica.

La maniera sommaria, in cui viene tramandato questo frammento dell'opera geografica di Dicearco (ancora un *Giro della terra*), non aiuta a collocarlo nel suo contesto. Sappiamo da Strabone (II, 4, 1-3) che egli per primo fece una stima delle distanze in linea retta dal Peloponneso alle Colonne d'Eracle passando per lo Stretto di Messina, un'operazione che richiama l'allineamento di Eudosso fra Capo Sunio e l'Acroceraunio. Entrambi cercano di farsi un'idea sull'estensione del mare interno da est a ovest. È chiaro comunque che l'asse mediterraneo dalle Colonne al Tauro Cilicio, prolungato poi fino all'Himalaya, interviene nella divisione dell'Asia con una prospettiva opposta a quella di Erodoto, la cui costruzione parte dal centro dell'impero persiano. È ora la visione greca dell'ecumene mediterranea che ordina la geometria dell'Asia, la cui estensione orientale è certamente maggiore rispetto allo spazio da essa occupato nelle antiche carte circolari.

Nel panorama degli studi condotti dai primi peripatetici sulle orme del maestro gli scritti di Dicearco denotano una certa originalità di pensiero, almeno a giudicare da alcuni titoli e dai frammenti delle sue opere. La riflessione comparativa sulle istituzioni politiche delle comunità greche rientra fra gli interessi di Dicearco, ma è già ampiamente sviluppata da Aristotele. A questi risale anche il confronto fra l'ideale di una vita interamente dedicata all'attività intellettuale (βίος θεωρητικός) e un'esistenza impegnata nell'attività pratica (βίος πρακτικός), alla quale aderisce Dicearco contro la scelta di Teofrasto. In quali contesti storico-culturali nasca in Grecia la biografia come genere letterario è materia di discussione, ma nessuno dubita sull'apporto delle scuole filosofiche e in particolare di Aristotele, con i suoi studi sull'etica come campo di osservazione delle azioni e dei comportamenti individuali. Nella vasta produzione di Teofrasto oltre ai trattati di botanica, cui è legato in particolare il suo nome, c'è uno scritto *Sui caratteri*, una galleria di tipi umani, allineati e descritti con la stessa cura meticolosa per i dettagli, riservata all'anatomia delle piante. Anche in questo caso le premesse si trovano negli scritti di etica del maestro. Presi nel loro insieme, sono studi che si riflettono in varia misura sulla caratterizzazione del ritratto nelle arti figurative o dei personaggi nella commedia attica, ma anche sullo sviluppo della biografia come genere letterario.

Ora, *Vita della Grecia* (βίος τῆς Ἑλλάδος) è il titolo di uno scritto singolare in cui Dicearco percorre i diversi stadi evolutivi che portano la Grecia da una condizione primitiva al suo progressivo incivilimento. Osservazioni sul carattere arretrato di certe popolazioni greche del nord-ovest (Etolia) si leggono già in Tucidide, il quale non ha dubbi sul primato civile e culturale che può vantare l'Atene dei suoi tempi rispetto al resto della Grecia. Ben lontana dalla rappresentazione tradizionale, che la oppone all'Asia come spazio dell'impero persiano (da Erodoto a Isocrate), la Grecia di Dicearco è inserita invece nei tempi lunghissimi della storia dell'umanità, in cui il suo carattere e la sua identità culturale sbiadiscono.

Si spiega certo allo stesso modo – vale a dire come una presa di distanza dal panellenismo politico e retorico ancora dominante fino a due generazioni prima e che faceva leva sul contrasto storico Asia-Ellade – il tracciato della linea 'equinoziale', che dalle Colonne d'Eracle punta sulla costa meridionale della penisola anatolica e attraversa l'Asia fino all'Himalaya. Nelle antiche carte circolari le Colonne potevano essere allineate con il Bosforo Tracio e la foce del fiume Fasi, sicché l'ecumene risultava divisa in due semicerchi occupati dall'Europa e dall'Asia (con la Libia/Africa). A uno schema del genere ricorre ancora Polibio nel II sec. a.C. per confrontare l'estensione da ovest a est dell'Europa (fino al Tanai però) con quella dell'Asia e dell'Africa (fig. 36a). La linea di Dicearco prescinde totalmente dallo schema circolare e radiale. Anche se vi fosse l'intenzione di dividere l'ecumene secondo i principi della sfericità e delle zone terrestri, l'operazione comporta comunque una nuova visione del mondo, in sintonia con la svolta segnata dalla conquista macedone dell'impero persiano e dalla creazione dei regni ellenistici, caratterizzati da società multietniche e dal fenomeno diffuso delle interazioni culturali.

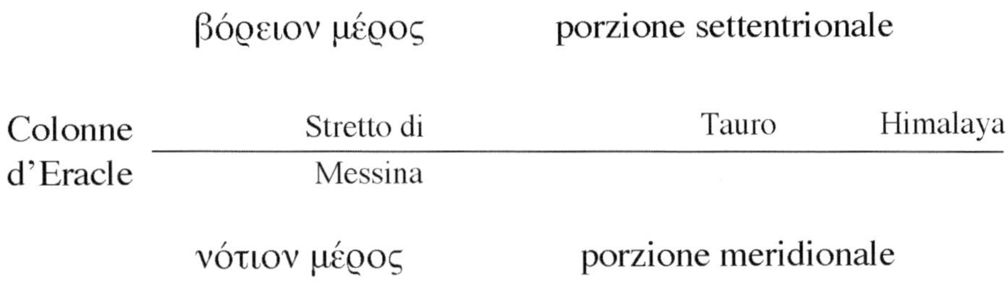

Fig. 40 – La divisione del mondo abitato secondo Dicearco.

Con un tratto di penna dalle Colonne d'Eracle all'Himalaya Dicearco divide l'umanità fra il Settentrione e il Meridione dell'ecumene (fig. 40), senza che nessuna di queste designazioni porti con sé un significato o un valore oppositivo, paragonabile al confronto fra Asia ed Europa. Appena due generazioni più tardi anche Eratostene afferma che è vano interrogarsi sui confini dei continenti come se si trattasse dei demi dell'Attica, le unità amministrative del territorio di Atene. L'intera questione, discussa da Ippocrate (V sec. a.C.), se alla distinzione geografica fra Asia ed Europa corrisponda una diversità psico-fisica e culturale dei rispettivi popoli, diventa così priva di senso, anche se lo stesso Aristotele è tornato sull'argomento nella *Politica* (1285a, 16 sgg.; 1327b, 23 sgg.; trad. di Renato Laurenti, Roma-Bari 1973).

Oltre a questa c'è un'altra forma di monarchia, per esempio quella che vige nei regni di alcuni popoli barbari. In tutti questi il potere esercitato è simile a quello delle tirannidi, ma è detenuto in modo legittimo ed ereditario. Avendo infatti costumi più servili, i barbari rispetto ai Greci e i popoli dell'Asia rispetto a quelli dell'Europa, essi tollerano il dominio dispotico senza sdegnarsi.

[... ...]

In precedenza abbiamo detto quale debba essere il limite del numero di coloro che godono dei diritti di cittadinanza, ora invece ci soffermiamo sulla qualità che devono possedere per natura.

Si potrebbe più o meno comprendere quale sia, rivolgendo lo sguardo alle città greche che hanno buona fama e a tutta la terra abitata, con le sue suddivisioni etniche. I popoli che abitano nelle regioni fredde, infatti, e in particolare quelli dell'Europa, sono pieni di ardimento, ma difettano d'intelligenza e abilità nelle arti, ragion per cui vivono sì liberi, ma sono privi di costituzione e non sono in grado di dominare i popoli vicini; i popoli dell'Asia, invece, sono intelligenti e abili nelle arti, ma sono privi di ardimento, vivono perciò sottomessi e come degli schiavi; la stirpe dei Greci, infine, come sta in mezzo dal punto di vista geografico, così partecipa delle caratteristiche di entrambi (τὸ δὲ τῶν Ἑλλήνων γένος, ὥσπερ μεσεύει κατὰ τοὺς τόπους, οὕτως ἀμφοῖν μετέχει). Infatti è coraggiosa e intelligente, e perciò vive libera, ha le istituzioni migliori e potrebbe dominare su tutti, qualora avesse una costituzione sola.

Emergono qui due idee, che si trovano già in certe pagine di Erodoto e di Ippocrate e che ricompaiono in età moderna e contemporanea anche con gli stereotipi dei luoghi comuni. La prima rileva la naturale predisposizione alla servitù dei popoli dell'Asia, predisposizione che spiegherebbe il dispotismo delle loro istituzioni politiche, vale a dire dell'impero persiano. L'altra, che in parte interseca la prima, vede nei caratteri psico-fisici e nei costumi dei popoli gli effetti dell'ambiente geografico. Nella formulazione di Aristotele i Greci si sottraggono a questo schema di corrispondenze grazie alla loro posizione 'centrale' nell'ecumene. È la stessa centralità geografica della Ionia e dell'Ellade nella visione erodotea della terra abitata.

* * *

Per tirare ora i fili del discorso, il circuito del mare interno assicura un ordine al catalogo etnico-politico del mondo abitato, visto con gli occhi dei Greci. Gli alberi genealogici abbracciano il genere umano secondo intricati rapporti di parentela, che sono esposti alla ripetizione dei nomi e quindi alla confusione nella dimensione del tempo mitico-storico. Questo di norma non accade invece nella serie dei toponimi litoranei del Mediterraneo, ciascuno dei quali ha il suo posto fra quello che precede e quello che segue, come anelli di un'unica catena. Dopo aver attraversato faticosamente le regioni impervie dell'Armenia, i superstiti della spedizione guidata da Senofonte giungono in vista del Mar Nero e il grido che si leva (*thàlassa, thàlassa*!) segna la fine del disorientamento nelle zone montane dell'interno. Ben prima che passi nella lingua latina come *mare nostrum*, la medesima espressione di familiarità e vicinanza connota il rapporto dei Greci con il Mediterraneo, che essi chiamano «il mare che ci sta davanti» (ἡ παρ' ἡμῖν / καθ' ἡμᾶς θάλασσα). Non si tratta però di un rapporto esclusivo, perché nel *noi* è compresa gran parte del genere umano, allo stesso modo in cui *la nostra terra* non appartiene a nessuno in particolare. Aristotele si esprime negli stessi termini per designare come *nostra* la zona abitabile dell'emisfero settentrionale (*Meteor.* 2, 362 a 33-4: [...] τῆς μὲν πρὸς τὸν ἄνω πόλον καθ' ἡμᾶς).

Che rapporto vi è fra la geografia descrittiva, che è sistematica nei *Giri della terra* e occasionale nel racconto degli storici antichi, e gli schemi geometrici su cui poggia l'immagine del mondo abitato?

La geografia descrittiva dell'ecumene ordina e riassume esperienze molteplici, sedimentate nella percorrenza di itinerari marittimi e terrestri, che rispondono comunque ai bisogni pratici delle comunità antiche. La rappresentazione grafica della terra abitata soddisfa invece un'esigenza intellettuale condivisa da cerchie ristrette di individui. Da Anassimandro ed Ecateo a Erodoto, Eudosso, Dicearco, Eratostene, Polibio, Posidonio e Strabone i nomi associati all'uso di una *mappa mundi*, esplicito o sotteso, appartengono a esponenti di spicco della filosofia, della scienza e della storiografia antica. Anche il pubblico che affolla il teatro ateniese al tempo di Aristofane non può certo essere preso come rappresentativo del livello intellettuale in altre città del mondo greco. Tocchiamo qui un punto cruciale del rapporto fra la visione del mondo, trasmessa dalle nostre fonti letterarie, e la realtà sociale che vi è filtrata con i suoi condizionamenti politici ed economici.

Nel caso particolare, di cui qui ci occupiamo, la prospettiva fortemente selettiva che porta a concepire un'immagine empirica dell'ecumene – e già questa formulazione può apparire in sé contraddittoria – opera su un'enorme quantità di informazioni che si tramandano e circolano in funzione degli itinerari più disparati. Per le rotte del commercio su lunghe distanze è indifferente se gli spazi attraversati appartengano o no a uno stesso mare. L'idea del Mediterraneo, circoscritto nella sua unità fisica, costituisce però il primo passo per la rappresentazione geometrica della terra abitata, la cui elaborazione deve attingere alla geografia empirica dei naviganti. È qui il paradosso della *mappa mundi*, un prodotto intellettuale che non ha alcuna funzione pratica e che tuttavia non potrebbe realizzarsi senza i dati forniti e condivisi da diverse esperienze collettive. Ogni volta che la geometrizzazione degli spazi mediterranei porta a selezionare certi punti e non altri, lì l'astrazione del cartografo incrocia lo spazio concreto e vissuto dell'orizzonte locale o regionale.

2. Da Eratostene a Tolemeo (III sec. a.C. - II sec. d.C.).

Il nostro rapporto con l'antico di vicinanza/lontananza, fattori contrastanti e al tempo stesso complementari, si manifesta anche nella storia della geografia, dove di norma la scoperta della sfericità terrestre occupa un'apposita sezione e segna una svolta, soprattutto quando prevale la visione progressiva del sapere scientifico, che abbiamo ereditato dall'età dei lumi. Dal IV sec. a.C. fino a Claudio Tolemeo (II d.C.) gli studi di astronomia segnarono indubbiamente un incremento notevole nelle osservazioni dei fenomeni celesti e nelle ipotesi sulla macchina dell'universo, ma ebbero un'incidenza modesta sulla rappresentazione grafica del mondo conosciuto. I metodi per calcolare la posizione dei luoghi per via astronomica erano ben noti, ma potevano essere applicati solo per le latitudini, e queste riguardarono all'inizio un numero assai esiguo di luoghi 'notevoli'. Come in altri campi dell'ingegno umano l'astronomia matematica dei Greci si presenta nella teoria incomparabilmente più avanzata rispetto alla disponibilità, limitata e rudimentale, degli strumenti necessari per le applicazioni cartografiche.

Il calcolo della circonferenza terrestre, effettuato da Eratostene, desta ammirazione per la semplicità geniale del metodo e anche per il grado di approssimazione alla realtà, ma sarebbe una forzatura modernizzante considerare il risultato (250.000 stadi) con la stessa riverenza riservata all'oggettività universale delle misure, che sono il segno della scienza moderna. Eratostene arrotonda infatti la cifra a 252.000 stadi perché sia divisibile in sessantesimi, l'unità di misura che esprime la distanza angolare fra i paralleli (ἑξηκοντάς pari a 6°). Il calcolo matematico della circonferenza servì a dare un'idea della porzione occupata dall'ecumene sulla sfera terrestre, ma la nuova carta del mondo conosciuto fu in sostanza elaborata secondo gli schemi elementari della geometria piana.

In età moderna la misurazione di un arco di meridiano richiese un notevole dispiego di mezzi e venne sostenuta dalla monarchia francese attraverso l'Académie Royale des Sciences. Dopo le misurazioni effettuate sul meridiano di Parigi per determinare il valore del grado (1669-70), poco prima della metà del XVIII secolo furono inviate due missioni in Perù e in Lapponia allo scopo di confrontare e verificare i calcoli geodetici. Nacque in tale contesto l'idea di elaborare una cartografia della Francia, basata effettivamente su rilievi topografici dell'intero territorio. Il progetto venne portato a termine circa un secolo più tardi (1845) con la realizzazione di 182 tavole alla scala 1: 86.400. L'amministrazione centralizzata dello stato richiedeva strumenti conoscitivi adeguati per le finanze, la sicurezza interna e la difesa; da qui vengono alla cartografia moderna quelle finalità pratiche, che sono estranee alla cartografia dei Greci.

Anziché controllare i risultati, esigenza irrinunciabile per la scienza moderna, i matematici antichi preferiscono diversificare i metodi dei calcoli geodetici, con l'esito paradossale che Claudio Tolemeo nel suo grande trattato di cartografia accoglie per la circonferenza terrestre la misura di 180.000 stadi, la più bassa fra quelle disponibili, senza avvertire alcun bisogno di verificarla. La conseguenza di questa scelta aprioristica è ben nota: l'estensione dell'ecumene, stimata sulla base degli itinerari e delle comunicazioni marittime, viene trasferita su una sfera terrestre più piccola di quella di Eratostene. È comprensibile che nella Francia di fine Settecento si guardasse a Eratostene, Polibio, Strabone e Tolemeo come ad autori di diversi *sistemi geografici*, né sorprende l'importanza assegnata alla geodesia come fondamento del sapere geografico (P.-F.-J. Gossellin, *Géographie des Grecs analysée, ou les systèmes d'Eratosthènes, de Strabon et de Ptolemée comparés entre eux et avec nos connaissances modernes*, Paris 1790). È una visione che si può far risalire all'antichità (Ipparco), a patto di non cercarvi anticipazioni o precorrimenti della scienza moderna.

Ci siamo già soffermati sul trattato di Eratostene (perduto), che nel terzo libro esponeva i criteri per disegnare la nuova carta del mondo conosciuto (fig. 41). L'ecumene antica è compresa interamente nell'emisfero settentrionale, fra la latitudine di 54° e di 12°, e si estende dall'estremità occidentale dell'Iberia (Capo S. Vincenzo in Algarve) fino a quella orientale dell'India per poco più di un terzo del parallelo fondamentale di Rodi (36° N). Ricalcando la divisione introdotta da Dicearco fra porzione settentrionale e meridionale della terra abitata, questo primo parallelo incrocia a Rodi il meridiano di Alessandria. Il tracciato dei due assi ortogonali è l'operazione preliminare e fondante, cui seguono altre linee parallele alle prime due e quindi fra loro ortogonali. Eratostene sa bene che per rappresentare sulla superficie piana la porzione abitata dell'emisfero terrestre allora conosciuto, le linee dei meridiani dovrebbero convergere verso il polo, ma adotta per comodità l'impianto ortogonale.

In quanto modello matematico, la rete delle coordinate geografiche è del tutto indifferente alla posizione dei luoghi notevoli. La carta di Eratostene è invece improntata alla loro funzione nelle comunicazioni marittime e terrestri, che sono storicamente determinate e a loro volta *predeterminano* la griglia geometrica della carta. Paralleli e meridiani sono irregolarmente distanziati perché *devono toccare luoghi ben noti*, come afferma esplicitamente Strabone nella sezione del proemio, che dipende largamente da Eratostene. Ben prima che venga misurata la latitudine di Cadice, le Colonne d'Eracle si trovano sul parallelo di Rodi (36° N) perché alle Colonne è fissa-

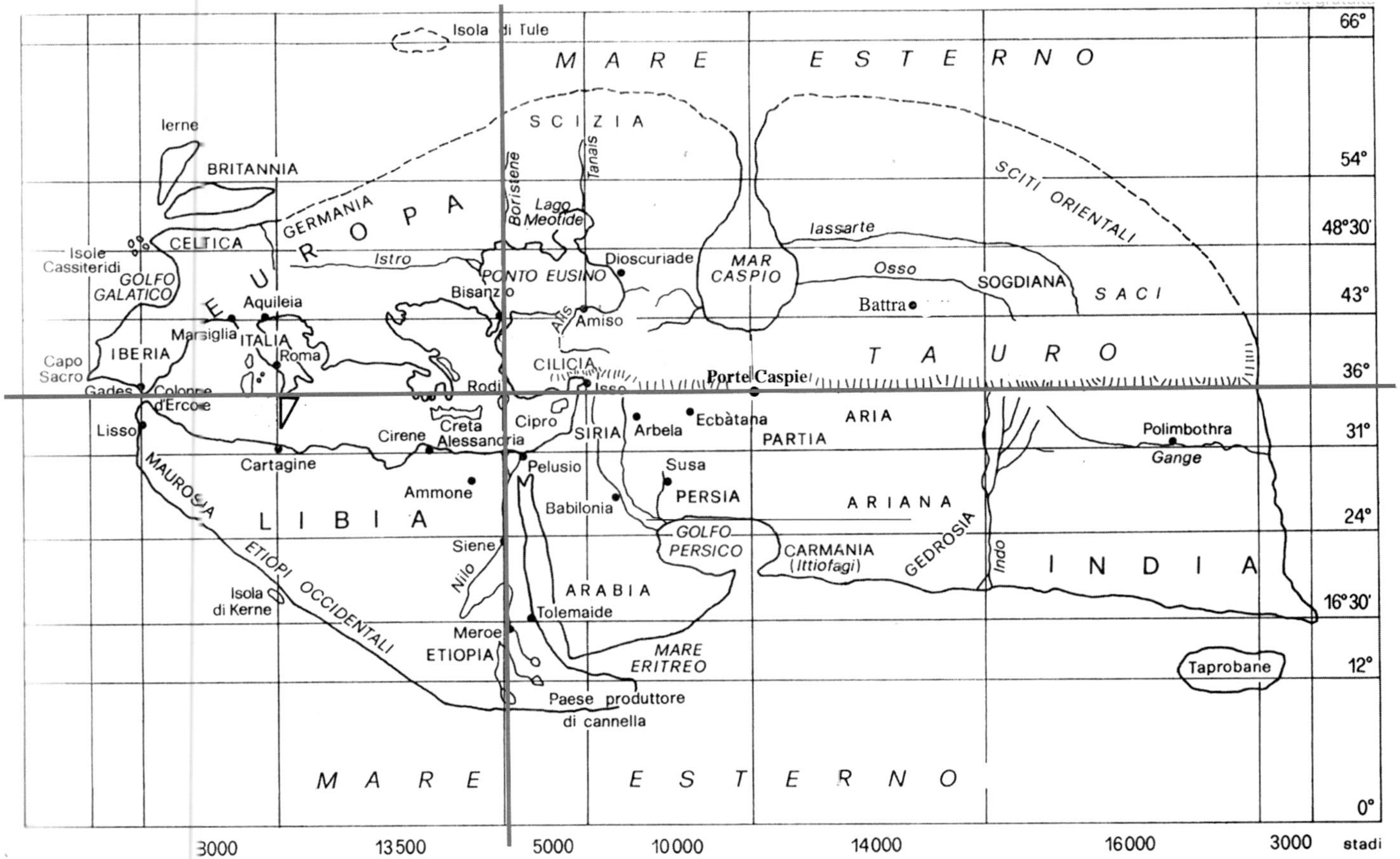

Fig. 41 – La carta di Eratostene nella ricostruzione di AUJAC (1992, p. 199), con alcune aggiunte e la modifica nella disposizione della Sicilia.

to il termine occidentale della linea 'equinoziale' nelle carte circolari della terra. Chiunque può farsi un'idea del grado di scientificità di questa cartografia, in cui la posizione sulla sfera terrestre fu effettivamente calcolata solo per la latitudine di quattro luoghi (Siene / Assuan, Alessandria, Rodi e Marsiglia), dei quali i primi tre vennero posti sul meridiano fondamentale.

Due avvertenze devono qui essere fatte. Le ricostruzioni della cartografia pre-tolemaica sono attendibili solo quando si limitano allo schema geometrico; il disegno dei contorni fra terra e mare è largamente congetturale, né a superare questo limite può servire l'uso di strumenti informatici. Per avere un riscontro visivo delle questioni discusse in questo capitolo, bastano i saggi di restituzione elaborati in passato. Quello di C. Müller (1880) mostra le coordinate geografiche secondo l'unità di misura di Eratostene (6°) e di Ipparco, che divise l'angolo giro in 360 parti. In secondo luogo, l'orientamento col nord in alto in tali ricostruzioni ha un suo fondamento; le tavole di Tolemeo sono infatti pensate allo stesso modo e nulla induce a ritenere che egli si allontanasse da una tradizione risalente almeno a Eratostene.

Stime delle distanze e geometria variabile

Nella carta di Eratostene la schematizzazione degli spazi deriva dai medesimi procedimenti che abbiamo già osservato in Erodoto, ma le figure geometriche vengono ora inserite nella trama coercitiva delle coordinate geografiche, che in linea di principio toccano i luoghi accomunati sulla sfera terrestre dalla medesima posizione in rapporto ai fenomeni astronomici. Questa commistione fra calcoli matematici e geografia empirica apparve come la maggiore debolezza della costruzione eratostenica, che venne perciò criticata da Ipparco nel secolo seguente. In realtà le consapevoli approssimazioni, con cui Eratostene traduce in geometria piana la stima delle distanze e delle direzioni, mostra una spiccata capacità di astrazione, affinata certamente nell'osservazione dei fenomeni celesti e nel disegno della carta stellare. Le figure cui vengono associate le costellazioni sono però sotto gli occhi di tutti, mentre la geometrizzazione dei grandi spazi terrestri non trova nessun appiglio nella capacità della vista umana ed è quindi l'esito di procedimenti più complessi di astrazione.

Come nella geografia di Erodoto anche nella carta di Eratostene è bene distinguere fra la delineazione dell'Asia e quella del Mediterraneo. Entrambe si basano largamente su dati empirici, ma la nuova figura dell'Asia deriva da informazioni recenti, prodotte soprattutto dalla conquista macedone dell'impero persiano che si realizza in una decina di anni (334-323 a.C.), mentre nel mare interno i rapporti spaziali e le localizzazioni relative sono ovviamente di antica data. La marcia di Alessandro al di là dell'Eufrate e del

Tigri fino alla valle dell'Indo non fu affatto lineare come la via del ritorno a Susa. I famosi *bematisti* (i 'contapassi') avevano l'incarico di registrare le tappe e le distanze percorse dall'esercito, ma si può escludere che in questo lavoro di carattere topografico entrassero preoccupazioni di altra natura, come la posizione da assegnare all'India settentrionale rispetto all'asse del Mediterraneo. L'allineamento dei monti dell'Asia (Elburz, Hindukush e Himalaya) sul parallelo di Rodi e del Tauro Cilicio, che diede poi il nome all'intera catena, venne fatto più tardi a tavolino da geografi che non misero mai piede in quei luoghi.

Alla linea divisoria, tracciata da Dicearco, Eratostene appoggia le figure geometriche (σφραγῖδες) che schematizzano l'estensione dell'Asia meridionale con il rombo dell'India e il rettangolo dell'Ariana. Procedendo verso occidente l'operazione diventa più complicata, perché né il corso dell'Eufrate né la costa del Levante si prestano ad assumere una funzione diagrammatica nella trama ortogonale della carta. Il disegno delle prime due 'sfragidi' ricalca semplicemente i confini naturali: la grande catena del Tauro, considerata come prosecuzione orientale dell'asse del Mediterraneo, e il corso dell'Indo, perpendicolare alla linea del Tauro. Eratostene non dispone di nessuna misurazione astronomica, realmente effettuata, sulla posizione dei luoghi e proprio questo gli viene rimproverato da Ipparco, il quale arriva ad affermare che, in assenza di osservazioni astronomiche sulle latitudini dell'India, tanto vale tenersi le antiche carte circolari. Critica ineccepibile sul piano teorico e perfettamente in sintonia con l'esigenza di assicurare un fondamento matematico al disegno dell'ecumene. D'altro canto, per la prima volta con la carta di Eratostene si ha un'idea meno vaga dell'estensione dell'Asia, i cui confini orientali distano ora dall'Egeo almeno il doppio dello spazio che lo separa dalle Colonne d'Eracle (fig. 42). Il Mediterraneo ha perso la centralità occupata nelle prime carte circolari, ma non certo la funzione originaria di ordinare la geometria dell'ecumene.

Lungo il parallelo di Rodi c'è nell'Asia centrale un solo punto che corrisponde a una precisa realtà topografica, le cosiddette Porte Caspie (fig. 41), il valico (a sud di Teheran) che porta dalla Media verso la Partia e che Alessandro attraversa nel 330 a.C. inseguendo Dario III. Il primo meridiano tracciato a ovest dell'Indo passa appunto per questo valico, toccando a nord il Mar Caspio (ritenuto aperto sull'oceano) e a sud il Golfo Persico, che Erodoto allineava invece con la Colchide (fig. 23, p. 86). L'individuazione delle Porte Caspie fra i due mari è un acquisto recente, che Eratostene inserisce nella rete delle coordinate geografiche. Il valico era certo già noto all'amministrazione persiana, ma fu la marcia di Alessandro a farlo emergere come punto di riferimento cruciale nella stima delle distanze e nella

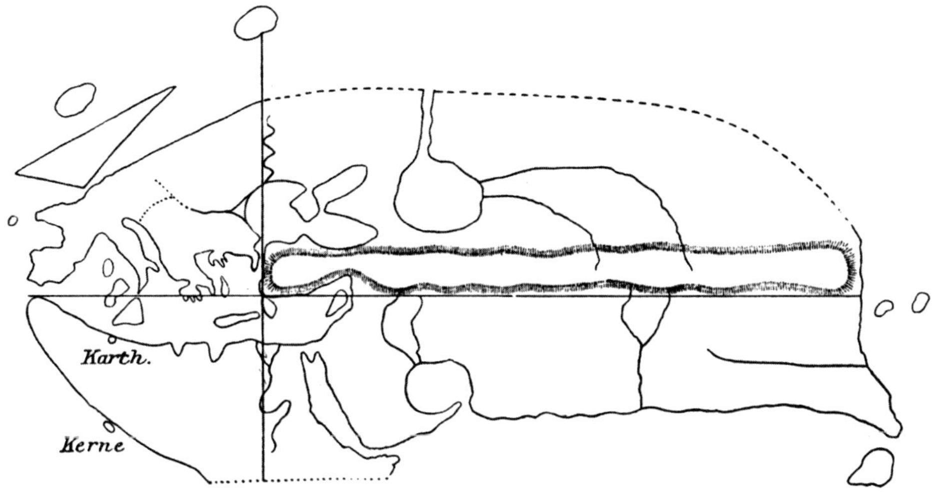

Fig. 42a – La carta di Eratostene in uno schizzo di Berger 1903[2], p. 400, fig. 9.

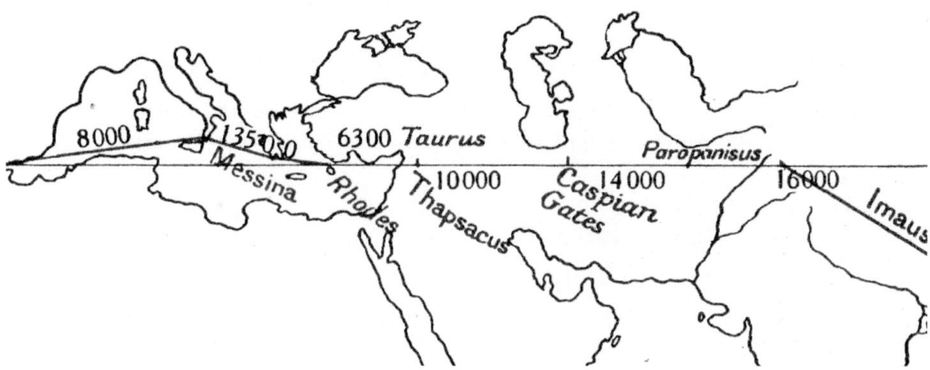

Fig. 42b – La lunghezza dell'ecumene secondo Eratostene (da Thomson 1948, p. 165, fig. 21).

geometria dell'Asia centrale. Ipparco sottopone a una critica stringente la costruzione di Eratostene basata sull'itinerario di Alessandro, ma utilizza gli stessi dati empirici a cominciare proprio dalle Porte Caspie.

Abbiamo indugiato sulla carta dell'Asia perché anche gli spazi del Mediterraneo vengono sottoposti agli schemi di una geometria variabile secondo le stime delle distanze. Qui vengono conservati i punti di riferimento tradizionali della geografia nautica o se ne aggiungono di nuovi, gli uni e gli altri selezionati però da una rete ben più fitta di itinerari marittimi.

Due figure di primo piano forniscono a Eratostene i materiali per delineare il Mediterraneo (fig. 41), il marsigliese Pitea e Timostene di Rodi. Si è già accennato alle competenze scientifiche di Pitea, il quale calcolò con buona approssimazione la latitudine di Marsiglia, su cui torneremo più avanti. La formazione di Timostene non è quella di un matematico, ma egli è l'autore di un'opera *Sui porti* in ben dieci libri, di cui purtroppo resta solo una quarantina di frammenti. Non sappiamo nulla della sua carriera prima che assumesse la carica di 'ammiraglio' sotto Tolemeo II, il re dell'Egitto. La città d'origine, Rodi, offriva comunque uno degli ambienti più adatti all'esercizio dell'arte nautica. In età ellenistica la fama delle istituzioni politiche, dell'arsenale e della marineria di Rodi (Strabone XIV, 2, 5-9) eguagliava quella di Marsiglia (IV, 1, 4-5), un'altra città marinara. Sull'alleanza di entrambe si basò la politica imperiale di Roma dopo la guerra annibalica. Le esperienze personali – fra le quali si può mettere anche l'attività diplomatica svolta al servizio del sovrano – fornirono a Timostene molte informazioni di prima mano per scrivere l'opera *Sui porti*.

Nonostante il titolo non si tratta però di un portolano, nel senso medievale e moderno del termine, ma di un trattato di geografia descrittiva. Timostene infatti passa in rassegna i tre continenti secondo un periplo del Mediterraneo, che partendo dall'Egitto procede in senso anti-orario fino a chiudere il cerchio con la Libia. Accanto alle informazioni desunte dall'esperienza marittima, troviamo in quest'opera l'interesse per certi dettagli storico-mitici e soprattutto l'elaborazione letteraria di un autore che cita con naturalezza Aristotele, Eudosso, Eforo e che a sua volta è citato da una serie di geografi illustri come Eratostene, Ipparco, Posidonio, Strabone, Marino di Tiro e Tolemeo. Il fatto che né Timostene né quanti usarono i dieci libri del suo trattato abbiano mai pensato di chiamarlo *Giro della terra*, significa che esso rappresentava qualcosa di originale nel panorama della letteratura geografica.

Nell'introduzione alla sua grande opera (in 17 libri) Strabone espone la più estesa e meditata riflessione della letteratura antica sulla natura e gli scopi della geografia, cercando di conciliare la lezione di Eratostene con quella di Polibio, le ragioni della scienza con le esigenze della politica. In tale contesto egli afferma (I, 1, 21) che gli autori di *Porti* e di *Peripli* trasmettono un sapere geografico incompleto, perché ne escludono la parte matematico-astronomica. Ben diverso fu invece l'apprezzamento espresso su Timostene dallo stesso Eratostene, nonostante i comprensibili punti di dissenso teorico fra il matematico e l'uomo di mare (Strabone II, 1, 40). Nell'Alessandria del III sec. a.C. questo incontro al più alto livello fra arte nautica e geografia fu e restò un fatto unico nella civiltà greco-romana.

Nei frammenti di Timostene alcune osservazioni risalgono certamente all'esperienza dell'autore. Egli però dovette ricorrere a fonti letterarie – e forse anche a materiale documentario reperibile negli archivi del regno tolemaico – per comporre la sua descrizione dell'ecumene. Naturalmente le informazioni sul bacino occidentale del Mediterraneo sono più scarse rispetto a quello orientale, ma Timostene ha una buona conoscenza della costa africana, soprattutto da Cirene a Cartagine, e dopo Pseudo-Scilace anch'egli fornisce una stima in stadi sull'estensione dei lati che formano il triangolo scaleno della Sicilia (fr. 22 Wagner). Probabilmente risale a Timostene la più antica descrizione della Penisola Sorrentina che si spinge in mare «lunga e stretta» verso Capri, separando il Golfo di Cuma da quello di Posidonia (vedi sopra p. 33).

Alla stima delle distanze, lungo la costa o nelle traversate, si accompagna la cura messa da Timostene nella topografia, per esempio del Bosforo Tracio o ancora del territorio di Cizico nel Mar di Marmara: «... c'è un porto profondo per otto navi nel gomito che il monte forma là dove finisce la spiaggia» (una delle poche citazioni letterali). Lo stesso vale per certi dettagli sulla morfologia costiera di Salamina e del Golfo Maliaco, dove una lingua di sabbia consente la sosta a una nave da guerra.

Particolare interesse rivestono le traversate in alto mare fra «luoghi opposti». Nel suo trattato di cartografia Tolemeo sconsiglia di collocarli sullo stesso meridiano, ma si tratta ancora una volta di un'esigenza teorica destinata a restare insoddisfatta. Sulla costa a occidente di Cartagine la posizione di Metagonio (Capo Tres Forcas, a nord di Melilla in Marocco) è indicata come «di fronte» a Marsiglia. Qui è da escludere una rotta diretta, che invece è attestata più tardi fra Metagonio e *Carthago Nova*/Cartagena (Strabone XVII, 3, 6). Per situare Metagonio rispetto all'opposto litorale europeo, Timostene fa riferimento a Marsiglia, che dalla fine del IV sec. a.C. (Pitea) è diventata un punto fermo per la delineazione del Mediterraneo occidentale, come vedremo. Altre traversate ci portano nello spazio geopolitico del regno tolemaico. Si tratta infatti delle comunicazioni fra Cipro, la costa meridionale dell'Asia Minore (Isole Chelidonie) e il Delta del Nilo. Quasi quattro secoli più tardi il cartografo Marino di Tiro si basava ancora sulle indicazioni di Timostene (fr. 16 W.) per tracciare alcuni meridiani nell'area del Levante.

Il rapporto fra la tradizione della nautica mediterranea, con i suoi sistemi relativi di orientamento e di localizzazione, e la rappresentazione dell'ecumene emerge chiaramente nella 'rosa dei venti' di Timostene, divisa in dodici settori (fig. 43). Già nota ad Aristotele, questa ripartizione serve a localizzare sul cerchio ideale della terra abitata i popoli periferici in rapporto al centro della carta, che cade in Egeo e con tutta probabilità a Rodi. Da notare nel quadrante nord-occidentale la comparsa del vento Iapigio (che soffia dalla Iapigia / Puglia), che non appartiene al bacino orientale del Mediterraneo ma condiziona le rotte che attraverso il Canale d'Otranto portano verso l'Adriatico e il bacino occidentale del mare interno. Il vecchio schema circolare e radiale è incompatibile con la grigia delle coordinate geografiche, ma grazie alla centralità funzionale del Mediterraneo Timostene ed Eratostene possono condividere almeno in parte la rappresentazione del mondo conosciuto.

Timostene riassunse in un libro l'opera *Sui porti* e raccolse le distanze in stadi in uno scritto a parte (*Stadiasmòs*). Come prontuario di distanze marittime esso si colloca all'inizio di una tradizione che porta fino all'anonimo *Stadiasmo* del Mediterraneo, compilato nella prima età imperiale. La quantificazione sistematica dei dati è un aspetto tipico della civiltà ellenistica e di una 'razionalità' che si esprime sia nell'amministrazione dei grandi regni territoriali sia nella pratica della guerra. Comunque, fu certamente da Timostene che Eratostene prese la maggior parte delle distanze stimate per dare forma al Mediterraneo nella carta dell'ecumene.

Abbiamo visto come nella geografia erodotea vi sia già l'asse Cilicia - Delta del Nilo, dettato dalla pratica delle traversate. Con la fondazione di

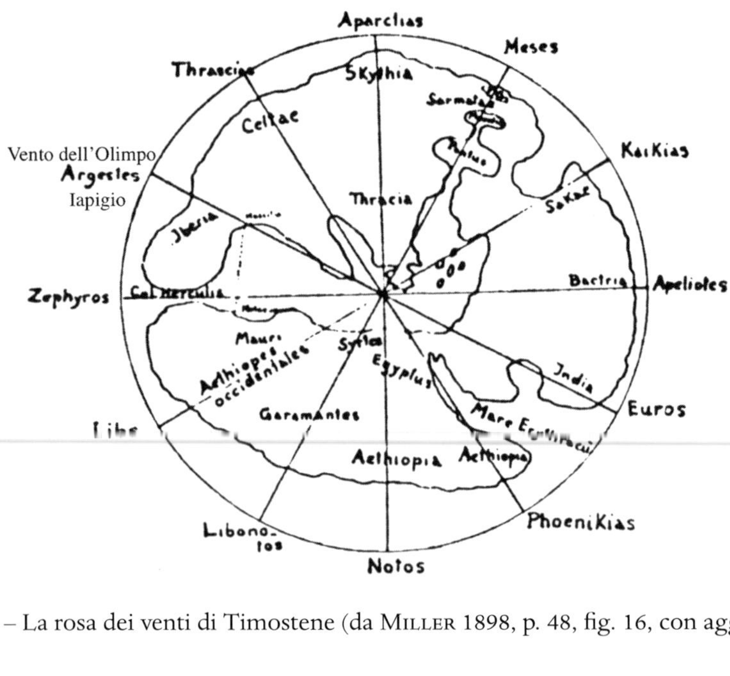

Fig. 43 – La rosa dei venti di Timostene (da Miller 1898, p. 48, fig. 16, con aggiunte).

Alessandria (332/1 a.C.) e più tardi con lo sviluppo degli interessi marittimi dei primi Tolemei, i sovrani dell'Egitto ellenistico, il tracciato di quest'asse viene modificato, sicché il meridiano fondamentale di Eratostene passa per Alessandria-Rodi-Bisanzio. Si tratta di un caso esemplare in cui osservare da vicino l'interazione fra esperienza nautica e misurazioni astronomiche sulla latitudine dei luoghi, come si evince dal seguente passo di Strabone (II, 5, 24).

> La traversata da Rodi ad Alessandria con il vento di borea è di circa 4.000 stadi, mentre il periplo misura il doppio. Secondo Eratostene questa è una congettura dei marinai sulla traversata del mare. Alcuni infatti parlano di 4.000 stadi, altri di 5.000; Eratostene però, misurando le ombre dello gnomone, ha trovato che la distanza è di 3.750 stadi.

L'espressione «col vento di borea» non può qui riferirsi alla direzione della navigazione: non c'era infatti alcun bisogno di richiamare la posizione meridionale di Alessandria rispetto a Rodi. Il tempo necessario alla traversata (prima che questa stima venga tradotta in stadi) dipende ovviamente dal vento: questo spiega la curiosa affermazione che la distanza sarebbe di 4.000 stadi col vento in poppa, come se la distanza fosse una variabile dipendente dalle condizioni della traversata. Poiché la circumnavigazione comporta una stima doppia, non può trattarsi dell'intero periplo del Levante ma di una rotta che fa scalo a Cipro. La formulazione corretta di una distanza marittima secondo il tempo necessario a percorrerla sta nel racconto di Menelao a Telemaco: l'isola di Faro dista dalla costa dell'Egitto *un intero giorno di navigazione col vento in poppa* (*Od.* IV, 354 sgg.).

Gli allineamenti, dettati dalle comunicazioni marittime, precedono dunque la collocazione dei luoghi 'opposti' sulle coordinate geografiche. In altre parole, l'uso dello gnomone per il calcolo astronomico della latitudine non si applica a uno spazio indifferenziato e neutro. Al contrario, sono le condizioni storiche che determinano le relazioni spaziali nel Mediterraneo ed è su questo terreno che opera il cartografo antico.

Nella carta di Eratostene (fig. 41, p. 114) lo schema del Mediterraneo si basa sulla equivalenza fra i segmenti del parallelo fondamentale di Rodi (36° N) e i corrispettivi segmenti del parallelo di Alessandria (31° N). Lungo l'asse del Mediterraneo, da Rodi alle Colonne d'Eracle, le distanze corrispondono infatti a quelle stimate nella navigazione lungo la costa africana a ovest di Alessandria, sulle quali Timostene era ben informato. I segmenti sono segnati dall'unico meridiano che attraversa il bacino occidentale da Roma a Cartagine passando per lo Stretto di Messina, dove incrocia il parallelo di Rodi. Dopo la prima guerra punica (264-241 a.C.) la collocazione di Roma e Cartagine sullo stesso meridiano riflette il ruolo che esse hanno avuto nel conflitto per il possesso della Sicilia. Roma in realtà si trova più a est di Cartagine, ma nella stima empirica delle longitudini si tratta di uno scarto del tutto comprensibile, come quello fra Amiso (Samsun, sulla costa settentrionale della Turchia) e il Bosforo Cimmerio (Stretto di Kerč) o ancora fra Rodi e Alessandria (fig. 41).

In nessuna altra grande isola del Mediterraneo come nella Sicilia la dinamica delle vie marittime incide così profondamente sull'orientamento delle coste nella loro trasposizione cartografica. Grazie alle comunicazioni con il golfo di Cartagine si sa che l'estremità occidentale della Sicilia si avvicina maggiormente all'Africa e, poiché l'Africa sta a sud della Sicilia, Capo Lilibeo diventa la punta meridionale dell'isola, mentre Capo Pachino segna la sua estremità orientale (figg. 44a-b). Quando la stima della distanza in mare aperto dal Peloponneso alla Sicilia passa per lo Stretto di Messina, questo è infatti preceduto da Capo Pachino. Per quanto possa appari-

44a

44b

Fig. 44 – La Sicilia nella carta di Eratostene secondo (a) Müller 1880 (dettaglio). La stessa disposizione del triangolo siciliano venne proposta da (b) Gossellin (1790, dettaglio).

re inverosimile, una tale disposizione del triangolo siciliano si adatta allo schema ortogonale della carta eratostenica, sicché i lati Peloro-Pachino e Peloro-Lilibeo insistono rispettivamente sul parallelo fondamentale di Rodi e sul meridiano Roma-Cartagine, come si ricava dalle considerazioni svolte da Strabone (VI, 2, 1).

Sul litorale compreso fra Cirene e Cartagine si apre la Grande Sirte, che fin da Ecateo (c. 520 a.C.) viene segnalata nei *Giri della terra*, ma l'andamento del litorale africano verso Cartagine non registra uno scarto sensibile di latitudine. Nella cartografia antica vi è infatti la tendenza generale a collocare Cartagine *solo un po' più a nord di Alessandria* (31°) – quando la differenza di latitudine è in realtà di c. 5°– con la conseguenza che, con l'eccezione della Grande Sirte, il litorale africano fra le due città corre in gran parte quasi parallelo all'asse del Mediterraneo. Con la collocazione dello Stretto di Messina sul meridiano Roma-Cartagine, lo spazio che separa lo Stretto dalle Colonne d'Eracle è commisurato comunque ai *parapli* (distanze marittime lungo la costa) da Cartagine alle Colonne; e allo stesso modo la distanza Rodi-Stretto di Messina corrisponde ai *parapli* da Alessandria a Cartagine. Diversamente dall'allineamento Sunio-Acroceraunio (Eudosso), è dalla stima dei parapli africani che Eratostene ricava le distanze in mare aperto lungo l'asse del Mediterraneo. Questo procedimento, tipicamente eratostenico, è formulato esplicitamente da Strabone (II, 4, 7):

> Le distanze nel senso della longitudine sono espresse in stadi, che cerchiamo di determinare o percorrendo queste stesse distanze o gli itinerari paralleli, per terra o per mare.

Calcolare la latitudine: Marsiglia, Bisanzio, Siracusa

Nella carta di Eratostene a nord del parallelo di Rodi lo spazio marittimo è delimitato dal parallelo di Bisanzio e di Marsiglia (c. 43°N), mentre il Mar Nero si estende verso latitudini più settentrionali rispetto al rettangolo che inquadra il Mediterraneo (fig. 41, p. 114). Nel bacino occidentale il fatto nuovo è costituito dalla posizione di Marsiglia, la cui latitudine venne calcolata da Pitea con lo gnomone nella seconda metà del IV sec. a.C. La navigazione atlantica del marsigliese, che si spinse fino alle Isole Britanniche, ha monopolizzato l'attenzione degli studiosi, e anche del grande pubblico attratto dal fascino dell'ignoto, con la conseguenza che rischia di restare nell'ombra l'unico punto del Mediterraneo, fissato sulla sfera terrestre con procedimento matematico al di fuori delle osservazioni astronomiche effettuate sul meridiano fondamentale (Siene/Assuan, Alessandria e Rodi). Questo attraversa però il cuore dell'orizzonte egeo-centrico, ricalcando prima il fronte della penisola anatolica – che Erodoto fissava fra il Sigeo e il Triopio – quindi la traversata Rodi-Alessandria e infine il corso del Nilo. Il calcolo della latitudine ad Alessandria e a Rodi riguarda due luoghi già connotati come 'opposti' dall'esperienza nautica. Prima della fondazione di Alessandria (332/1 a.C.) la traversata da Rodi verso l'Egitto puntava in età arcaica su Naucrati, il fondaco greco istallato sul braccio occidentale del Delta.

Nella *mappa mundi* di Aristotele (fig. 37a, p. 103) solo il Monte Pirene/Pirenei figura come punto di riferimento nella porzione occidentale del Mediterraneo, dove viene collocato «verso le Colonne d'Eracle» e quindi associato a questa estremità del mare interno. Con la latitudine di Marsiglia fissata a circa 43° N anche il bacino occidentale acquista improvvisamente una sua 'larghezza' (*plàtos*), certamente inattesa, che va ora saldata a quella dell'Egeo. Così sul parallelo di Marsiglia viene posta anche Bisanzio, che si trova in realtà poco più a nord di Napoli e circa due gradi più a sud di Marsiglia. Fondata dai Megaresi sul lato europeo del Bosforo, per la sua posizione strategica Bisanzio è una città di primo piano in età ellenistica, assai prima che diventi Costantinopoli. La sua erronea latitudine viene accolta anche da Ipparco, originario di Nicea/İznik città non lontana dal Bosforo, senza che nessuno senta il bisogno di verificare questa ipotesi, perché si impone come del tutto evidente e si consolida come un dato incontrovertibile con la forza d'inerzia delle opinioni condivise. Mettere Bisanzio sul parallelo di Marsiglia era l'unico modo per conservare la posizione 'settentrionale' che il Ponto e il Mar d'Azov occupavano nell'orizzonte originario della geografia greca. Dalla latitudine assegnata a Bisanzio dipende in larga misura il profilo del Mediterraneo, che l'autorità di Claudio Tolemeo trasmetterà poi alla geografia rinascimentale.

Lungo la costa frastagliata dell'Asia Minore da Rodi a Bisanzio la stima delle distanze parziali dava la somma di 5.000 stadi, vale a dire poco più di 7° per la circonferenza terrestre di Eratostene (1° = 700 stadi). La collocazione di Bisanzio sul meridiano di Rodi presuppone che l'orientamento dell'asse del Mar di Marmara, dai Dardanelli al Bosforo, fosse più vicino alla direzione sud-nord che ovest-est, come appare sulle carte del nostro atlante. Sia per Eratostene sia per Ipparco dall'ingresso nell'Ellesponto fino a Bisanzio la navigazione punta infatti a settentrione, sicché la stima della distanza marittima (1.500 stadi) si traduce in uno scarto di latitudine di circa 2°. Nella rappresentazione egeo-centrica del mondo conosciuto il Bosforo è la porta verso le città pontiche della Tracia e della Scizia, le due regioni associate dai Greci al freddo del Nord. Quando Pitea fissò la posizione di Marsiglia a una latitudine (circa 43° N) nettamente più alta rispetto all'Egeo – che occupava la posizione centrale fra i poli climatici del Nord e del Sud – *fu del tutto naturale collocare sul parallelo di Marsiglia anche Bisanzio*. Era infatti quasi inconcepibile che Marsiglia potesse trovarsi più a nord di Bisanzio e che nel bacino occidentale il Mediterraneo si spingesse verso nord fino a superare la latitudine settentrionale dell'Egeo, sconvolgendo così il sistema di riferimenti che aveva orientato la rappresentazione originaria della terra abitata. Non dimentichiamo che la continuità dell'Egeo verso lo Ionio, verso il mare di Sicilia e il Tirreno era pensata come un'estensione verso l'occidente 'equinoziale', segnato dalle Colonne d'Eracle nelle antiche carte circolari.

Strettamente connessa con la latitudine di Marsiglia è un'altra questione, che riguarda la sua distanza dalla costa africana e quindi la 'larghezza' (*plàtos*) del Mediterraneo nel bacino occidentale (Strabone II, 4, 1-4). Nella carta di Eratostene (fig. 41, p. 114) la differenza fra la latitudine di Marsiglia (43°) e il parallelo di Rodi (36°N) corrisponde a una misura lineare di circa 5.000 stadi, la stessa che separa Rodi da Bisanzio. Questa però era anche la distanza stimata dai naviganti fra Marsiglia e la costa africana. Perciò delle due l'una: o bisognava ammettere che nella porzione occidentale il parallelo di Rodi toccasse la costa africana (come accade in realtà) oppure la latitudine di Marsiglia andava abbassata, in modo che il parallelo di Rodi conservasse sulla carta la funzione tendenziale di asse di simmetria fra la costa europea e quella africana. Poiché l'asse attraversava (erroneamente) lo Stretto di Messina, il suo tracciato doveva inoltre lasciare fra Italia e Africa lo spazio per la figura triangolare della Sicilia. Strabone scarta la prima ipotesi come un'idea aberrante e prende seriamente in considerazione la possibilità che Marsiglia si trovi *nettamente più a sud* di Bisanzio (fig. 45a).

I termini del problema richiamano il confronto fra la differenza della latitudine, misurata a Rodi e Alessandria, e la distanza fra le due città stimata sulle traversate. Solo la posizione di Marsiglia è fissata però sulla carta grazie a un rilevamento astronomico, che manca invece per la costa africana a ovest di Cartagine e per la stessa Cartagine. Come nel caso di Bisanzio si tocca qui con mano un'altra convinzione aprioristica, cui abbiamo già accennato: il litorale africano a ovest di Alessandria supera di poco verso nord (di circa un grado) la latitudine di Alessandria e quindi si estende nettamente più a sud delle Colonne d'Eracle, che sono poste sul parallelo di Rodi. Si tratta di due dogmi della geografia antica che ritroviamo nel Mediterraneo di Tolemeo (fig. 46a) e che verranno infranti solo dalle prime carte nautiche medievali.

Il nuovo punto di riferimento fissato sulla costa settentrionale del bacino occidentale aprì la strada alla sua geometrizzazione. Marsiglia infatti costituisce il vertice di un triangolo acuto, la cui base corrisponde al segmento del parallelo di Rodi compreso fra le Colonne d'Eracle e lo Stretto di Messina, mentre l'altezza è pari alla distanza (5.000 stadi) fra Bisanzio e Rodi. Poiché Eratostene stima in 7.000 stadi il lato Colonne-Marsiglia e in

8.000 la base del triangolo, si può ricavare il terzo lato che unisce Marsiglia allo Stretto di Messina (fig. 48a). La forte sottovalutazione della distanza Stretto di M.- Colonne dipende dalla collocazione dello Stretto sul meridiano di Roma-Cartagine e quindi dall'estensione del litorale africano da Cartagine alle Colonne.

Lo schema triangolare è ripreso un secolo più tardi da Polibio con esiti affatto diversi sulla forma del bacino occidentale. Ne conosciamo l'argomentazione grazie a Strabone, che nella sezione cartografica del proemio si sofferma a lungo sulla delineazione dell'Europa mediterranea, discutendo le ipotesi dei predecessori. Polibio commisura la base del triangolo non più alla costa africana, come fa Eratostene, ma a quella europea dove la somma delle distanze sui due lati supera di poco la misura della base. Il litorale che va dall'estremità meridionale dell'Italia fino alle Colonne viene infatti schematizzato in un angolo ottuso con il vertice a Narbona (fig. 48b). Strabone a sua volta conserva il rettangolo, in cui è compreso il Mediterraneo di Eratostene, ma contesta l'allineamento dello Stretto di M. sul meridiano di Roma-Cartagine e quindi assegna allo Stretto una posizione più vicina a Rodi che alle Colonne (fig. 45b). In una tavola sinottica (vedi pp. 128 sg.) si possono confrontare le figure mutevoli del Mediterraneo secondo le distanze fra i luoghi notevoli. Da notare che nel triangolo di Polibio la 'larghezza' massima del bacino occidentale (in senso N-S) viene fortemente ridotta, perché egli accoglie la stima di 3.000 stadi per la distanza fra Narbona e la costa africana.

Non c'è forse esempio migliore per apprezzare quanto sia produttiva di nuove ipotesi la griglia delle coordinate geografiche, inaugurata da Eratostene. Diversamente dagli schemi geometrici applicati a singoli spazi 'regionali', la modifica di una parte del disegno può mettere ora in discussione l'intera costruzione. La posizione di Marsiglia a circa 43° N non porta solo a ridisegnare lo spazio mediterraneo, ma agisce anche sulla collocazione della terra dei Celti rispetto alla Scizia (il Settentrione originario dei Greci) e rispetto ai paesi dell'Oriente, conquistati da Alessandro. In assenza di osservazioni astronomiche sulle latitudini dell'Asia centrale, Eratostene deve utilizzare le informazioni sulla percezione dell'ambiente geografico e trasferirle in un quadro coerente di corrispondenze. Così, il clima mite e le colture della Battriana, la regione che si estende a nord dell'Hindukush, gli impediscono di collocare i monti dell'India settentrionale alla latitudine (circa 48° N) della Scizia marittima (foci del Boristene / Dnpro) e dell'Atlantico settentrionale, esplorato da Pitea (fig. 41, p. 114).

Un discorso a parte richiede Polibio. Lo schema della sua *mappa mundi* è antiquato, come si è già visto, ma egli si trova nelle condizioni eccezionali di poter osservare il mondo e di riflettere sulla sua storia recente dal centro del potere. Chi meglio di Polibio può intervenire sulla geografia di Eratostene, mostrando le novità prodotte dalle conquiste romane in Occidente? L'idea di commisurare la distanza Stretto di M.-Colonne d'Eracle all'estensione della costa europea sottintende certamente il diverso procedimento di Eratostene, dal quale Polibio si allontana per basarsi sull'itinerario terrestre che porta dall'Italia in Iberia passando per il litorale della Gallia. Dopo la guerra annibalica Roma deve assicurarsi i collegamenti con le province iberiche e Polibio dispone di informazioni aggiornate al riguardo, tanto più che egli stesso ha viaggiato in Gallia e in Spagna al seguito di Scipione Emiliano. Se al vertice del triangolo figura Narbona al posto di Marsiglia, questo si spiega con l'importanza della città nell'itinerario fra Cisalpina e Spagna, già prima che vi fosse istallata la colonia romana di *Narbo Martius* (118-117 a.C.), per la quale passò la *Via Domitia*.

Non è in contraddizione con lo schema del triangolo ottuso la funzione distintiva assegnata da Polibio ai Pirenei nella geografia dell'Europa. Grazie alle nuove conoscenze portate dalla storia della guerra annibalica egli per primo li concepisce come una *catena*, che si estende dal Mediterraneo al mare esterno separando l'Iberia dalla Gallia. Per Aristotele il monte Pirene, come abbiamo visto, si trova verso l'occidente equinoziale e ancora per Eratostene il toponimo è associato solo al litorale mediterraneo. Valgono le stesse considerazioni per la delineazione polibiana dell'Italia (II, 14) in cui emergono per la prima volta nella letteratura antica le Alpi come elemento diagrammatico negli spazi dell'Europa mediterranea. Le Alpi costituiscono infatti la base di una figura triangolare, il cui vertice è segnato dal promontorio Cocinto (Punta Stilo, a nord di Locri), che separa il Mare Ionio dal Siculo (fig. 49). Nella geografia greca, da Strabone a Tolemeo, non si trova più traccia di questa particolare visualizzazione, che ricompare però nella geografia latina. In sintonia con Polibio, Plinio il Vecchio (III, 95) indica infatti nel tratto di costa compreso fra Locri e Capo Lacinio la «fronte dell'Italia» (*frons Italiae*), vale a dire quella porzione litoranea della penisola che maggiormente si protende nel mare. Nel corso dei suoi viaggi in Italia Polibio si è spinto fino a Locri e nel territorio di Crotone ha visitato il celebre santuario di Era a C. Lacinio (C. Colonna). Per ragioni che ci sfuggono, egli ha ricavato probabilmente dall'esperienza diretta dei luoghi la convinzione che su quel tratto di costa terminasse l'Italia.

In Polibio si è vista spesso una reazione alla cartografia 'scientifica' di Eratostene, i cui principi non sono compatibili con le costruzioni geometriche elaborate occasionalmente dallo storico. Anche se non vi sono prove che Polibio maneggi le coordinate geografiche, egli intende tuttavia verificare le misure di Eratostene sull'asse del Mediterraneo. Il disegno del triangolo ottuso interviene infatti sulla 'lunghezza' del mare interno e a

Fig. 45 – I luoghi notevoli del Mediterraneo in due diverse rappresentazioni di Strabone: (a) – Thomson 1948, p. 194; (b) – Dettaglio da Aujac 1969, carta f.t. Fig. 46 – (a) Il Mediterraneo di Tolemeo (da Nordenskiöld 1889, p. 30). (b) L'asse Dardanelli-Bosforo nella cartografia tolemaica (Stückelberger – Graßhoff 2006, p. 813, dettaglio).

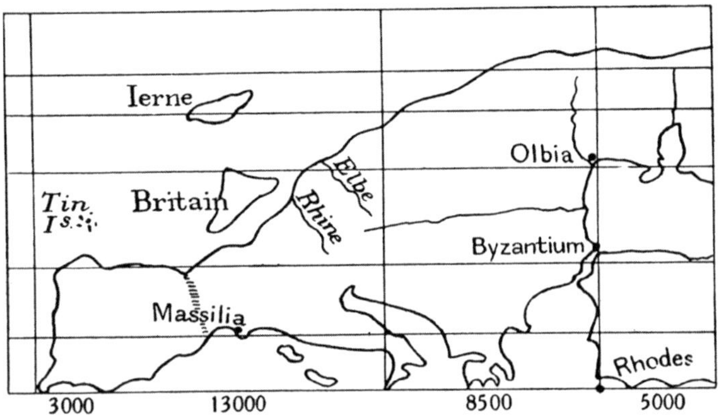

45a

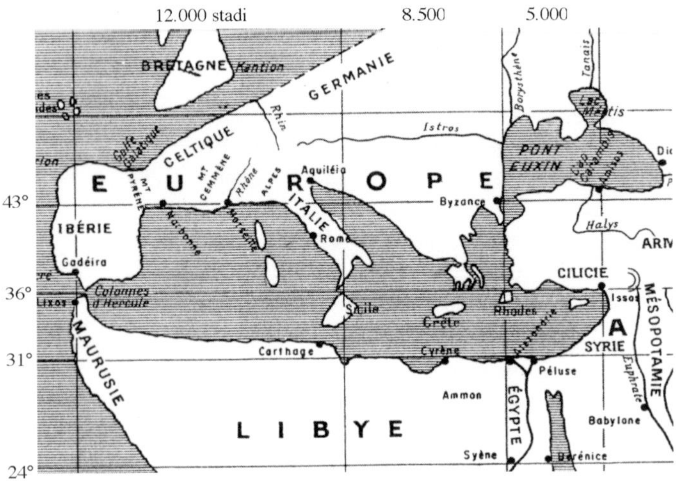

45b

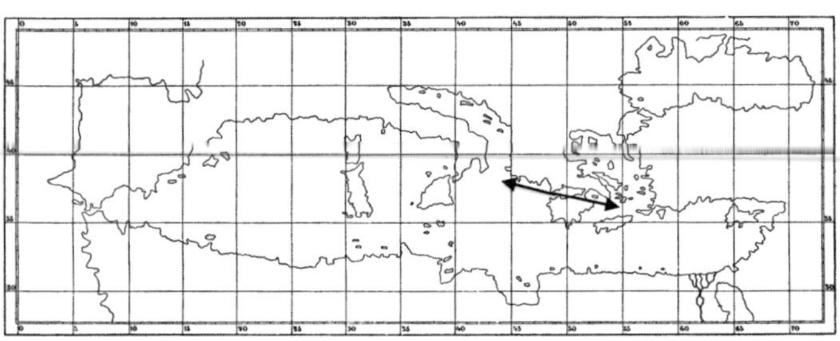

46a

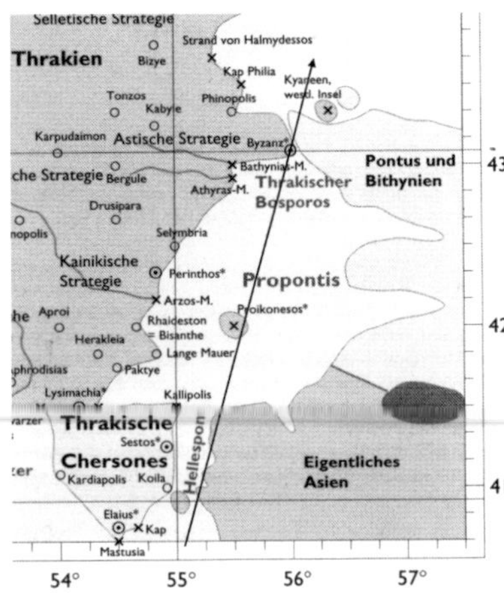

46b

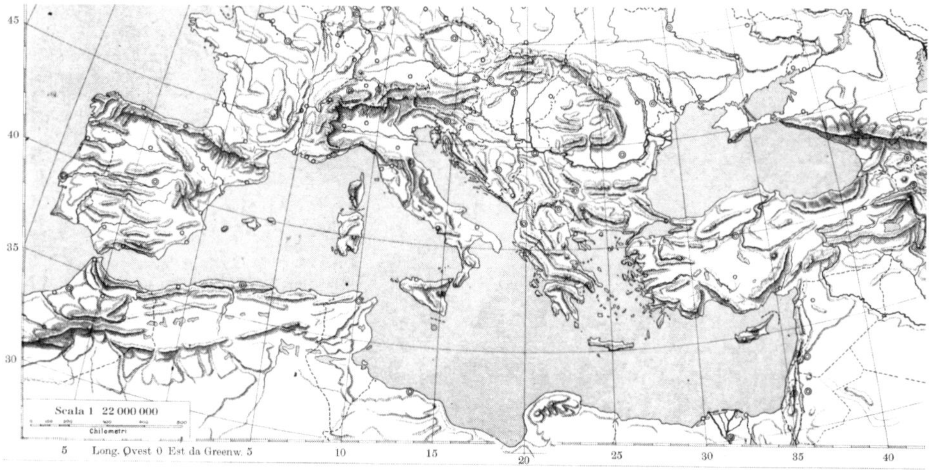

Fig. 47 – *Atlante muto d'Italia*, Novara, Istituto Geografico De Agostini s.d.

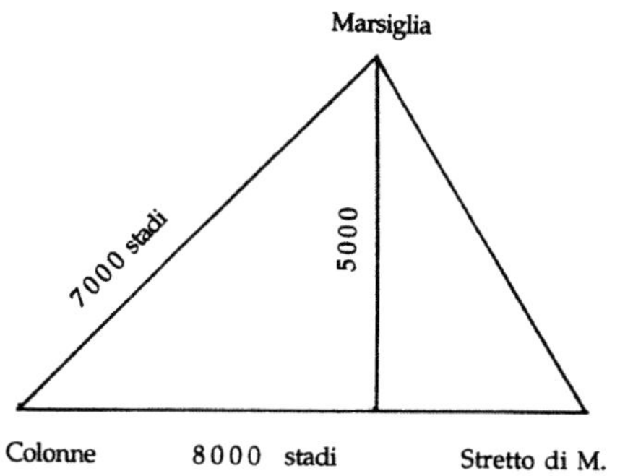

48a

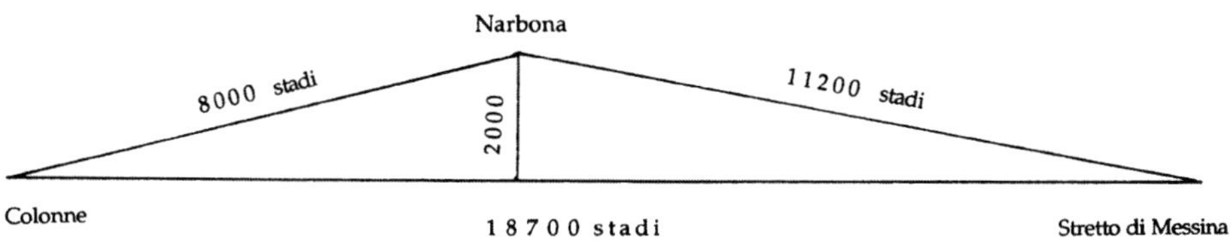

48b

Fig. 48 – Il Mediterraneo occidentale nello schema triangolare sotteso alla carta di Eratostene (a) e modificato da Polibio (b).

Fig. 49 – La forma triangolare dell'Italia e della Pianura Padana secondo Polibio (da NINCK 1945).

questo mira anche la stima della distanza fra il Peloponneso e lo Stretto di Messina, calcolata da Polibio lungo la rotta che passa per Leucade, Corcira/Corfù, l'Acroceraunio, il Canale d'Otranto, la Iapigia e costeggia quindi la penisola calabro-lucana (Strabone II, 4, 3). Vale in questo caso quanto già osservato a proposito del rapporto fra Timostene ed Eratostene: la condivisione dei procedimenti largamente empirici, che portano alla delineazione del Mediterraneo, consente a Polibio di modificare le misure eratosteniche, ma la sua rappresentazione dell'ecumene è ferma alle vecchie carte circolari. I tentativi moderni di ricomporre coerentemente l'intero quadro della geografia polibiana sono perciò destinati a fallire. Le figure geometriche di Polibio vanno prese singolarmente; esse presuppongono la carta di Eratostene, senza che possano modificarla o sostituirla.

Sui problemi suscitati dalla carta di Eratostene deve essere ancora menzionata la posizione di Artemidoro di Efeso e di Posidonio, attivi attorno al 100 a.C. ma assai diversi per formazione intellettuale; li abbiamo già incontrati a proposito di Ulisse in Iberia. Artemidoro aggiornò la descrizione dell'ecumene in un'opera perduta (in 11 libri), cui attinsero largamente Strabone e Plinio il Vecchio. Per l'estensione della terra abitata dall'India all'Iberia, Artemidoro accetta in buona parte le stime di Eratostene riguardo all'Asia, mentre per il Mediterraneo propone due itinerari. Il primo, interamente marittimo, parte da Isso che nella carta di Eratostene sta sul parallelo fondamentale (fig. 41, p. 114), tocca Cipro, Rodi, i promontori meridionali del Peloponneso, Capo Lilibeo, Cagliari per arrivare infine a Cadice. Assai più interessante è il secondo perché, dopo aver attraversato l'Egeo, punta sul promontorio Acroceraunio, passa a Brindisi, quindi ricalca le vie consolari che portano a Roma e da lì al valico di *Scincomagus* nelle Alpi Cozie (Valle di Susa). L'itinerario prosegue quindi per la Gallia, attraversa i Pirenei e arriva a Cadice.

Dopo Polibio non si trova nella letteratura ellenistica una testimonianza più chiara sull'integrazione del Mediterraneo occidentale nel sistema delle comunicazioni terrestri, che servono al potere imperiale di Roma. Se nella carta di Eratostene Roma sta sul meridiano dello Stretto di Messina e di Cartagine, ora segna una tappa dell'itinerario che dovrebbe ricalcare l'estensione del mare interno da Brindisi a Cadice. Come si vede, siamo ben lontani dal criterio teorico secondo cui la 'lunghezza' dell'ecumene va misurata lungo vie terrestri o marittime parallele all'equatore. Per quanto possa apparire rozza questa geografia dell'Occidente basata sugli itinerari terrestri, essa è rivelatrice comunque di una svolta nel modo stesso di percepire e rappresentare gli spazi dell'Iberia e della Gallia secondo l'angolo visuale del dominio romano.

Se la geografia di Artemidoro si tiene sempre ben attaccata alla catena degli itinerari, Posidonio può confrontarsi con la carta di Eratostene condividendone l'astrazione geometrica e il principio delle coordinate geografiche. Molto probabilmente risale a Posidonio una migliore delineazione della grande catena del Tauro, che attraversa l'Asia dall'India all'Asia Minore come una *fascia* (ζώνη) lunga 40.000 stadi e larga 3.000, all'interno della quale vengono collocati vari popoli montani dall'Armenia alla Licia. Lo schema rettangolare del Tauro si prolunga poi nel Mediterraneo, dove accoglie la figura triangolare della Sicilia disposta in modo che nessuno dei suoi lati coincida con l'impianto ortogonale delle coordinate geografiche. Questo infatti è il senso della modifica che Posidonio apporta all'orientamento del triangolo siciliano nella carta di Eratostene (Strabone VI, 2, 1). Il rettangolo del Tauro poggia sul parallelo fondamentale (36° N), il cui tracciato non può più attraversare lo Stretto, come nella carta di Eratostene, se la Sicilia è compresa ora nel rettangolo che prolunga verso occidente la fascia montuosa del Tauro (figg. 50a-b). Vediamo dunque come si giunse a 'correggere' la latitudine dello Stretto di Messina, che Eratostene collocava sul parallelo di Rodi.

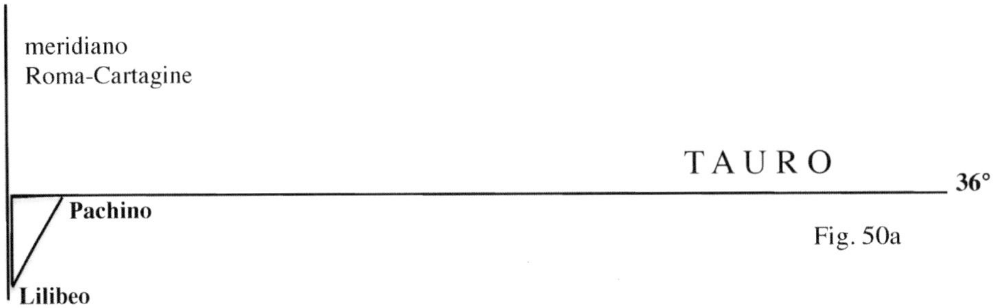

Fig. 50a

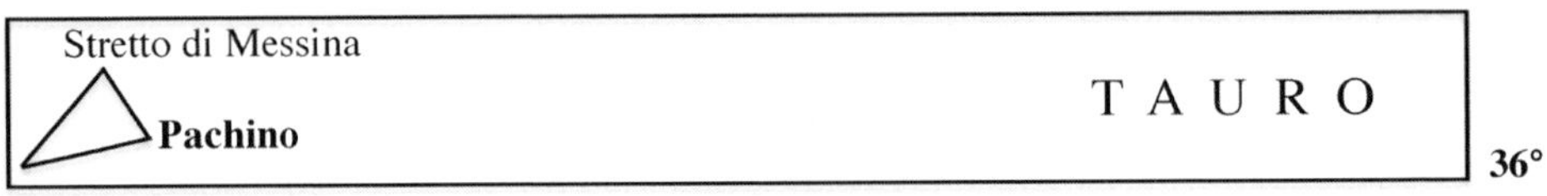

Fig. 50b

Sulla via aperta da Eratostene, anche Ipparco elabora una lista di latitudini calcolate sulla durata del giorno più lungo (in ore equinoziali e loro frazioni). I luoghi in questione sono posti in prevalenza sul meridiano di Rodi, l'asse originario lungo il quale i Greci sperimentarono le variazioni del 'clima' (in senso antico) e della temperatura. Quello di Ipparco è un approccio sistematico, che mira a elencare in una serie progressiva le latitudini dei luoghi, prima di procedere al loro trasferimento sulla carta. Ora, in questa lista vi sono alcune località estranee all'asse nord-sud dell'orizzonte egeo-centrico, ma solo per Siracusa viene riferita una circostanziata osservazione astronomica: il parallelo fondamentale di Rodi (giorno più lungo di 14h e 1/2) passa «400 stadi a sud di Siracusa».

Secondo D.R. Dicks (1960), autorevole studioso di astronomia antica, la 'tavola dei climi' di Ipparco è un'elaborazione puramente teorica ma, come egli stesso osserva giustamente, il riferimento a Siracusa induce a ritenere che si tratti di una misurazione realmente effettuata. Altrimenti perché mai Ipparco avrebbe modificato il tracciato tradizionale dell'asse mediterraneo, che passava per lo Stretto di Messina? È sempre Ipparco che traduce la latitudine presunta di Bisanzio (43° N) nella misura corrispondente al giorno più lungo di Marsiglia (15h e 1/4). Ignoriamo a chi risalga l'osservazione astronomica utilizzata da Ipparco per modificare in Sicilia il tracciato del parallelo di Rodi (36° N), ma i termini in cui viene riferita ci portano a Siracusa e invitano a considerare la vitalità degli studi matematici nella città di Archimede. Comunque, sarà poi Tolemeo a valorizzarla, assegnando allo Stretto di Messina la sua latitudine, sicché il parallelo di Rodi passa a sud di C. Pachino e tocca C. Lilibeo (vedi più avanti, fig. 63, p. 170).

Strabone (II, 5, 39) riporta l'affermazione di Ipparco sulla latitudine di Siracusa, ma non ne tiene poi conto nelle lunghe discussioni sulla delineazione geometrica del Mediterraneo. L'asse di simmetria continua così ad attraversare lo Stretto, perché lì la sua funzione divisoria si materializza nella separazione fisica fra Italia e Sicilia. Allo stesso modo Cesare (*B.G.* V, 13) avverte di trovarsi in un altro clima solo dopo essere sbarcato in Britannia (55 a.C.), anche se la sua marcia l'ha già portato dalla latitudine della pianura Padana a quella della Manica. La difficoltà di trasferire la percezione mutevole dell'ambiente fisico nell'ordinamento dettato dai principi matematici della sfericità terrestre può spiegare l'estremo scetticismo di alcuni studiosi sulla cartografia pre-tolemaica. Essi preferiscono parlare di carte mentali o di cartografia virtuale, dimenticando però che gravi incertezze accompagnano la cartografia pre-geodetica fino a tutto il XVIII sec. e anche oltre. Bisogna piuttosto riconoscere che la geometria variabile dei rapporti spaziali è in realtà parte costitutiva della cartografia antica, come mostra proprio la figura del Mediterraneo.

Chi ha la pazienza di seguire questi procedimenti e i loro esiti controversi, che in età ellenistica occuparono la mente di un piccolo numero di geografi, può senza fatica ritrovarne le tracce nelle tavole di Tolemeo. Nella *Guida al disegno della terra* (Γεωγραφικὴ ὑφήγησις in otto libri), opera fondamentale per la storia della cartografia, l'astronomo realizza il progetto grandioso di assegnare la longitudine e la latitudine alle città e ai siti di tutta la terra abitata (circa 8.000) con un procedimento sistematico, già sperimentato nella carta stellare dell'*Almagesto*. Paralleli e meridiani vengono tracciati a intervalli regolari di un grado e formano un reticolo geografico che prescinde dalla vecchia centralità dell'Egeo. I siti sono registrati secondo le loro (*presunte*) coordinate geografiche, procedendo dal meridiano di riferimento, che passa per le Canarie, verso est e da nord verso sud, nella stessa sequenza delle colonne di scrittura su un rotolo di papiro.

Alle dieci tavole, in cui è divisa l'Europa, seguono le quattro dell'Africa e infine le dodici dell'Asia, estesa fino alla Cina, per un totale di ventisei carte che si aggiungono a quella generale dell'ecumene; Tolemeo viene perciò giustamente considerato il fondatore, almeno in teoria, della cartografia regionale. Il modello matematico per il disegno dell'ecumene raggiunge un grado di elaborazione prima sconosciuto, anche se Tolemeo fissa le coordinate dei luoghi con una precisione illusoria, che arriva a registrare lo scarto di 5'. In realtà, ponendosi nel solco della cartografia ellenistica, egli si basa largamente sulle informazioni della geografia empirica dando loro sistematicamente una veste scientifica.

Vi sono nell'opera di Tolemeo questioni teoriche, il cui studio richiede le competenze matematico-astronomiche dell'autore. L'altra faccia della medaglia sta nel numero fatalmente esiguo delle misurazioni di latitudine *realmente effettuate* e non solo inferite per estrapolazione o per associazioni di idee, più o meno plausibili. Secondo alcuni studiosi al tempo di Tolemeo (metà del II sec. d.C.) erano ormai disponibili centinaia di rilevamenti che consentivano di determinare per via astronomica la posizione dei luoghi, ma si tratta di un'affermazione fin troppo ottimistica. Quanto sarà cambiata la situazione rispetto a Eratostene (III sec. a.C.), la cui carta si basava unicamente sulla latitudine misurata di *quattro luoghi*? Una stima realistica sul numero dei dati astronomici di latitudine, che vennero utilizzati da Tolemeo, difficilmente supera la cinquantina. Stando così le cose, non può ingannare nessuno la lista spettacolare delle cifre con cui circa 8.000 luoghi sono fissati sulla sfera terrestre con le rispettive coordinate geografiche.

Il modello matematico della geografia tolemaica ha letteralmente inchiodato sulla carta questi luoghi, anche se per tutta l'età ellenistica è oggetto di discussione proprio la posizione da assegnare ad alcuni *siti notevoli*, che dovrebbero servire da punti di riferimento per costruire la geometria mutevole derivante dalla stima delle loro distanze. Chiunque può trasferire sulla carta le coordinate geografiche indicate da Tolemeo, né ha molto senso chiedersi se egli stesso ha disegnato o fatto disegnare le carte, alla cui realizzazione è destinata la sua *Guida al disegno della terra*. Importa piuttosto considerare questo trattato non solo per l'impatto che avrà sulla geografia del Rinascimento, come si è fatto spesso finora, ma innanzitutto sullo sfondo della cartografia antica. Per ovvie ragioni lo spazio del Mediterraneo si presta meglio a una considerazione retrospettiva sulla geografica empirica, che si traveste da matematica nelle tavole di Tolemeo.

Cominciamo con l'osservare che Bisanzio è collocata alla latitudine di Marsiglia e anche l'asse Dardanelli-Bosforo è orientato in senso sud-nord, mentre la Scizia marittima con la Crimea subiscono quella spinta irresistibile verso il Settentrione, che le connota durevolmente nella visione egeo-centrica del mondo. A est delle Colonne d'Eracle la costa africana si abbassa verso meridione e anche la Sardegna si spinge *più a sud della Sicilia*, come salta agli occhi nella carta che mostra insieme le due isole (figg. 46a e 63, p. 170). Lo Stretto di Messina è ora collocato alla sua latitudine, mentre nella figura triangolare della Sicilia il lato Peloro-Lilibeo inclina verso il golfo di Cartagine, il polo storico di attrazione nelle rappresentazioni empiriche dell'isola. Nello spazio circoscritto dalla costa dell'Italia, della Gallia e dell'Iberia è riconoscibile almeno in parte lo schema polibiano dell'angolo ottuso, da cui deriva alla nostra penisola e all'Adriatico quell'inclinazione in senso ovest-est che è l'impronta inconfondibile della cartografia tolemaica.

Questa ci aiuta inoltre a capire perché nelle discussioni sulla lunghezza del mare interno dall'Egeo alle Colonne d'Ercole venga talvolta presa in considerazione anche l'estensione dell'Adriatico dall'imboccatura del Canale d'Otranto fino alla sua parte più interna (μυχός), che coincide con l'estremità *occidentale* del grande golfo (Strabone II, 4, 1 sgg.). Nella figura della Grecia si può infine apprezzare l'allineamento tracciato da Eudosso fra Capo Sunio e l'Acroceraunio (fig. 46a, p. 128), allineamento inteso come un segmento dell'asse del Mediterraneo. La sopravvalutazione della sua lunghezza nella geografia antica è comunque determinata dall'idea secondo cui la distanza Stretto di Messina-Colonne d'Eracle va commisurata allo sviluppo della costa europea e quindi degli itinerari terrestri, che portano dalla Cisalpina in Iberia.

La trama delle comunicazioni, marittime e poi terrestri, ha creato dunque le condizioni uniche perché la rappresentazione grafica della terra abitata avesse il suo quadro di riferimento nel mare interno. Quando osserviamo la sua forma bizzarra sulle carte dei nostri atlanti, si può capire la tendenza della geografia antica a rappresentarselo invece come una figura regolare, prolungando nel bacino occidentale, anche al di là della Grande Sirte, l'andamento che la costa africana mostra in quello orientale. Allo stesso modo il primo orizzonte di riferimento, centrato nello spazio marittimo fra Grecia e Asia Minore, dettò la posizione della costa settentrionale dell'Egeo, che venne collocata alla stessa latitudine del Golfo del Leone.

Le correnti alterne nello Stretto di Messina

La realtà fisica del Mediterraneo richiama l'attenzione degli scienziati antichi, quando essi riflettono sulla struttura della terra e sulla storia geologica. Secondo Stratone di Lampsaco, il successore di Teofrasto alla guida del Liceo e per qualche tempo precettore del re Tolemeo II ad Alessandria, il Ponto/Mar Nero era stato un tempo un bacino chiuso. I depositi alluvionali della Scizia ridussero progressivamente la profondità del bacino e il volume crescente dell'acqua, scaricata dai fiumi, aprì infine lo stretto del Bosforo Tracio, riversandosi nella Propontide e quindi nell'Egeo attraverso l'Ellesponto. Stratone spiegava allo stesso modo l'origine dello stretto fra Africa ed Europa. Un tempo le acque del Mediterraneo, mare anch'esso allora chiuso, avevano ricoperto parte del basso Egitto fino all'oasi di Siwa – dove si mostravano conchiglie fossili – per poi ritirarsi quando il mare interno poté aprirsi uno sbocco nel mare esterno attraverso le Colonne d'Eracle (Strabone I, 3, 4). Un meccanismo simile viene descritto da Erodoto (VII, 129) per la pianura della Tessaglia, che secondo il mito era stata una grande palude finché Eracle non aprì la valle di Tempe, la via d'uscita alle acque del Peneo fra l'Olimpo e l'Ossa.

Un altro campo di osservazione per le ipotesi sulla storia geologica, ma più circoscritto, offre l'avanzamento della linea di costa in prossimità delle foci fluviali. In Grecia il fenomeno è ben noto agli antichi per l'Acheloo, fra Acarnania ed Etolia (fig. 7, p. 30), e per i fiumi macedoni che sboccano nel Golfo di Terme / Salonicco. L'Asia Minore presenta casi simili soprattutto lungo il lato occidentale, dove sboccano il Caico, l'Ermo, il Caistro e il Meandro, ma anche nella pianura della Cilicia. Certamente fin dall'età arcaica si impone come modello esplicativo il Delta del Nilo, tanto più che per la distanza fra l'isola di Faro e la costa egiziana si può istituire un confronto fra la situazione nota a Omero (un intero giorno di navigazione col vento in poppa) e quella 'attuale'. L'importanza delle foci fluviali per la navigazione antica emerge chiaramente nel *Periplo* di Pseudo Scilace, come abbiamo visto, mentre esso tace sulle correnti superficiali del mare la cui intensità è percepibile soprattutto negli stretti.

Il mito omerico di Scilla e Cariddi venne associato alle correnti dello Stretto di Messina ben prima di Tucidide, che di passaggio formula la sua interpretazione razionalizzante, come più tardi farà Polibio per il mito di Eolo nelle Isole Lipari. Se ora mettiamo da parte i miti, va ricordato che la prima accurata descrizione e spiegazione del fenomeno delle correnti alterne nello Stretto di Messina si deve a Eratostene. Come nella geometrizzazione del Mediterraneo occidentale, che va inserito nella carta dell'ecumene, così anche in questo caso lo scienziato non può vantare un'esperienza personale dei luoghi, ma lavora su informazioni altrui. Per Eratostene le correnti marine si verificano negli stretti e soprattutto in quello di Messina.

Esso presenta lo stesso fenomeno del flusso (πλημμυρίς) e del riflusso (ἄμπωτις). La corrente infatti cambia direzione due volte ogni giorno e ogni notte, proprio come nell'oceano due volte inonda e due volte si ritira. Al flusso bisogna dunque paragonare la corrente che dal Tirreno viene portata giù nel Mare Siculo come da una superficie più alta e si chiama *scendente*. Questa somiglia al flusso perché comincia e finisce nello stesso tempo del flusso. Infatti comincia con il sorgere e il tramonto della luna e si arresta quando la luna culmina al di sopra e al di sotto della terra. Al riflusso corrisponde la corrente contraria che si chiama *di uscita*; essa comincia con la culminazione della luna da una parte e dall'altra della terra, proprio come il riflusso, e cessa quando la luna sorge e tramonta.

Questo passo viene da una sezione del *Proemio* di Strabone (I, 3, 11) in cui egli discute a lungo di geografia fisica e di storia della terra, partendo dal trattato di Eratostene ma confrontando anche le tesi dei suoi critici, da Ipparco a Posidonio. È probabile che risalgano a Timostene le informazioni circostanziate sulle correnti alterne nello Stretto di Messina, mentre il fenomeno delle maree nell'Atlantico venne descritto per la prima volta da Pitea nella sua opera perduta *Sull'oceano*. A quanto pare, è proprio la corrispondenza fra la periodicità del flusso e del riflusso nell'Atlantico e la periodicità della corrente alterna nello Stretto di Messina, che in effetti cambia direzione ogni sei ore, ad aver suggerito la spiegazione unitaria dei due fenomeni con l'azione della luna.

La fonte di Eratostene attinge comunque a tradizioni locali, come mostra la denominazione delle due correnti. *Rema scendente* si chiama tuttora quella che va dal Tirreno allo Ionio, mentre nella direzione opposta ha il nome di *rema montante*. Questa è detta da Eratostene *corrente di uscita* perché il Mare Ionio si estende a imbuto fra la costa siciliana, da Siracusa a Messina, e la costa calabrese, sicché Locri si trova 'di fronte' a Siracusa. Una visualizzazione simile è sottesa alla descrizione straboniana dello Stretto e in particolare del lato orientale della Sicilia (fig. 50c). Per le navi da carico dirette nel Tirreno l'*uscita* dallo stretto rappresenta naturalmente una fase

Fig. 50c – La posizione della Sicilia secondo Strabone (Lasserre 1967, carta f.t., dettaglio).

critica della navigazione a vela, condizionata non solo dai venti ma anche dall'alternanza della corrente.

Ancora fino ai primi decenni del XIX sec. se ne hanno resoconti significativi, fra i quali rivestono un certo interesse alcune pagine della *Expédition scientifique de Morée* (tomo I, pp. 32-45), inviata nel Peloponneso dal governo francese (1829-33) nel quadro delle tensioni internazionali suscitate dalla lotta per l'indipendenza della Grecia dall'impero ottomano. Salpata da Tolone, la fregata Cybèle arriva il 27 gennaio 1829 presso lo Stretto di Messina. Come scrive Bory de Saint-Vincent, il naturalista messo a capo della spedizione, a un segnale del comandante si avvicina rapidamente un pilota siciliano con una barca a remi, su cui vi sono sei o sette marinai «coperti di lana e vestiti così pesantemente quasi come i pescatori di balene dell'Islanda e della Groenlandia». Il pilota chiede al comandante di ridurre la vela «per aspettare la marea» e attracca la barca alla fregata. Per l'intera mattinata questa va lentamente alla deriva verso il Golfo di Sant'Eufemia, fino ad arrivare in vista di Pizzo Calabro. Quando la fregata riprende la navigazione su indicazione del pilota, essa deve effettuare lentamente una serie di bordi per doppiare Capo Peloro ed entrare così nello Stretto. Deve poi bordeggiare anche fra Messina e Reggio «per uscire dallo Stretto e raggiungere infine il Mare Ionio».

Il resoconto di Bory de Saint-Vincent, che qui abbiamo sintetizzato, non è così lineare, probabilmente perché viene redatto e pubblicato alcuni anni dopo, nel 1836, ma soprattutto perché è arricchito da varie aggiunte naturalistiche e storiche con cui si intrecciano i ricordi di viaggio dell'autore; tra l'altro egli contesta quanto raccontano i Messinesi per spiegare il fenomeno della corrente *discendente*. Nella rotta della fregata Cybèle si esce dunque dallo Stretto proveniendo dal Mar Tirreno, come è naturale, ma per la fonte di Eratostene l'*uscita* è associata esclusivamente alla direzione opposta, perché riflette il punto di vista dei Greci di Siracusa, Catania, Reggio e Messina.

3. Geografia nautica

Le condizioni della navigazione antica nel Mediterraneo non sono il tema di questo capitolo, anche se sono presupposte per l'effetto che producono sulla rappresentazione dei luoghi con le distanze che li separano. Percepite nell'esperienza nautica prima di essere trasferite sulla carta, queste sono accomunate dal relativismo dei punti di vista, da cui dipendono le nozioni di prossimità e lontananza. Ne abbiamo già parlato a proposito dei procedimenti che portano a geometrizzare la figura del Mediterraneo partendo da un numero esiguo di punti fissati sulla carta. Se lì il grado di selettività è massimo, perché si tratta di luoghi 'notevoli' sui quali si appoggia l'immagine schematica del mondo abitato, ora conviene spostare l'obiettivo su luoghi di importanza secondaria, almeno a prima vista. Pur appartenendo alla dimensione locale e regionale, anche essi mostrano talvolta il legame con la rappresentazione generale del Mediterraneo. Nelle pagine che seguono fermeremo dunque l'attenzione su alcuni tratti del litorale europeo e sullo spazio insulare dell'Egeo, confrontando la tradizione della geografia nautica, conservata nelle descrizioni di Strabone, con la cartografia tolemaica.

Nel trattato di Tolemeo il Mediterraneo è diviso fra le tavole dell'Europa, dell'Africa e dell'Asia. Per averne una visione d'insieme occorre perciò ricomporre le sue sezioni oppure ricorrere alla carta generale dell'ecumene. Mentre le basi matematico-astronomiche sono nel complesso abbastanza chiare, siamo ancora lontani dal poter registrare un consenso fra gli studiosi su come poi, concretamente, Tolemeo disegni le sue carte. Quanto egli dipenda dalla tradizione geografica e cartografica ellenistico-romana mostra il fatto stesso che i siti marittimi (*paràlioi*) vengono elencati a parte con le loro coordinate e di solito precedono le liste delle località poste nell'interno (*mesògeioi*). Perfino il criterio neutro, annunciato dal matematico, di procedere sistematicamente da nord verso sud e da ovest verso est nell'anatomia della terra abitata, alla prova dei fatti deve poi tenersi alla linea di costa come primo elemento sicuro di riferimento topografico, perché lì ogni luogo è come l'anello di una stessa catena. Anche il corso dei grandi fiumi europei (Danubio, Reno, Rodano) o il tracciato delle vie consolari romane offre la stessa possibilità di fornire elenchi di centri abitati ordinati nella loro successione topografica, ma è assai raro che Tolemeo registri la posizione di una città dell'interno sul suo fiume e non dice una parola sulla rete stradale dell'impero romano.

Orientamento e forma delle coste

Per cominciare, spingiamoci per un momento al di là delle Colonne d'Eracle lungo la costa iberica fino al promontorio Sacro (Capo S. Vincenzo in Algarve), teatro di un singolare rito osservato dai visitatori del luogo, come sappiamo da Artemidoro di Efeso (c. 100 a.C.), e associato ai fenomeni straordinari che spesso caratterizzano i limiti del mondo. Qui Strabone (II, 5, 14) fissa «il punto più occidentale» non solo dell'Europa ma della terra abitata, che viene perciò allineato con qualche approssimazione sul parallelo fondamentale di Rodi (36° N), che passa per le Colonne e Cadice. Che questa sia la posizione del promontorio si evince, come afferma Strabone, dai quadranti solari, dalla durata dei giorni e delle notti solstiziali (in ore equinoziali) e dai venti che soffiano da una parte e dall'altra (ἄνεμοι ἑκατέρωσε φοροί).

Quest'ultimo dato meteorologico è di particolare interesse perché il riconoscimento del punto che segna l'estremità occidentale dell'ecumene deriva dall'esperienza della navigazione con i venti 'portanti' lungo i due lati del promontorio. Poco più avanti leggiamo infatti che partendo da Cadice, una volta doppiato Capo S. Vincenzo, la rotta punta a settentrione fino agli Artabri (Galizia) lasciando a destra la costa dei Lusitani (Portogallo), per piegare quindi verso oriente ad angolo ottuso fino all'estremità atlantica dei Pirenei (Golfo di Biscaglia). Probabilmente la prima segnalazione del promontorio Sacro come il punto più occidentale dell'Europa risale a Pitea, che per primo descrisse la 'gobba' formata dalla costa atlantica nel settore nord-occidentale dell'ecumene. Nel passo prima citato Strabone attinge comunque a Posidonio, il quale a Cadice effettuò le sue osservazioni astronomiche nel presupposto che anche lì, per chi si spingesse un po' al largo verso sud, fosse visibile la stella Canopo, osservata da Eudosso a Cnido, vale a dire alla stessa latitudine di Rodi e di Cadice.

Anche in questo caso le osservazioni astronomiche riguardano luoghi già associati empiricamente alla linea 'equinoziale' del Mediterraneo nella divisione solstiziale dell'ecumene. In Iberia però Posidonio si procurò anche le informazioni della geografia nautica, quelle stesse che avevano consentito a Erodoto di porre al promontorio Solunte/C. Spartel (p. 87, fig. 26) il termine della costa africana al di là delle Colonne d'Eracle. Naturalmente si tratta di un caso eccezionale, in cui alla competenza scientifica si aggiunge in Posidonio l'esperienza diretta dei luoghi. Tutto questo non poté evitare che si perpetuasse la convinzione, comune a tutta la geografia antica, secondo cui Capo S. Vincenzo si spingeva verso ovest assai più della costa atlantica dell'Africa, come afferma esplicitamente Strabone e come mostra la cartografia tolemaica (fig. 46a, p. 128).

Sporgenze e rientranze del litorale, promontori e penisole, baie e golfi, accompagnano la percezione della terra vista dal mare, ma basta allontanarsi solo poche miglia dalla costa e questa si appiattisce sensibilmente, scoprendo i rilievi dell'entroterra. Tanto è particolareggiata la geografia litoranea degli antichi, quanto stenta a registrare la morfologia della linea di costa in termini quantitativamente comparabili. Predominano la valutazione a occhio delle direzioni e del profilo costiero, la stima approssimativa delle distanze. Le condizioni della navigazione portano a sopravvalutare sporgenze e rientranze di piccole dimensioni, mentre all'altra estremità della scala lo stesso fenomeno non è immediatamente percepibile nei grandi spazi.

Come si è appena visto con Capo S.Vincenzo, l'ipertrofia di certi promontori è la traduzione in termini cartografici dell'esperienza nautica, perennemente alla ricerca di un criterio universale per commisurare gli ordini di grandezza. Quante sono le penisole (ἄκραι) dell'Europa? Particolarmente significative sono in proposito le pagine in cui Strabone (II, 1, 40 e 4, 8) confronta la visione di Eratostene con quella di Polibio. Appena un secolo separa i due autori, sicché la diversa selezione delle forme geografiche non dipende tanto da un ampliamento delle informazioni sulla morfologia del Mediterraneo quanto dalla mancanza di un metro comune, cui riferire le rispettive rappresentazioni. Così alle tre penisole di Eratostene, con le loro 'punte' (l'Iberia, l'Italia e l'intera penisola compresa fra Adriatico e Ponto Eusino, terminante a Capo Malea), Polibio ne aggiunge ancora tre: Capo Sunio nella terza, poi il Chersoneso Tracio/Penisola di Gallipoli come quarta 'punta' dell'Europa e infine come quinta la Tauride/Crimea, che forma il Bosforo Cimmerio/Stretto di Kerč.

Nella descrizione straboniana dell'odierno Golfo del Leone la dimensione topografica risale all'esperienza diretta dell'osservatore (Artemidoro o Posidonio) ed è interessante notare come l'andamento della linea di costa si integri con la percezione del rilievo, vale a dire con le propaggini occidentali delle Alpi Marittime, che delimitano la bassa valle del Rodano (fig. 51a).

> Come il territorio montuoso dei Salii [a sud della Durance], allontanandosi un po' dal mare, piega verso settentrione, così anche la costa si estende verso occidente. A partire dalla città di Marsiglia essa avanza un po' per circa cento stadi fino a un grande promontorio, presso il quale vi sono delle cave di pietra; da qui la costa inizia a inarcarsi formando il Golfo Galatico con il santuario di Afrodite sul promontorio dei Pirenei [C. de Creus]. Questo golfo è chiamato anche marsigliese e consiste in un duplice golfo. Infatti nella sua figura arcuata sporge il Monte Sigio, che con la vicina isola di Blasco [Brescou] delimita due golfi. Il maggiore, in cui sbocca il Rodano, è chiamato propriamente Galatico, mentre il più piccolo è quello di Narbona che arriva fino ai Pirenei (Strabone IV, 1, 6).

Il Sigio è in realtà una collina (Mont d'Agde/Cap d'Agde), ma per la navigazione costiera il promontorio proteso verso l'isolotto di Brescou divide in due il Golfo del Leone. Nella carta tolemaica (fig. 51b) la bipartizione è evidente, anche se vi concorre pure il delta del Rodano e sulla costa della Gallia di fronte a Blasco/Brescou figura erroneamente Sète (*Setius*) invece di Agde; un'altra prova della confusione è l'isolotto posto a sud di Blasco con il nome di Agde (*Agatha*). È uno di quei casi, tutt'altro che rari, in cui la geografia descrittiva, tramandata da Strabone, è assai più circostanziata e attendibile delle tavole tolemaiche. Nel più antico portolano del Mediterraneo (c. 1300), *Lo compasso de navegare* (7r), sul quale ci fermeremo nel prossimo capitolo, il rapporto topografico Agde-Brescou è chiarissimo:

> De Narbona a capo de Conca [Agde], volete Ade, XXX millara enter greco et tramontana. En lo dicto capo à una isola che se clama Brisco.

Nella tavola di Tolemeo che inquadra l'Italia, solo due capi, Scilla e Leucopetra, figurano all'estremità della penisola calabrese. Il primo si trova nello Stretto di Messina mentre Leucopetra/C. dell'Armi segna la punta meridionale della penisola (fig. 52). In Strabone (VI, 1, 5 e 7) il periplo da Vibo Valentia a Locri si presenta ben più ricco di dettagli. Leggiamo infatti che a partire da Vibo/*Hipponion* l'estremità dell'Italia comincia a piegarsi verso occidente: probabilmente si tratta di un'osservazione che vale per la sporgenza di C. Vaticano, riferita poi per estrapolazione all'orientamento del litorale fino allo Stretto. Al largo sono ben visibili le «Isole di Eolo», mentre sulla costa dopo Medma e il fiume Metauro c'è l'alta rupe di Scilla con il suo istmo basso. Segue nelle vicinanze *l'ultima punta* che, protendendosi verso occidente, segna lo Stretto vero e proprio con Capo Peloro, il quale guarda l'oriente invernale. Navigando da Reggio verso levante lo Stretto poi si slarga. Dopo Leucopetra si doppia *l'ultimo capo* rivolto a mezzogiorno (*Herakleion*/Spartivento) e col favore del libeccio si atterra direttamente sul litorale della Penisola Salentina (κάμψαντι γὰρ εὐθὺς ὁ πλοῦς Λιβὶ μέχρι πρὸς ἄκραν Ἰαπυγίαν). Nella descrizione di Strabone si avverte distintamente l'eco dell'esperienza nautica (Timostene?), mentre la cartografia tolemaica ha operato una selezione dei dati essenziali, che connotano lo Stretto di Messina e l'estremità meridionale dell'Italia.

C. d'Otranto, il punto più orientale dell'Italia, è collocato da Tolemeo quasi alla stessa latitudine dell'Acroceraunio (39° 10') a segnare l'imboccatura dell'Adriatico, la cui ampiezza era già stimata da Pseudo-Scilace in 500 stadi. La posizione di Otranto nella cartografia tolemaica corrisponde al ruolo storico che la città condivide con l'Acroceraunio nelle comunicazioni dall'Egeo verso lo Ionio e l'Adriatico. Nella geografia antica certi capi presentano un carattere dinamico, perché *si protendono verso* i luoghi cui sono

Fig. 51a – Il Golfo del Leone descritto da Strabone (LASSERRE 1966, carta f.t. dettaglio).

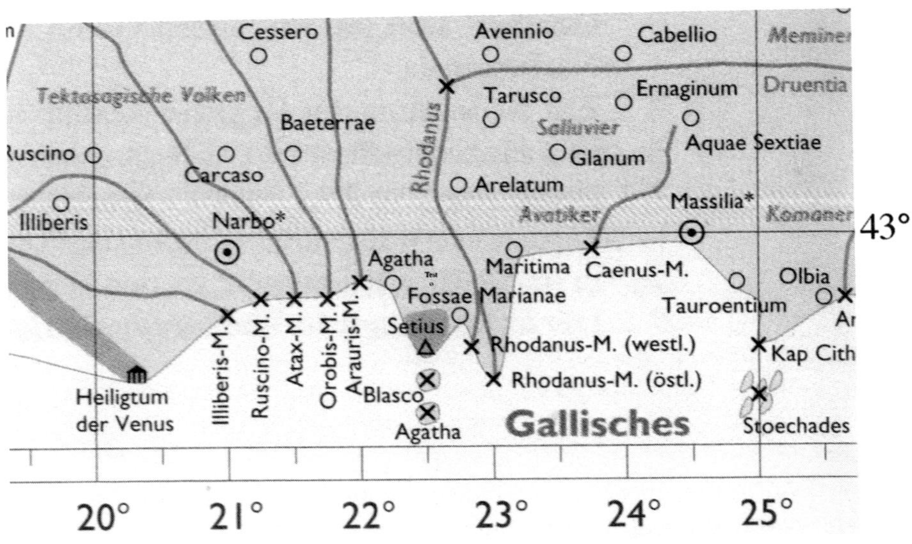

Fig. 51b – La Gallia meridionale di Tolemeo (STÜCKELBERGER – GRAßHOFF 2006, pp. 784 sg., dettaglio).

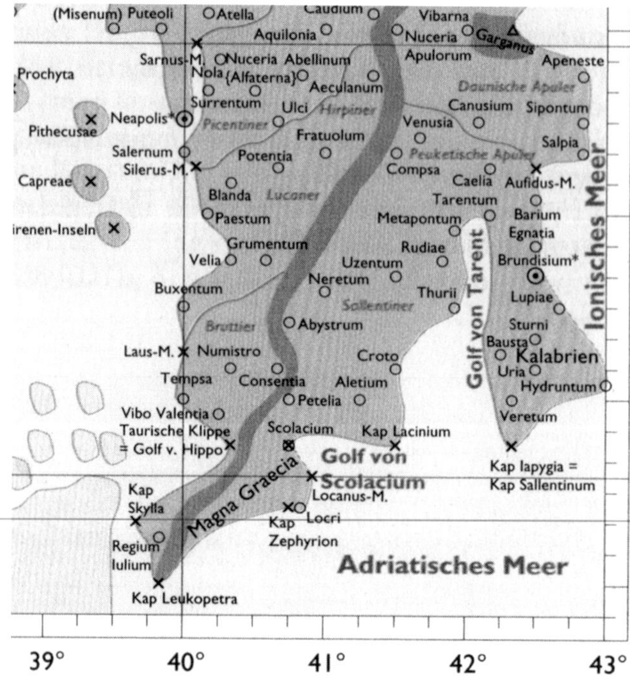

Fig. 52 – L'Italia meridionale di Tolemeo (STÜCKELBERGER – GRAẞHOFF 2006, p. 799).

legati dalle comunicazioni marittime, come si è già visto con C. Lilibeo e C. Pachino. In Tolemeo possiamo osservare concretamente l'esito di questi meccanismi. Appena si accostano le due tavole, in cui è diviso l'Adriatico meridionale, C. d'Otranto e l'Acroceraunio si protendono letteralmente l'uno verso l'altro (fig. 53).

Tolemeo fissa sulla foce del Tagliamento il punto più occidentale dell'Adriatico, che a nord del Gargano si estende da est verso ovest (fig. 54) esponendo questo lato dell'Italia ai venti settentrionali. Per indicare la parte più interna di un golfo il lessico geografico dei Greci usa un termine specifico (μυχός). Poiché esso designa il punto più lontano rispetto all'imboccatura, si tratta di una nozione relativa che riflette il grado delle conoscenze geografiche e il modo stesso in cui esse si esprimono. Per Pseudo-Scilace il fondo dell'Adriatico è il delta padano, meta dei traffici in età classica, mentre Strabone (IV, 6, 9) seguendo Polibio lo pone più in là ad Aquileia, la colonia fondata dai Romani nel 181 a.C.

La delineazione del litorale adriatico fra Rimini e il Golfo di Trieste si è rivelata sempre problematica per la geografia antica; ne è una prova la

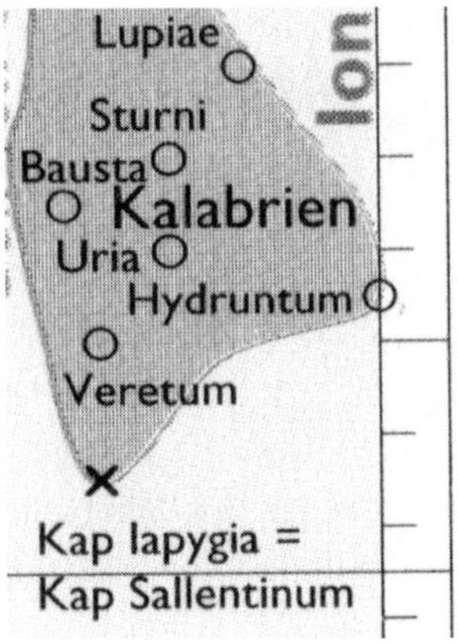

53a

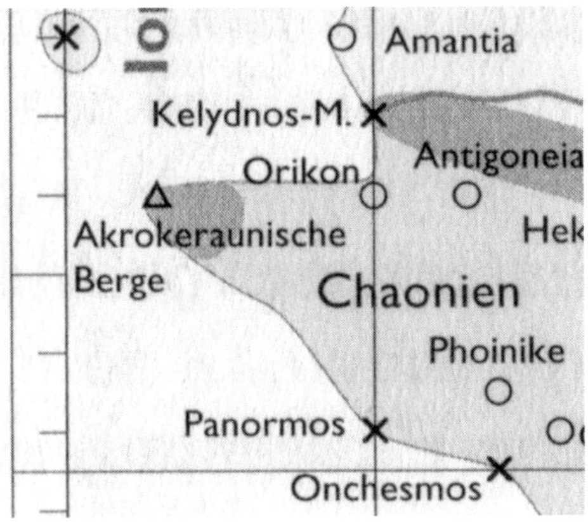

53b

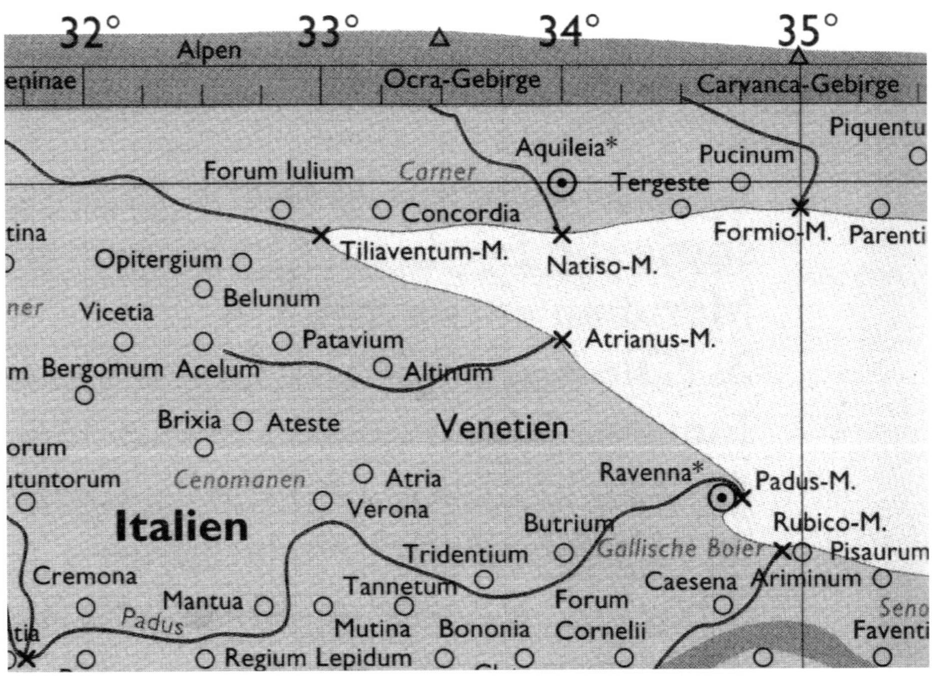

54

Fig. 53 – C. d'Otranto (a) e l'Acroceraunio (b) nella cartografia tolemaica (dettagli da Stückelberger – Graßhoff 2006, pp. 799 e 818). Fig. 54 – L'estremità occidentale dell'Adriatico in Tolemeo (Stückelberger – Graßhoff 2006, p. 798).

stessa soluzione adottata da Tolemeo, che lo disegna come un angolo acuto con il vertice sulla foce del Tagliamento. Una delineazione ben diversa è quella proposta da Polibio (II, 14) tre secoli prima. Nella figura triangolare con cui egli schematizza la pianura padana, la base insiste infatti sulla costa adriatica, mentre i due lati ricalcano la catena delle Alpi e dell'Appennino, che s'incontrano nell'entroterra di Marsiglia a segnare il vertice del triangolo (fig. 49, p. 130). L'estremità orientale delle Alpi è associata da Polibio alla parte più interna dell'Adriatico, dove si trova Aquileia. Il collegamento fra la rappresentazione del rilievo e la morfologia costiera del Mediterraneo è un apporto originale della geografia ellenistica, come mostra anche l'esempio di Leucopetra / C. dell'Armi, punto terminale della dorsale appenninica nella descrizione di Strabone e più tardi nella cartografia di Tolemeo.

L'andamento in senso est-ovest del litorale da C. Sunio all'Acroceraunio è un tratto caratteristico dell'immagine tolemaica della Grecia (fig. 46a, p. 128), proprio come l'andamento della costa adriatica nella figura dell'Italia. Al fondo vi è l'idea secondo cui le comunicazioni marittime che portano dall'Egeo verso l'Occidente disegnano una linea tendenzialmente parallela a quella 'equinoziale', quando non la ricalcano. La variazione di latitudine fra C. Sunio e il Canale d'Otranto è irrilevante, o meglio questa eventualità non viene neppure presa in considerazione, perché prevale l'orientamento generale dell'itinerario da est verso ovest. Fra l'allineamento di Eudosso (IV sec. a.C.) e la carta di Tolemeo (II sec. d.C.) Strabone documenta con chiarezza gli effetti di tale rappresentazione sull'isola di Corfù.

Nella sua descrizione dell'Epiro (VII, 7, 5) la rotta dall'Acroceraunio verso il Golfo di Ambracia *punta verso levante* e di conseguenza anche Corcira / Corfù assume la medesima disposizione del litorale che la fronteggia. Il modo in cui Strabone indica la posizione dei tre capi dell'isola non lascia dubbi in proposito (fig. 55a). Il porto di Onchesmo (Sarandë, in Albania) sta di fronte all'*estremità occidentale* dell'isola e non alla sua costa settentrionale, come diremmo noi su una carta moderna. Se Capo Calvo (*Phalakròn*, oggi *Kephàli*), da cui si fa rotta sulla Penisola Salentina e su Taranto, sta *più a sud* (νοτιότερον) di Cassiope, da cui si fa rotta verso Brindisi, questo diviene comprensibile solo se l'isola si estende da ovest a est lungo la costa epirotica, che si estende anch'essa nello stesso senso. Si spiega così perché Capo Leucimma, 'di fronte' al quale si trovano le isolette Sivota, costituisca per Strabone l'estremità *orientale* di Corcira.

Nelle rotte che attraversano lo stretto di Corfù e il Canale d'Otranto, provenienti dal Golfo di Corinto o dall'Egeo, il lato settentrionale dell'isola offre gli ultimi approdi prima della traversata verso Brindisi (da Cassiope, costeggiando però almeno fino all'Acroceraunio) o verso Taranto (da C. Calvo / *Phalakròn*). Poiché si tratta dell'itinerario secolare verso l'Occiden-

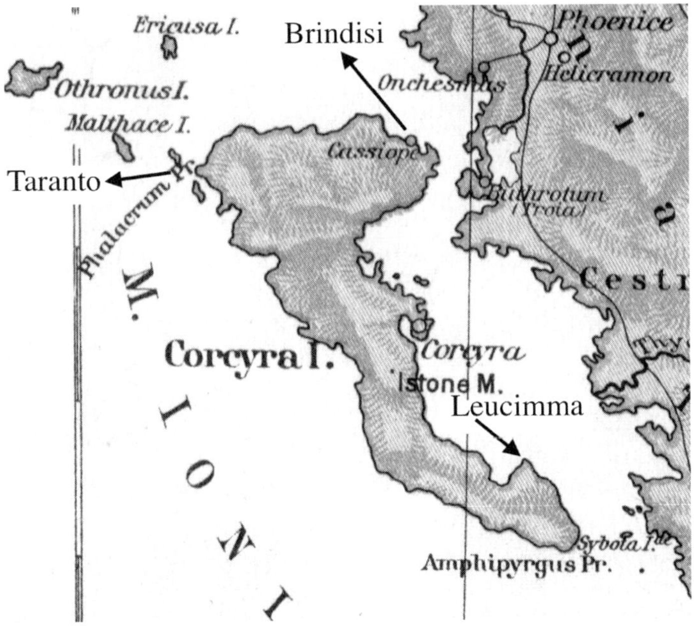

Fig. 55a – Baratta – Fraccaro 1954, fasc. I, tav. 9, dettaglio ingrandito, con aggiunte.

te, questi ultimi approdi vengono associati all'estremità occidentale dell'isola (valgono le medesime considerazioni nell'itinerario inverso). Sono gli stessi meccanismi che agiscono nell'orientare i vertici del triangolo siciliano, come si è visto. I loro effetti sono visibili nella cartografia di Tolemeo (fig. 55b), dove Cassiope e *Phalakròn* si trovano quasi sullo stesso meridiano mentre C. Leucimma costituisce la punta orientale dell'isola. Quando Strabone (X, 2, 1) scrive che il litorale compreso fra il Golfo di Ambracia/Arta e le foci dell'Achelòo costituisce il lato *meridionale* dell'Acarnania, l'affermazione diviene comprensibile solo se viene trasferita sulla carta di Tolemeo.

A parte Corfù, le Isole Ionie ricevono un trattamento mediocre nelle tavole di Tolemeo. La costa dell'Acarnania si riduce in sostanza a una buona parte del Golfo di Ambracia, che presenta un'imboccatura di ampiezza inverosimile rispetto all'angusto canale di Preveza. Solo Cefalonia mostra una certa estensione in senso N-S, mentre Zacinto e Leucade sono indicate da un punto, senza che venga sciolto il dubbio sulla natura insulare di Leucade. È da notare comunque che per la più meridionale delle Isole Ionie Strabone (X, 2, 18) istituisce un allineamento con la costa africana, dove Euesperidi (Bengasi) dista da Zacinto 3.300 stadi.

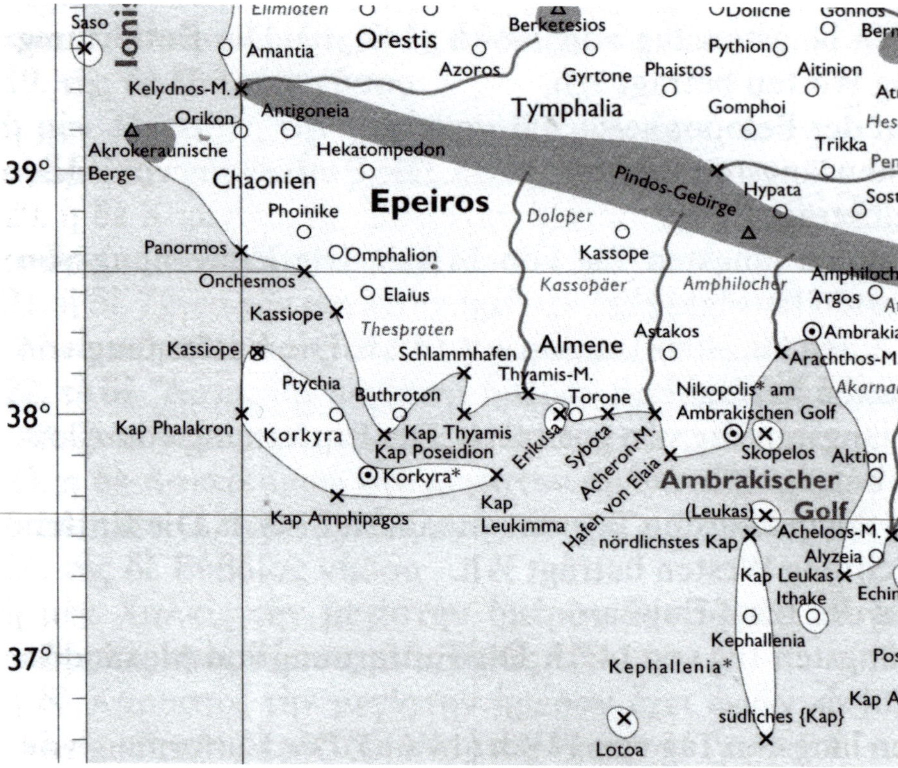

Fig. 55b – I promontori di Corcira nella cartografia tolemaica (Stückelberger – Graßhoff 2006, p. 818).

Nel Mare Egeo

Grazie alla sua forma allungata Creta esercita, insieme con C. Sunio, una funzione centripeta nell'ordinamento degli spazi marittimi in questo settore del Mediterraneo, come mostrano due brani di Strabone (X, 4, 1-2 e 5; fig. 56a).

Dopo aver descritto dapprima le isole del Peloponneso e quelle che si trovano dinanzi al Golfo di Corinto e al suo interno, bisogna poi parlare di Creta perché anch'essa appartiene al Peloponneso come le isole vicine; fra queste vi sono le Cicladi e le Sporadi, le une importanti le altre insignificanti.

Cominciamo dunque da Creta. Eudosso afferma che sta nel mare Egeo, ma non dev'essere proprio così perché Creta si trova fra la Cirenaica e quella parte della Grecia che va da Capo Sunio fino alla Laconia, estendendosi parallelamente a queste regioni da occidente a oriente. È bagnata a settentrione dall'Egeo e dal mare di Creta, a meridione dal mare Libico che s'unisce a quello dell'Egitto. Presso Falasarna si trova l'estremità occidentale, che è larga circa 200 stadi e si divide in due promontori. Quello meridionale si chiama Fronte del Montone [C. Kriòs] mentre quello settentrionale si chiama Capro (C. Vouxa). L'estremità orientale dell'isola è il Samonio [C. Sìderos], che non supera di molto verso oriente C. Sunio [in realtà lo supera di oltre 2°].

[... ...]

Dalla Cirenaica alla Fronte del Montone la navigazione è di due giorni e due notti, dal Capro a C. Tenaro vi sono 700 stadi e in mezzo si trova Citera. Dal Samonio all'Egitto occorrono quattro giorni e quattro notti di navigazione, ma alcuni dicono tre giorni; la distanza sarebbe di 5.000 stadi secondo alcuni o di meno secondo altri. Eratostene afferma che ve ne sono 2.000 dalla Cirenaica alla Fronte del Montone, mentre da qui al Peloponneso la distanza è inferiore.

Per completare il quadro bisogna aggiungere la posizione dell'isola di Melo, che dista egualmente (700 stadi) dal C. Scilleo (Argolide) e dal Dittinneo (C. Sanda), l'altro promontorio situato all'estremità nord-occidentale di Creta (X, 5, 1). Inoltre fra Creta e Rodi l'isola di Carpato (X, 5, 17) sta «di fronte a *Leukè Akté*» (Ras-el-Kanaïs) il promontorio che sul litorale africano si trova circa 1.000 stadi a ovest di Alessandria e che dista circa 4.000 stadi da Carpato. È facile trasferire la trama di queste distanze sulle tavole di un atlante storico, specchio fedele della posizione dei luoghi. Non si dovrebbe però dimenticare che la cartografia antica traduce in un disegno, a suo modo coerente, i dati incerti o contraddittori dell'esperienza nautica, a noi accessibili grazie alla tradizione della geografia descrittiva.

Come nel bacino occidentale del Mediterraneo, anche in questo caso si tratta di commisurare l'estensione del litorale europeo, fra il Sunio e le punte meridionali del Peloponneso, a quella del litorale africano a ovest di Alessandria. Qui negli allineamenti in senso nord-sud ed est-ovest interviene la posizione di Creta e di altre isole dell'Egeo, anche se sulla lunghezza di Creta lo stesso Strabone (X, 4, 3) fornisce stime assai discordanti, che vanno da 2.300 a 4.500 stadi.

Dal Trogilio, il promontorio che sporge verso l'isola di Samo (fig. 32, p. 95), fino a C. Sunio la rotta più breve lascia a destra Samo e l'isola di Icaria per poi attraversare le Cicladi (Strabone XIV, 1, 13). La distanza di 1.600 stadi dal Trogilio al Sunio è maggiore di quella da Rodi a C. Samonio (1.000 stadi), la punta orientale di Creta (fig. 56a). Da questo confronto deriva con tutta probabilità l'osservazione, non banale, sulla longitudine relativa di C. Samonio che «non supera di molto verso oriente C. Sunio» nel passo di Strabone prima riportato. Rodi sta infatti sul meridiano fondamentale come il Trogilio, nello stretto di Samo, e come l'intero fronte della penisola anatolica, dalla Licia ai Dardanelli e poi fino a Bisanzio. Non si può dire con certezza se questa trama ortogonale dell'Egeo risalga a Eratostene, ma il metodo è indubbiamente eratostenico anche se qui si applica a spazi di dimensioni modeste rispetto alle grandi divisioni dell'ecumene. Il segmento Samo-Sunio, considerato come parallelo al segmento Rodi-Samonio, si aggiunge comunque all'allineamento di Eudosso Sunio-Acroceraunio lungo l'asse che segna l'estensione del mare interno da est a ovest. Alla luce di queste costruzioni, fatalmente incerte se non contraddittorie, si può spiegare perché nella geografia antica Atene venga collocata talvolta sul parallelo di Rodi. L'approssimazione delle distanze stimate e delle direzioni si trasferisce nell'uso stesso delle coordinate geografiche, operazione aberrante agli occhi di un matematico perché porta all'elaborazione di una cartografia ballerina.

Lasciamo ora da parte gli schemi geometrici, che mirano a fissare la posizione reciproca del litorale europeo e africano nel Mediterraneo centrale. Dalla pratica consolidata delle comunicazioni marittime deriva l'associazione in sequenza delle isole dell'Egeo, che diventano come gli anelli di *diverse* catene. Anche il nostro modo di tradurre in una descrizione ordinata il quadro insulare può assumere come criterio la contiguità geografica, ma

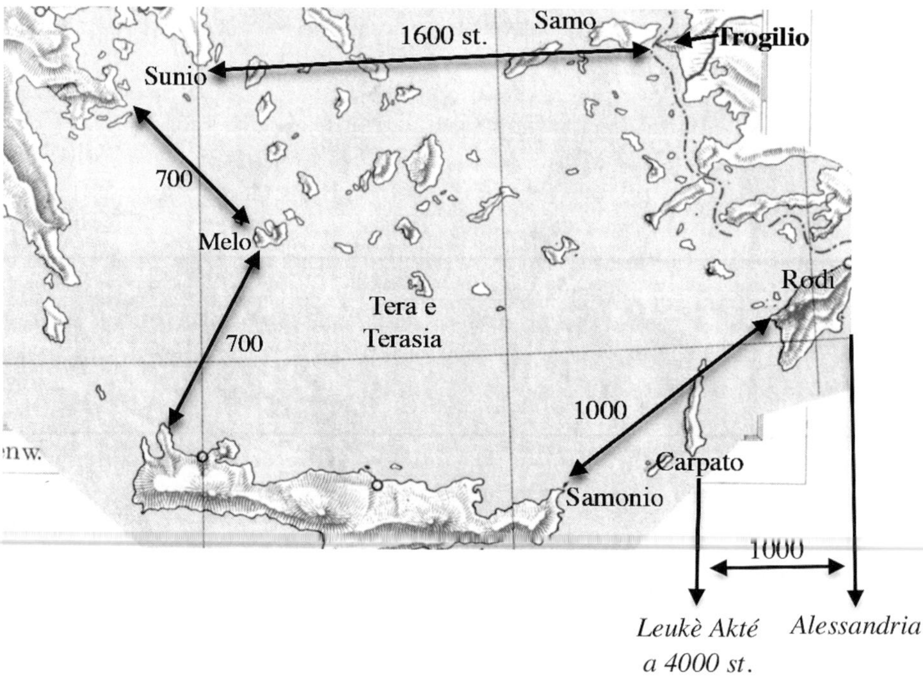

Fig. 56a – Allineamenti e distanze nell'Egeo di Strabone.

questa è colta nella staticità della carta mentre nella rappresentazione degli antichi prevale il fattore dinamico delle comunicazioni, che sono determinate dalla pratica stessa della navigazione. Nell'arcipelago di Strabone le Cicladi costituiscono un gruppo a sé di isole, che dalla punta meridionale dell'Eubea si succedono fino a C. Sunio disegnando come un cerchio, dal quale sono escluse le isole più vicine a Creta, da Tera/Santorino a Melo. Per Strabone queste ultime costituiscono infatti il gruppo delle Sporadi e appartengono al mare di Creta più che all'Egeo, il cui centro di attrazione è costituito storicamente da Delo, l'isoletta sacra ad Apollo che ospita il suo santuario e le grandi feste panelleniche.

Se ora rileggiamo i due brani di Strabone sulla carta di Tolemeo (fig. 56b), appare in tutta la sua evidenza la vicinanza di Creta allo spazio dell'Egeo – o, in altre parole, la forza di attrazione esercitata dal Peloponneso sull'isola – mentre si dovrà ricorrere alle tavole tolemaiche dell'Africa per osservare l'esito degli allineamenti con i punti cospicui del litorale africano. Per Tolemeo Creta si trova alla stessa latitudine del Peloponneso meridionale, anche se già nell'*Odissea* l'isola occupa lo spazio marittimo fra C. Malea e l'Egitto. Senza entrare nei dettagli, importa sottolineare che la *Guida* di Tolemeo offre *una* delle possibili soluzioni al problema di trasferire sulla carta i dati variabili e approssimativi della geografia nautica. Avrebbe poco senso rilevare certi errori, inevitabili, che è facile additare quando si confrontano le tavole tolemaiche con quelle dei nostri atlanti.

È interessante comunque notare come l'estraneità di Melo al gruppo delle Cicladi, che abbiamo appena rilevato in Strabone, abbia spinto l'isola – *e solo questa* – in una posizione assai più vicina a Creta rispetto a Tera/Santorino (fig. 56b). Citera invece nella carta di Tolemeo si trova al largo (in realtà dista poco più di una decina di miglia da C. Malea) e alla stessa latitudine di Creta. L'isola di Melo è ben nota agli archeologi per la diffusione della sua ossidiana, una roccia vulcanica che ha la proprietà di farsi tagliare a fette, fornendo strumenti di lavoro alle comunità preistoriche. Per i classicisti il suo nome è legato al celebre dialogo messo in scena da Tucidide (V, 112) fra gli Ateniesi e gli isolani, ai quali la forza dell'impero parla con gli argomenti coercitivi di una logica stringente. Nella rete delle comunicazioni, che attraversano l'Egeo, l'importanza di Melo è ampiamente documentata nel più antico portolano del Mediterraneo, il *Compasso de navigare*, del quale parleremo nel prossimo capitolo.

In Strabone troviamo dunque informazioni che mostrano una netta superiorità rispetto alle carte di Tolemeo. Confusioni ed errori vi sono anche nella geografia 'descrittiva', ma questa di solito mira a dare un quadro organico dei luoghi nei loro rapporti di prossimità. Prima ancora di essere fissati sulla carta con le loro coordinate, i punti che individuano le diverse realtà fisiche e antropiche degli spazi geografici (città, santuari, promontori, golfi, foci fluviali, monti e così via) sono legati ai rispettivi contesti. Indipendentemente dalla sua latitudine e longitudine, qualsiasi luogo non può essere privato di questa connessione elementare ma necessaria, se la conoscenza geografica vuol conservare un rapporto con la realtà sensibile.

Fra le isole associate a Creta nella descrizione di Strabone Anafe e Terasia sono vicine a Tera, che dista circa cento stadi da Io (fig. 56c). A ovest di Io seguono nell'ordine Sicino, Lagussa e Folegandro (che per Tolemeo stanno invece a est di Io) e «vicino a queste» si trova Cimolo «da dove si vede Sifno». Subito dopo Strabone (X, 5, 1) menziona Melo. Essa dista egualmente (700 stadi) dal promontorio Scilleo (Argolide) e dal Dittinneo (Creta occidentale), come abbiamo già visto, e rispetto alle altre isole si trova «più vicina» sia a Cimolo sia a Creta. Quest'ultima affermazione corrisponde alla singolare posizione di Melo e di Cimolo nella carta tolemaica, dove però si sono persi

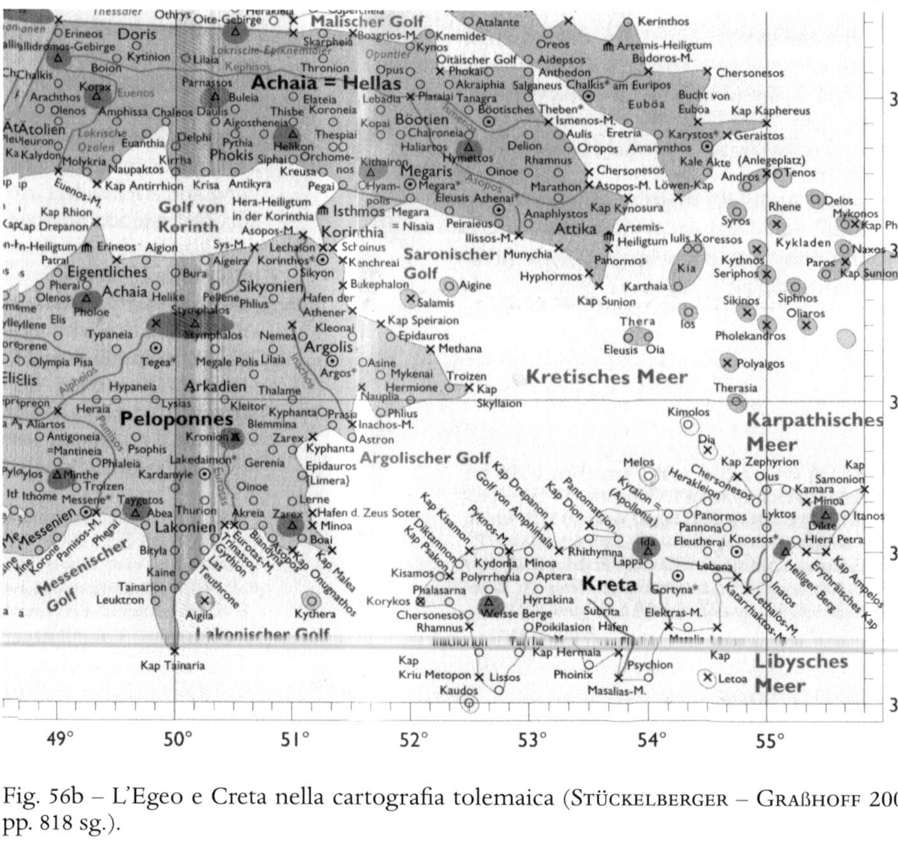

Fig. 56b – L'Egeo e Creta nella cartografia tolemaica (Stückelberger – Graßhoff 2006, pp. 818 sg.).

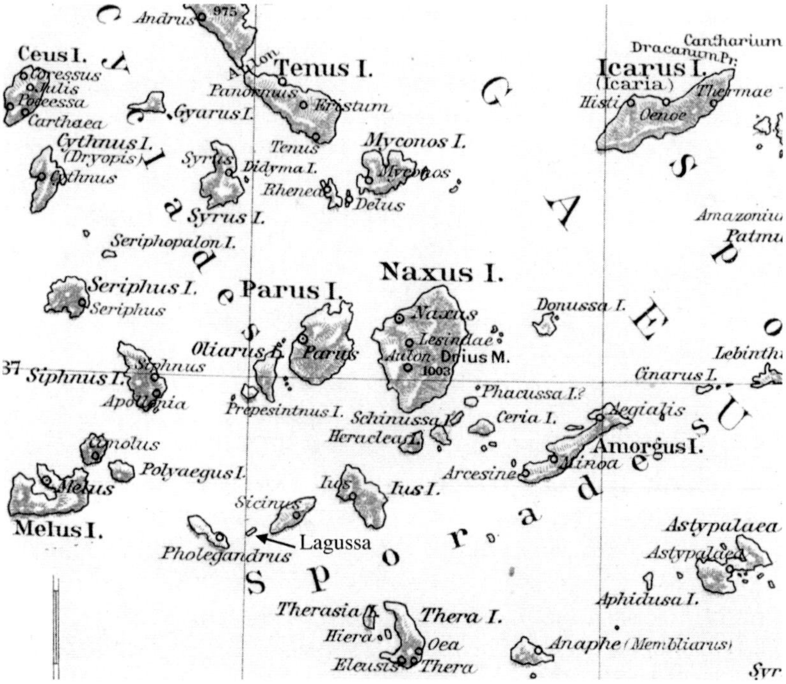

Fig. 56c – Isole dell'Egeo (Baratta – Fraccaro 1954, fasc. I, tav. 10, dettaglio ingrandito, con aggiunte).

i rapporti di contiguità e di visibilità, che Strabone segnala fra le altre isole. Anche in questo caso il confronto fra la geografia 'descrittiva' e quella 'scientifica' mostra come le coordinate tolemaiche rappresentino solo *una* delle possibili traduzioni in termini cartografici della posizione relativa dei luoghi, percepita empiricamente e poi trasmessa oralmente prima che venga accolta nella letteratura geografia.

Durante i suoi viaggi, che lo portarono ripetutamente a Roma, Strabone (X, 5, 3) passò per le Cicladi, facendo scalo una volta nell'isolotto di Giaro (a ovest di Teno, fig. 56c), al tempo in cui (29 a.C.) Ottaviano (poi Augusto) si apprestava a celebrare a Corinto la vittoria su Antonio nelle acque di Azio (31 a.C.). L'esperienza della navigazione nell'Egeo può spiegare in parte l'attendibilità della descrizione sulla posizione relativa delle Cicladi, anche se Strabone condivide con Tolemeo l'idea che Melo appartenga al mare di Creta e non allo spazio delle Cicladi. Per Strabone Terasia è vicina a Tera come lo è Anafe, segno che qui la contiguità deriva unicamente dalla trasmissione della catena insulare; la medesina considerazione vale per la sequenza Cimolo-Melo-Creta.

Strabone sa però che Renea dista da Delo circa quattro stadi (X, 5, 5). Renea è il cimitero di Delo, dove è vietato seppellire i defunti, e non è certo necessario aver visitato il celebre santuario di Apollo per condividere questa informazione. Curiosamente nella carta di Tolemeo (fig. 56b) Renea, Delo e Micono si trovano invece quasi alla stessa distanza reciproca, che è nettamente superiore a quella fra Andro e Teno. Staccare a tal punto da Renea l'isola sacra ad Apollo è inconcepibile, perché si tratta di due luoghi fortemente legati non solo dalla geografia ma anche dalla storia, dal mito e dal culto. Se la lontananza di Tera da Terasia si può spiegare con l'ignoranza geografica delle fonti cui attinge Tolemeo, è imbarazzante dover ammettere che l'ignoranza arrivasse a tanto.

Purtroppo non si tratta di un caso isolato. L'assenza delle Termopili fra i luoghi della Grecia centrale si può spiegare in vari modi, ma trovare l'isola di Salamina insieme a Egina al largo nel Golfo Saronico e più vicina alla costa dell'Argolide che a quella di Atene è sconcertante (fig. 56b). Nello spazio angusto fra l'isola e l'Attica si combatté la memorabile battaglia navale (480 a.C.) in cui la flotta persiana fu sconfitta dalle triere di Atene e dei suoi alleati. Che si tratti di un fatto accaduto più di sei secoli prima di Tolemeo, non sminuisce certo il valore di Salamina come luogo della memoria per la civiltà greco-romana. Proprio nel II sec. d. C., il secolo di Tolemeo, da Adriano a Marco Aurelio la storia e la letteratura della Grecia classica (V-IV a.C.) sono ben presenti nell'istruzione superiore e nella formazione retorica riservata nell'impero ai ceti colti. Anche Tolemeo in età giovanile avrà ricevuto la medesima formazione, ma il modello matematico elaborato per la carta dell'ecumene era assai più importante – a quanto pare – della sua congruenza con la realtà, anche quando si trattava di luoghi ben noti come Delo o Salamina, e non di paesi situati ai confini del mondo conosciuto.

Capitolo III

DALLA STORIA AL CLIMA E RITORNO

1. Strabone, il mare interno e i tre continenti

Nei capitoli precedenti abbiamo richiamato spesso la grande opera geografica di Strabone (c. 62 a.C. – 23 d.C.). La sua descrizione della terra abitata (in 15 libri) comincia con l'Iberia secondo lo schema tradizionale dei *Giri della terra* e chiude il cerchio con l'Africa, ma è preceduta da una lunga introduzione in ben due libri, che per estensione non trova confronti nella letteratura ellenistico-romana. Particolare interesse rivestono le considerazioni teoriche e programmatiche svolte all'inizio sulla natura, i fini e destinatari della geografia (I, 1, 1-23). Come risulta chiaro da altri passi dell'opera, Strabone si propone il compito ambizioso di tenere insieme la tradizione della geografia matematico-astronomica, da Eratostene a Posidonio, e le esigenze pratiche della geografia 'politica' alla maniera di Polibio. Al proposito annunciato nel proemio corrisponde però solo in parte il contenuto dei libri descrittivi, e tale discrepanza ha alimentato i giudizi talvolta contrastanti dei moderni.

Alla premessa teorica segue nel proemio un'ampia sezione retrospettiva in cui Strabone passa in rassegna critica le conoscenze dei predecessori (Eratostene, Ipparco, Polibio, Posidonio). Nella parte finale del secondo libro egli tratta della forma dell'ecumene, della sua estensione sul globo terrestre e quindi della sua rappresentazione cartografica. È a questo punto che Strabone ne presenta una descrizione sommaria, prima percorrendo gli spazi marittimi poi quelli continentali. In tale contesto ricorre uno dei rari riferimenti del proemio al dominio romano, su cui egli si sofferma più tardi esaltando le qualità dell'Italia (alla fine del libro sesto) o descrivendo il sistema dell'amministrazione provinciale al termine dell'opera (libro XVII). Proprio nel proemio, in cui Strabone non si stanca di sottolineare l'importanza della geografia per gli uomini politici e i militari, ci aspetteremmo una maggiore attenzione per la realtà contemporanea, che rischia di passare quasi in secondo piano rispetto alle lunghe discussioni di carattere erudito e scientifico.

Anche nella geografia latina del I sec. d.C. troviamo il mare interno come componente essenziale della terra abitata, e soprattutto nella *Naturalis historia* di Plinio il Vecchio (morto nell'eruzione del Vesuvio del 79 d.C.) il Mediterraneo presenta quella ricchezza di dati numerici su distanze e dimensioni, che risale a una lunga tradizione nautica. Il Mediterraneo di Strabone, però, non è solo lo spazio privilegiato del dominio romano nel mondo. La sua descrizione offre il terreno ideale in cui anche lettori, i quali hanno scarsa dimestichezza con il mondo greco-romano, riconosceranno le tracce evidenti della geografia e della cartografia antica come campo specifico di un sapere rappresentato al livello più alto da Eratostene e dai suoi critici. Perciò presentiamo in un'appendice la traduzione di un'ampia sezione dal secondo libro del proemio.

Ci siamo già soffermati su questo apparente paradosso. La descrizione e la rappresentazione del mondo conosciuto sarebbero impensabili senza l'accumulo di informazioni anonime nei tempi lunghi della storia; d'altro canto su queste informazioni agisce l'ingegno di pochi geografi. Il Mediterraneo è lo spazio in cui tale fenomeno si può osservare assai meglio che altrove e sotto questo aspetto le pagine di Strabone restano insuperate nella letteratura antica.

Che il dominio di Roma si estenda ormai su gran parte del mondo conosciuto è già chiaro allo storico Polibio, il quale scrive dopo la distruzione di Cartagine e di Corinto (146 a.C.). Un secolo e mezzo più tardi l'idea viene ripresa e sviluppata da Strabone. In diverse occasioni questi afferma la sua adesione all'ideologia augustea della 'pace romana', che ha posto fine al periodo tormentato delle guerre civili e ha promosso l'incivilimento di certi popoli culturalmente arretrati. Il Mediterraneo resta però sullo sfondo quando, concludendo la descrizione dell'Italia, Strabone tesse l'elogio della penisola, con la sua posizione geografica predisposta dalla natura al dominio, e ripercorre le tappe dell'ascesa di Roma a potenza mondiale o quando, alla fine dell'opera, riprende lo stesso motivo, soffermandosi sulla divisione amministrativa dell'impero fra il senato e il 'principe'. È invece nel grande proemio teorico e storico sulla natura e sui fini della geografia, che emerge compiutamente il profilo del mare interno. Nella letteratura antica è la più ampia riflessione sul Mediterraneo come spazio civilizzato e ordinato dall'azione di Roma.

Strabone espone i criteri per disegnare la carta dell'ecumene (II, 5, 1-40) e le sue considerazioni sono dettate da una *mappa mundi;* cambia ben poco se essa sta sotto gli occhi del geografo o se in questo caso è percorsa mentalmente. Gli allineamenti fra luoghi separati da grandi distanze – i quali vengono perciò situati l'uno 'di fronte' all'altro –, l'accostamento del contorno del Mar Nero a un arco scitico in tensione, le stime sulla dimensione dei mari (lunghezza e larghezza) e dei golfi (arco, corda, profondità) che compongono lo spazio mediterraneo, l'individuazione infine dei suoi punti estremi in termini di latitudine e longitudine, riassumono in un certo senso il ruolo storico del mare interno nella geografia e nella cartografia antica.

In tale contesto lo sguardo di Strabone indugia per un momento sul genere umano disperso sulla terra. Alla varietà degli elementi geografici egli accosta la varietà dei pregi e difetti, che nei diversi luoghi derivano o dalla natura o dall'applicazione degli uomini. Il geografo deve volgere la sua attenzione ai caratteri naturali perché sono permanenti, mentre i caratteri acquisiti sono esposti al cambiamento. Dei caratteri acquisiti vanno messi in luce quelli che possono durare più a lungo e che per la loro fama finiscono col diventare come «connaturati ai luoghi»; perciò si cercano le tracce dei fatti memorabili del passato, anche se sono scomparsi i loro originari quadri topografici.

Agli occhi di Strabone l'Europa presenta fra i tre continenti *la maggiore varietà di forme* (πολυσχημονεστάτη), mentre l'Africa offre l'esempio opposto e l'Asia occupa nella scala una posizione intermedia. La varietà è determinata dal litorale mediterraneo, perché la costa dell'oceano appare uniforme – a parte i quattro grandi golfi che si aprono nelle masse continentali (il Caspio, il Golfo Persico, il Mar Rosso e il mare interno). Se l'oceano segna i limiti delle conoscenze geografiche, il mare interno si trova in un clima temperato e ospita popoli e città ben governati; perciò una netta superiorità spetta al *nostro mare* e da esso deve cominciare il rapido profilo dell'ecumene, anche perché il Mediterraneo si presta meglio alla rappresentazione dei luoghi nella reciprocità dei rapporti spaziali (II, 5, 18). L'interesse, afferma il geografo, ci porta a conoscere i paesi mediterranei perché sono più ricchi di tradizioni storiche, di esperienze politiche, di conoscenze tecniche e di tutte quelle attività che concorrono al saper fare, alla *phrònesis*, al *know how*.

Sono considerazioni sollecitate dal confronto fra il Mediterraneo e l'Oceano, cui appartiene la Britannia sulla quale i Romani hanno rinunciato a estendere le loro conquiste. L'idea dello spazio mediterraneo come elemento che accomuna e favorisce le relazioni poggia sulla realtà del dominio romano, come emerge chiaramente dall'elogio dell'Europa che apre la sommaria descrizione dei tre continenti. All'incirca due generazioni più tardi nella sezione geografica della *Naturalis historia* (III, 5) Plinio il Vecchio si esprimerà negli stessi termini:

> Primum ergo de Europa, altrice victoris omnium gentium populi longeque terrarum pulcherrima, quam plerique merito non tertiam portionem fecere, ve-

rum aequam, in duas partes ab amne Tanai ad Gaditanum fretum universo orbe diviso.

Comincerò dunque col parlare dell'Europa, nutrice del popolo che ha sottomesso tutte le nazioni, di gran lunga la più bella di tutte le terre. La maggior parte degli autori la considerano, a ragione, non la terza parte del mondo, ma la metà, in quanto essi dividono l'orbe in due, secondo una linea che va dal fiume Tanai allo stretto di Cadice (Plinio 1982, p. 379).

Al motivo cartografico della «varietà delle forme» si accompagna in Strabone l'eccellenza degli abitanti e delle istituzioni politiche. Nel contesto retorico, che con poche variazioni ritroviamo poi nelle lodi dell'Italia e della sua centralità geografica, Strabone confronta le attitudini dei Greci con quelle dei Romani. I Greci sono particolarmente versati nell'attività politica e nelle tecniche che rendono godibile l'esistenza, mentre i Romani hanno avuto il merito di estendere la civiltà ad altri popoli, i quali prima abitavano miseramente in paesi inospitali e in condizioni di isolamento, insegnando così a genti selvagge a vivere in una comunità politica.

Delineato con una ricchezza sorprendente di dettagli, il Mediterraneo è considerato nella peculiarità del suo contorno, che risalta nel confronto con i paesi che si affacciano sull'oceano. È invece la vecchia nozione di Europa che per la prima volta si carica di un valore politico-culturale, non più in opposizione all'Asia ma perché comprende ora Roma, il cui primato nel mondo si proietta sulla geografia umana del continente. In quanto associato tradizionalmente all'idea stessa di ecumene, è naturale che il Mediterraneo venga designato dai Romani come *mare nostrum*; esso sta infatti al centro dell'*orbis terrarum*, su cui essi hanno imposto il loro dominio. L'espressione latina ricalca comunque quella greca (vedi p. 111), cui è del tutto estraneo il significato esclusivo attribuito al *mare nostrum* dalla propaganda fascista. L'apporto originale della civiltà romana all'onomastica antica dei mari sta piuttosto nel *mare inferum* (Tirreno) e *mare superum* (Adriatico), che si possono accostare al 'mare inferiore' (costa del Golfo Persico) e 'mare superiore' (litorale siro-palestinese) noti dai testi delle civiltà mesopotamiche. In ambedue i casi l'opposizione è dettata dal corso dei fiumi: l'itinerario verso l'Adriatico risale la valle del Tevere e allo stesso modo risale il corso dell'Eufrate l'itinerario che porta dalla Mesopotamia verso il Mediterraneo.

Ci siamo fermati su una parte del proemio straboniano perché presenta, l'una accanto all'altra, due distinte categorie dell'appartenenza geografia suscettibili di orientare la riflessione storica: il mare interno e i tre continenti. Perciò questo breve paragrafo può fare da cerniera, in un certo senso, con la sezione medievale e contemporanea che occupano la maggior parte di quest'ultimo capitolo.

2. Cartografia medievale

La letteratura cristiana eredita da quella pagana anche le conoscenze geografiche, che servono a illustrare la realtà fisica e i vari popoli della terra abitata, divenuta ora il teatro della Salvezza. Nella tripartizione continentale l'Africa non è più una sorta di estensione occidentale dell'Asia, sicché entrambe fronteggiano l'Europa negli schemi della geografia greco-romana. Piuttosto Europa e Africa occupano la metà occidentale dell'ecumene, mentre all'Asia è riservata la porzione orientale. Che due delle tre parti della terra abitata ne costituiscano una metà si spiega appunto con la funzione divisoria del *grande mare* che nella metà occidentale separa l'Europa dall'Africa, come leggiamo nella *Città di Dio* (16, 17) di Sant'Agostino (inizio V sec. d.C.).

Unde videntur orbem dimidium duae tenere Europa et Africae, alium vero dimidium sola Asia. Sed ideo illae duae partes factae sunt, quia inter utramque ab Oceano ingreditur, quidicquid aquarum terras interluit; et hoc mare magnum nobis facit. Quapropter si in duas partes orbem dividas, Orientis et Occidentis, Asia erit in una, in altera vero Europa et Africa.

È chiaro dunque che Europa e Africa occupano una metà della terra, mentre l'altra metà è occupata solo dall'Asia. Ma quelle due parti sono fatte così perché nell'una e nell'altra entra dall'Oceano tutta la massa delle acque che separa le terre e che costituisce per noi il grande mare. Perciò se la terra si divide in due parti, quella dell'Oriente e quella dell'Occidente, in una ci sarà l'Asia nell'altra invece l'Europa e l'Africa.

Su incarico di Sant'Agostino il suo discepolo Paolo Orosio compilò le *Storie contro i pagani* (in sette libri) per mostrare che fin dalla creazione le vicende dell'umanità avevano seguito un disegno provvidenziale ed erano segnate da sventure e mali non minori di quelli che scrittori pagani imputavano allora alla diffusione del cristianesimo. Quest'opera ebbe una fortuna enorme nel Medioevo, cui trasmise anche la rappresentazione della terra abitata nella lunga sezione geografica che Orosio premise al racconto della storia universale. Anche per Orosio il *grande mare*, il *nostro mare*, bagna tutte le terre e i luoghi posti al centro della *mappa mundi*.

Sono concezioni che ritroviamo più tardi sia nell'Oriente greco-bizantino sia nell'Occidente latino. Due autori cristiani fanno riferimento occasionalmente al Mediterraneo, Isidoro vescovo di Siviglia (c. 600 d.C.) e Cosma Indicopleuste (c. 540 d.C.), un mercante di Alessandria attivo in un'area che va dalla Palestina al Mar Rosso e al Golfo Persico. Sulle orme di Orosio anche Isidoro parla del *grande mare*, per distinguerlo dagli altri golfi che si aprono sul litorale dell'oceano; ma esso è anche il mare interno per eccellenza, appunto *mediterraneum*, perché si estende fra le tre parti che formano la terra abitata. Per Cosma il Mediterraneo è semplicemente «il golfo dei Romani» (ῥωμαικὸς κόλπος), che nella geografia araba diventerà il *mare di Rum*, vale a dire dei Bizantini eredi del potere universale di Roma (fig. 57). Pur così diversi per formazione ed esperienze, nonché per i contesti storico-culturali in cui agiscono, Cosma e Isidoro sono tuttavia accomunati nell'attingere alla tradizione della geografia antica; lo spazio del Mediterraneo è concettualmente associato ai tre continenti e all'oceano, perché da lì ha inizio il mare interno.

Con l'espansione in Asia, in Africa, poi in Spagna e in Sicilia (secc. VII-IX) anche l'Islam elabora la sua visione della terra abitata e del posto che

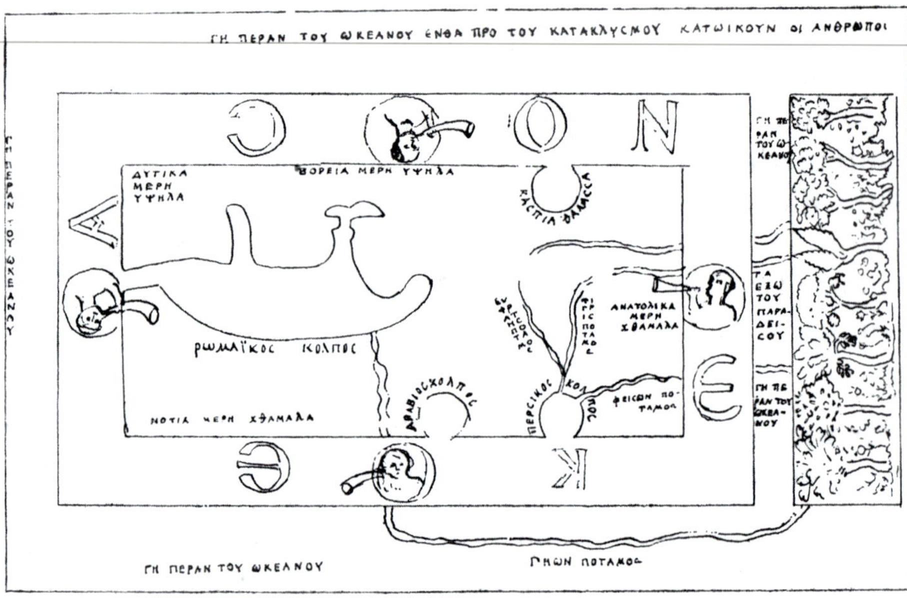

Fig. 57 – Il disegno riproduce una delle miniature che illustrano i manoscritti bizantini (sec. IX-XI) della *Topografia cristiana* di Cosma Indicopleuste (Wolska-Conus 1968, p. 545). Mosso da un intento apologetico, l'autore vuole confutare le concezioni erronee dei pagani sulla sfericità terrestre e difende l'interpretazione allegorica della Bibbia, sostenendo che il tabernacolo di Mosè rappresenta l'edificio dell'universo con la sua base rettangolare. Questa è infatti la forma dell'ecumene circondata dall'Oceano. In Oriente al di là dell'Oceano si trova il paradiso terrestre, da cui scorrono i quattro fiumi biblici (Tigri, Eufrate, Fison, Geon/Nilo). Il rettangolo della terra abitata e il profilo del Mediterraneo riflettono gli schemi della cartografia pre-tolemaica (da notare l'allineamento del Golfo Persico col Mar Caspio, ritenuto un golfo dell'oceano settentrionale: cfr. fig. 41, p. 114).

esso vi occupa, visione mediata però dalla *Geografia* di Tolemeo. La conoscenza della lingua e della letteratura è la precondizione per accostarsi in maniera non superficiale a qualsiasi civiltà e questo non vale solo per l'antichità greco-romana; perciò sarebbe bene lasciare la parola agli studiosi del mondo islamico e della letteratura araba. Con tutti i limiti, dei quali il lettore è avvertito, è interessante soffermarsi su questo 'trasferimento culturale' dall'antichità classica all'Islam.

Nell'età segnata dalla grande attività di traduzione dal greco all'arabo alla corte abbaside di Bagdad (IX sec.), l'espressione che designa la figura della terra abitata (*surat al-ard*) si applica inizialmente alla *Geografia* di Tolemeo, con le liste di coordinate geografiche dei luoghi ma provvista anche della sua cartografia. Solo più tardi, nel X sec., si sviluppa una geografia descrittiva dell'Islam, caratterizzata in senso politico-amministrativo; l'orizzonte si allarga poi a comprendere tutti i popoli e paesi del mondo conosciuto, la cui rassegna riflette le divisioni o i raggruppamenti suggeriti dalla rappresentazione cartografica. Qualcosa di simile – ma l'analogia si ferma alla superficie – ai *Giri della terra* che almeno dal IV sec. a.C. nella Grecia antica designano sia le *mappae mundi* sia la descrizione dell'ecumene. Nella cultura islamica, comunque, la relazione fra carta e testo si materializza nello stesso 'libro', dove accanto alle sezioni descrittive troviamo le carte. A queste si limiteranno le pagine seguenti.

Edrisi (1154)

Uno dei monumenti della cartografia araba è la *mappa mundi* di Edrisi (al-Idrīsī), realizzata alla corte normanna di Palermo attorno alla metà del XII sec. Nell'antichità questa subordinazione diretta del sapere geografico al potere politico ha un precedente nella grande carta murale dell'*orbis terrarum*, progettata a Roma da Agrippa e portata a termine dopo la sua morte (12 a.C.) da Augusto, anche se ben poco sappiamo di questa realizzazione, sulla cui natura le posizioni degli studiosi sono discordi.

Come apprendiamo dalle stesse parole di Edrisi, questi esegue il compito affidatogli dal re Ruggero II. Il sovrano fa venire a Palermo vari dotti e viaggiatori allo scopo di procurarsi informazioni aggiornate e attendibili sulle città, sugli aspetti fisici e sulle condizioni economiche dei vari paesi, sulle distanze per terra e per mare, un lungo lavoro preparatorio di documentazione durato ben quindici anni. Alla fine Ruggero fa realizzare un grande disco di argento sul quale viene raffigurata la terra abitata con i sette 'climi', vale a dire le sette fasce che raggruppano gli elementi antropici e fisici dei vari paesi secondo le loro latitudini, e che dall'equatore verso il polo attraversano l'emisfero settentrionale della terra. Quale che fosse l'esito, si

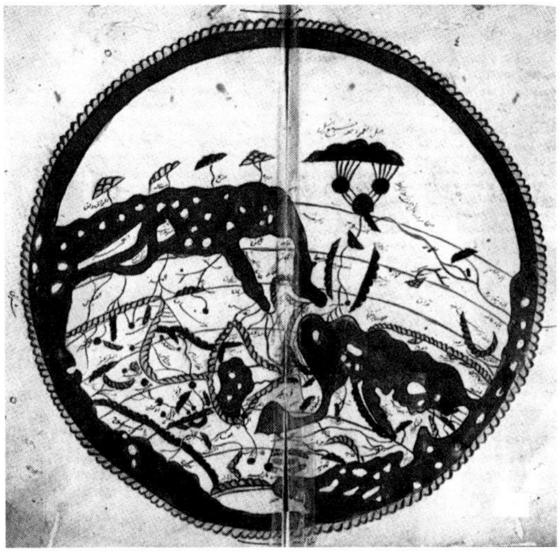

Fig. 58 – *Mappa mundi* di Edrisi da un manoscritto del 1469; il sud è in alto (Harley – Woodward 1987, p. 161, fig. 7.3).

tratta di un progetto eccezionale, in cui si esprime il legame fra dominio politico-militare e conoscenza del mondo.

Nulla resta della *mappa mundi* incisa sul disco di argento, ma il suo impianto sopravvive nelle carte circolari (fig. 58) che illustrano i codici tardo-medievali dell'altra grande opera di Edrisi, una descrizione del mondo conosciuto progettata e realizzata secondo le medesime divisioni della carta. Dall'estremità occidentale a quella orientale della terra abitata i sette 'climi' sono infatti divisi in dieci porzioni ortogonali per un totale di settanta riquadri (fig. 59a), cui corrispondono le unità descrittive; a ciascuna di esse si accompagna la carta relativa, ritagliata sul formato del libro. Nella traduzione di Michele Amari (1806-1889), l'illustre storico e arabista siciliano, ministro dell'Istruzione nei primi anni dell'unificazione nazionale, il libro portava il titolo *Sollazzo per chi si diletta di girare il mondo*, ma è noto anche nella letteratura araba come *Libro di Ruggero*.

Nel prologo il panegirico di Ruggero esprime l'ossequio dovuto al sovrano, ma al di là delle convenzioni cortigiane resta il fatto che questi pensasse in grande, come mostra del resto tutta la sua azione politico-diplomatica e militare. È significativo a tale proposito il paragone istituito da Edrisi con l'imperatore bizantino: «...egli avanza il re dei Rûm per estensione [di territorio] e nerbo [di imperio]» (trad. di M. Amari).

Come tutte le compilazioni geografiche e storiche consimili anche questa di Edrisi attinge a materiali disparati e compositi, giustapponendo talvolta informazioni recenti ad altre di più antica data: dalla ricca tradizione della geografia islamica, che dai primi decenni del IX sec. ha tradotto e adattato ai suoi scopi Tolemeo, a notizie di prima mano, cui si aggiungono le esperienze personali favorite dalla condizione sociale di Edrisi, esponente di spicco della nobiltà magrebina o andalusa. Va ricordato che egli non ha una formazione matematico-astronomica ma piuttosto quella di un 'naturalista' (farmacologia e botanica). Nella sua descrizione sono frequenti le catene delle distanze itinerarie, che trasmettono un senso di concretezza e costituiscono un elemento tipico di questa geografia umana, la cui dimensione storica è segnata dall'Islam. Fra le fonti vanno messe la marineria normanna e certamente anche informazioni ricavate da itinerari marittimi, cui risalgono alcune descrizioni costiere e la prima attestazione dei venti di sud-est e sud-ovest con i nomi che troviamo più tardi nei portolani del XIII sec. (*salug*/*scilocco* e *'al libag*/*libeccio*).

Quale sia il posto di Edrisi nella storia della cartografia è tuttora materia di discussione fra gli studiosi, che tuttavia sono concordi nel sottolineare – al di là delle inevitabili diseguaglianze dell'informazione – l'intento di aggiornare le conoscenze con un grande sforzo di sintesi, che non trova termini di paragone nella sistemazione coeva del sapere geografico.

Va da sé che l'Arabia e i territori investiti dall'espansione islamica abbiano un rilievo particolare. Il Mediterraneo prende il nome di *mare di Siria*, non solo perché da lì inizia lo spazio marittimo che all'altra estremità confluisce nell'Oceano, ma anche perché storicamente gli Arabi si affacciarono sul Mediterraneo con la conquista della Siria. Nella visione islamica del mondo, cui è estranea la tripartizione continentale, c'è innanzitutto il 'grande mare' che si estende con i suoi golfi dall'Arabia fino alle coste dell'India e della Cina; poi c'è un altro 'grande mare', che a sua volta si divide in bacini minori. Questa graduatoria si legge nel *Prologo* (9-10) di Edrisi, ma è già formulata in termini espliciti da geografi arabi attivi nel IX-X sec., i quali attribuiscono al Mediterraneo (*il mare di Rum*) un'estensione minore rispetto all'Oceano Indiano (*il mare del Fars*/Persia) non solo in longitudine ma anche in latitudine. L'affermazione corrisponde alle proporzioni visibili nella carta generale di Tolemeo, dove la minorità del Mediterraneo è accentuata dal disegno dell'Oceano Indiano, chiuso a sud da una lunga striscia di *terra incognita*, che congiunge l'Etiopia alla Cina (fig. 60a); quest'idea non ebbe però alcun sèguito nella geografia islamica, che concepì l'Oceano Indiano come un immenso golfo aperto sul lato orientale. La giustapposizione dei due grandi mari, di qua e di là dell'Istmo di Suez, è tipica della rappresentazione islamica della terra abitata, così diversa dalle coeve *mappae mundi* dei cristiani, di cui parleremo più avanti (pp. 172 sg.).

Se in longitudine il Mediterraneo di Tolemeo si estende per circa un terzo dell'ecumene, nella carta di Edrisi esso occupa uno spazio sensibilmente maggiore, pari quasi alla metà. La tendenza a un certo bilanciamento dei due spazi marittimi colpisce l'osservatore appena ferma lo sguardo sulla ricomposizione dei settanta riquadri, realizzata da Konrad Miller nel 1928 (fig. 59a). Sui dettagli della ricostruzione (in un formato di cm 210 × 96) si può nutrire qualche dubbio, ma il suo impianto emerge chiaramente soprattutto se viene messo a confronto con la carta generale di Tolemeo (fig. 60a).

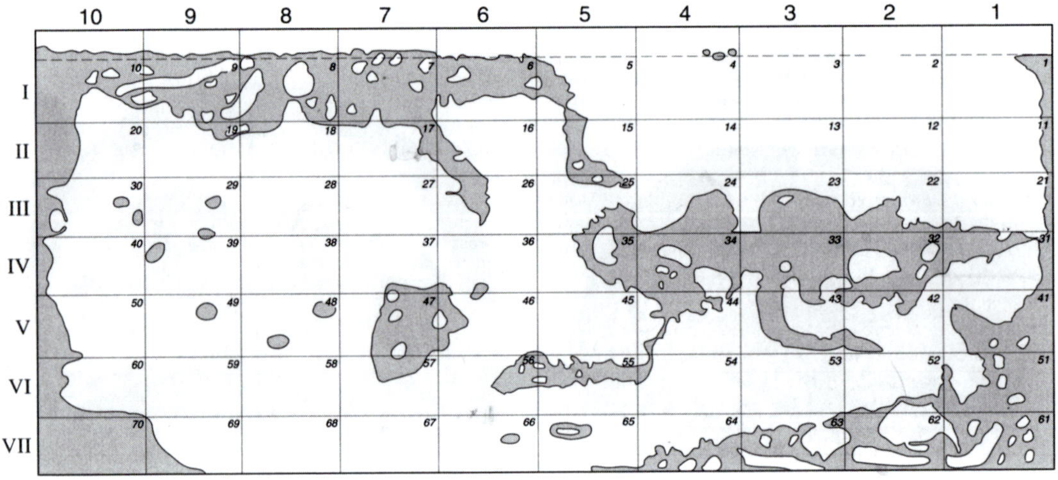

Fig. 59a – I riquadri della carta di Edrisi nella ricostruzione di MILLER 1928; il sud è in alto.

Fig. 59b – Il Mediterraneo nella carta di Edrisi (MILLER 1928).

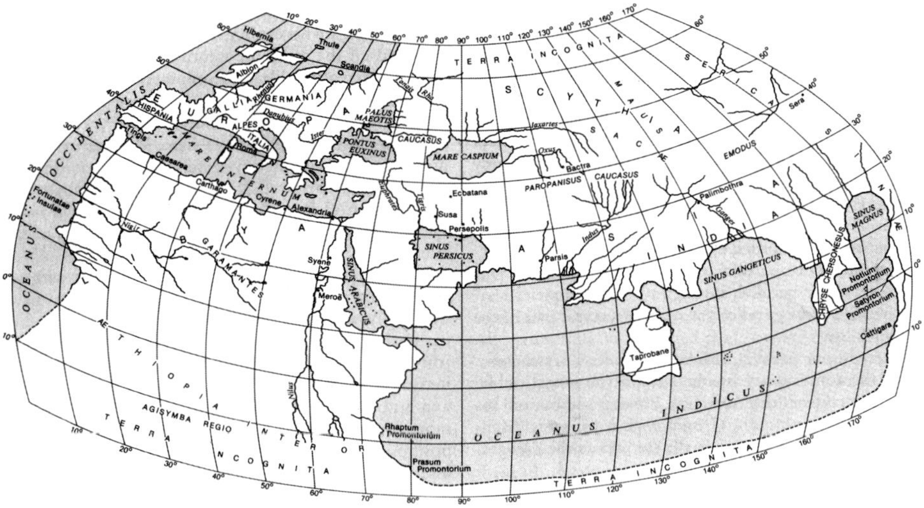

Fig. 60a – L'ecumene di Tolemeo (Bunbury 1879, p. 578).

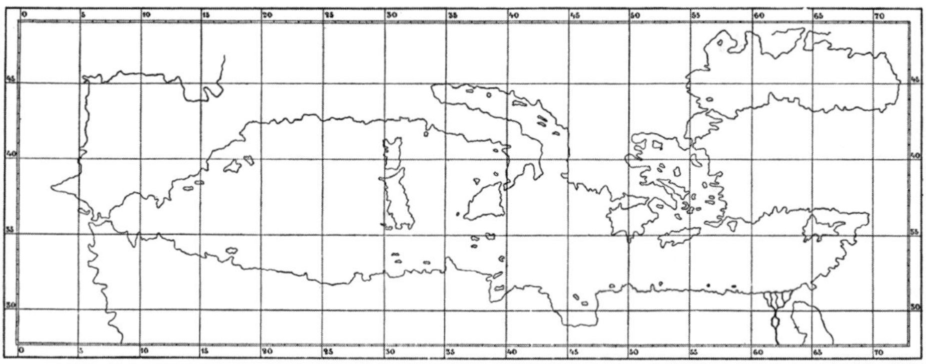

Fig. 60b – Il Mediterraneo di Tolemeo (Nordenskiöld 1889, p. 30).

Gli errori, che costellano la cartografia araba e già quella antica, sono inevitabili se si considerano i loro procedimenti approssimativi e congetturali, come abbiamo già osservato nel capitolo precedente. Giova piuttosto sottolineare che il disegno trasferisce sulla carta le informazioni disponibili della geografia empirica, o quelle ritenute più attendibili sia sui paesi meglio conosciuti sia su quelli posti nelle regioni più remote. Interrogarsi sul processo di selezione e costruzione della carta di Edrisi non è un futile esercizio antiquario, anche perché nel nostro caso l'autore stesso dichiara la corrispondenza, almeno in linea di principio, fra le singole sezioni descrittive e la loro rappresentazione grafica; naturalmente delle informazioni consegnate al testo solo una parte può trovare posto nella carta. Né va dimenticato che la compresenza di 'scale diverse', per così dire, è la conseguenza inevitabile di ogni tentativo di raffigurare empiricamente l'intera superficie della terra abitata.

C'è poi un altro motivo di interesse, cui si è già accennato: possiamo osservare l'impatto della *Geografia* tolemaica sulla cartografia araba, che per un verso accoglie il modello antico, ma poi lo modifica nel disegno generale e nei quadri 'regionali'. Questo processo è iniziato però almeno due secoli prima di Edrisi, che maneggia quindi un Tolemeo già rielaborato dalle sue fonti libresche – e forse anche contaminato con altro materiale geografico preso dall'antichità greco-romana. Nell'Occidente latino il medesimo fenomeno si manifesta assai più tardi e solo dopo l'arrivo dei primi codici bizantini della *Geografia* tolemaica verso la fine del XIV sec. Ora, proprio la figura del Mediterraneo è assai istruttiva in questo senso, sia considerata nel suo schema generale sia in alcuni settori.

Il rettangolo che inquadra la terra abitata si estende in longitudine per 180° come in Tolemeo, ma presenta il sud in alto. Come s'è già detto, nella cartografia tolemaica l'Oceano Indiano è chiuso a meridione da una striscia di terra che congiunge l'Africa all'Estremo Oriente, una vecchia ipotesi della geografia antica cui accenna Polibio nelle *Storie* (II sec. a.C.). Nella carta di Edrisi il medesimo spazio marittimo, ricomposto in dodici riquadri, si presenta come l'estensione del Golfo di Aden, prolungato fino ai limiti orientali della terra abitata. Anche il Mediterraneo è diviso in sezioni (quattordici), distribuite in tre 'climi' (III-V), cui si aggiungono le tre sezioni del Mar Nero che cade però nel VI 'clima' (fig. 59a).

Al termine della sezione dedicata alla Spagna (*al-Andalus*) viene indicata la distanza dallo Stretto di Gibilterra ad Antiochia di Siria (trentasei giorni di navigazione), i due punti che segnano la massima estensione del Mediterraneo da ovest a est proprio come nel mare interno della geografia antica, e subito dopo troviamo una prima osservazione sulla sua larghezza variabile (IV, 1). La distanza fra la costa spagnola e quella africana cresce progressivamente verso oriente, come mostra la durata delle traversate fra i porti che si fronteggiano sui lati opposti: una, due, tre giornate di navigazione, fino alle quattro che separano Barcellona da Bugia/Bougie/Bijaya sulla costa algerina. Agisce qui il modello della cartografia tolemaica (fig. 60b), che è ben riconoscibile anche nel disegno dell'Adriatico e del Levante. Il primo si estende per lungo tratto dal Golfo di Trieste *verso oriente*, prima di piegare bruscamente a sud. Dall'Istmo di Suez fino ad Antiochia l'orientamento del

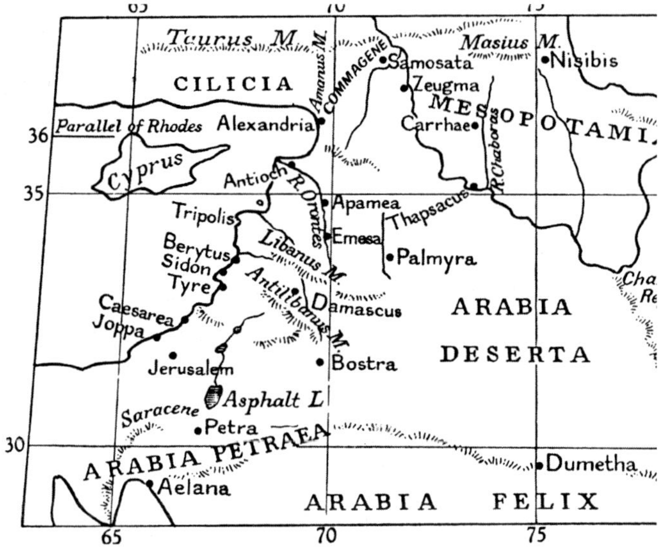

Fig. 61 – I monti del Libano nella cartografia tolemaica (Thomson 1948, p. 287, fig. 48).

litorale siro-palestinese è quello di Tolemeo con la novità che i monti del Libano corrono giustamente paralleli alla costa (fig. 59b) e non perpendicolari come in Tolemeo (fig. 61).

La costa atlantica del Marocco sopravanza appena verso occidente la penisola iberica, mentre l'andamento della costa mediterranea dell'Africa a partire dallo Stretto di Gibilterra si mantiene a latitudini basse come in tutta la geografia antica, con alcune eccezioni di cui non c'è traccia nella cartografia tolemaica: l'ipertrofia di Capo Tres Forcas (Melilla) e la sporgenza accentuata verso settentrione di Barca (Cirenaica), sì da formare un golfo ampio e profondo con il Delta del Nilo, che pure si spinge verso settentrione (fig. 59b). Nella cartografia tolemaica Creta occupa una posizione nettamente più occidentale rispetto al Delta grazie alle traversate che collegano l'isola al Peloponneso e alla Cirenaica, puntualmente registrate dalla geografia ellenistica. Nella carta di Edrisi Creta sta invece di fronte all'Egitto e si trova più a sud del Peloponneso, in una collocazione che ricorda quella dell'*Odissea* (vedi sopra p. 8).

Curiosamente il profilo della penisola anatolica conserva in parte lo schema della geografia antica (grosso modo un trapezio o un rettangolo), ma il suo lato occidentale consiste *esclusivamente* nello stretto che separa l'Asia dall'Europa lungo una linea orientata in senso sud-nord più che ovest-est (è un elemento iconografico che ritroviamo in alcune *mappae*

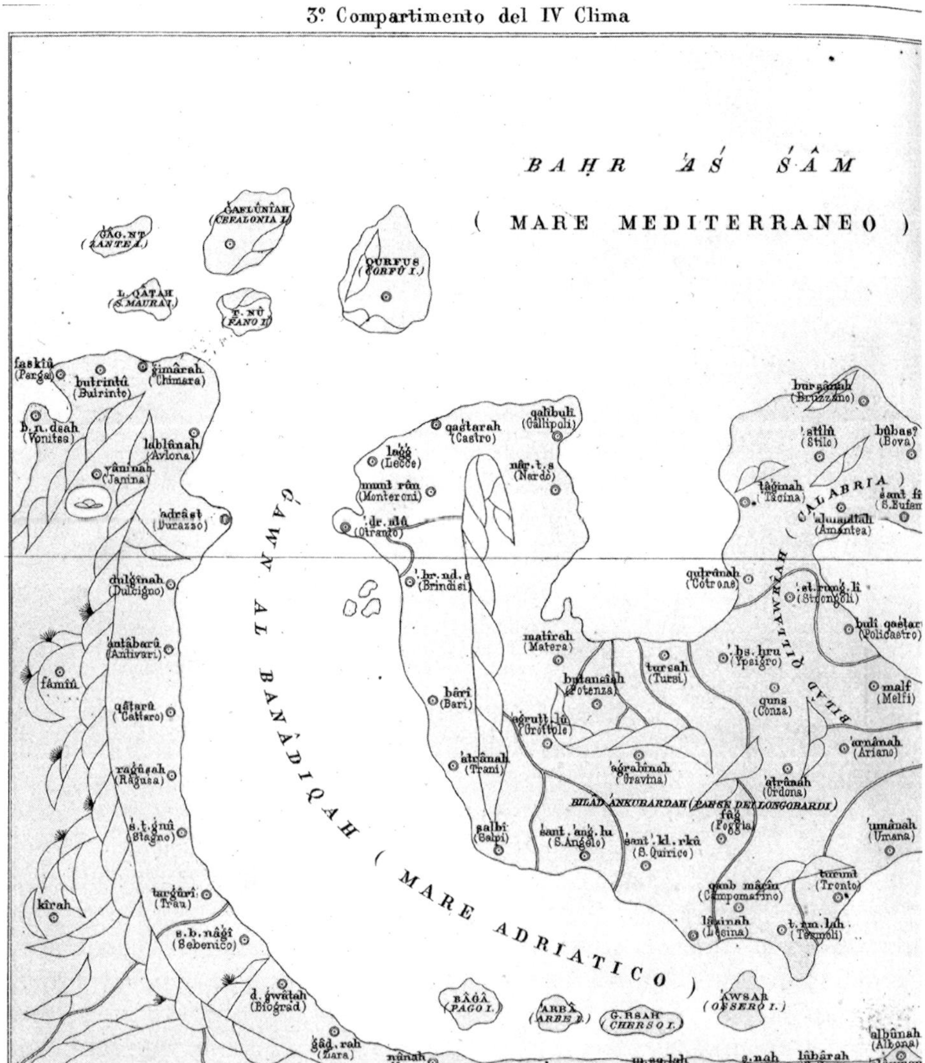

62a

Figg. 62a-b – L'Italia nella carta di Edrisi (AMARI – SCHIAPARELLI 1883, carta f.t.).

mundi cristiane coeve: vedi p. 173, fig. 65a). Così il Mar Nero, la cui ampiezza da sud a nord appare drasticamente ridotta, viene collocato alla stessa latitudine della Bretagne francese, un'altra eredità della rappresentazione antica del mondo che avrà vita lunghissima. A sud del golfo, che si apre

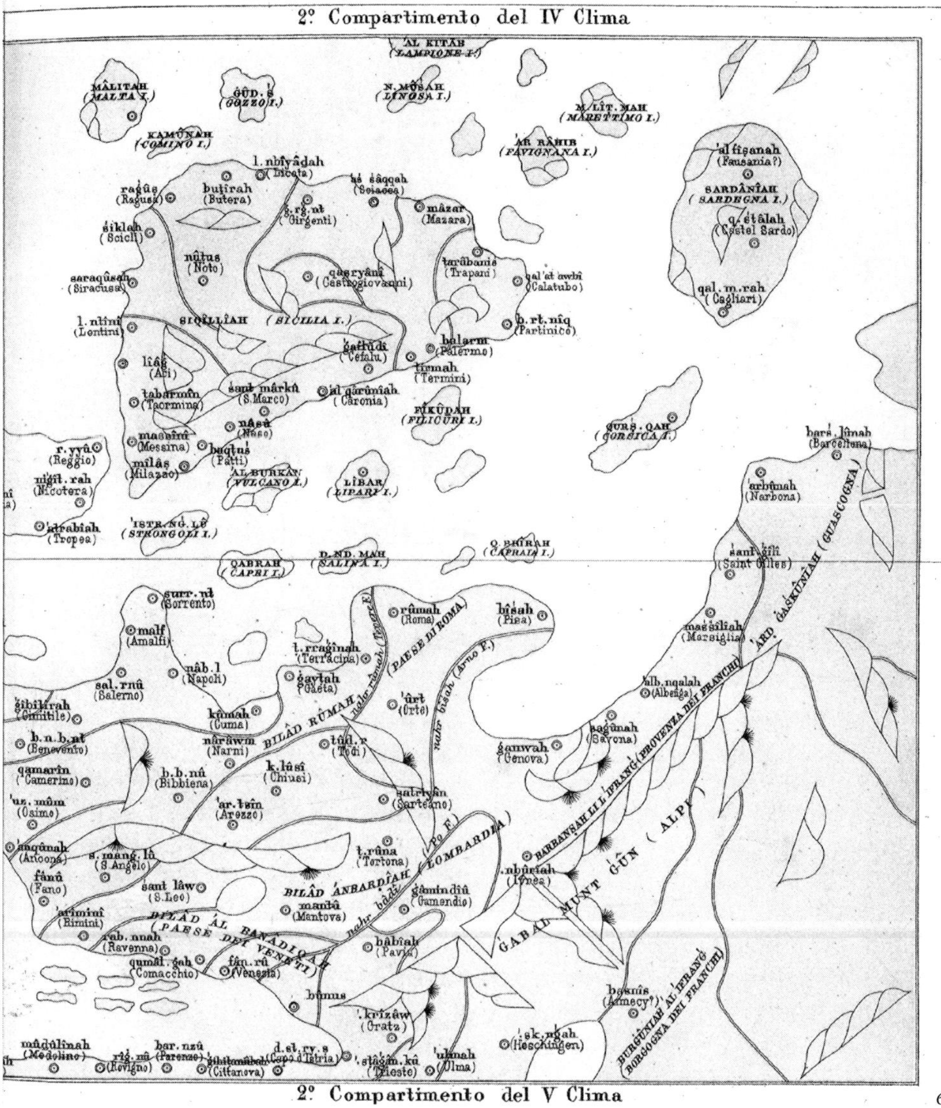

62b

sul litorale asiatico all'uscita dai Dardanelli (Edremit, l'*Adramittion* della geografia antica), l'orientamento della costa punta risolutamente a sud-est verso Antiochia di Siria (fig. 59b).

Nel Tirreno la Sicilia domina più di quanto non accada a Cipro nel Levante e a Creta nell'Egeo, dove nel raggruppamento circolare delle Cicladi si riconoscono le due maggiori, Paro e Nasso. Contrariamente alle misure

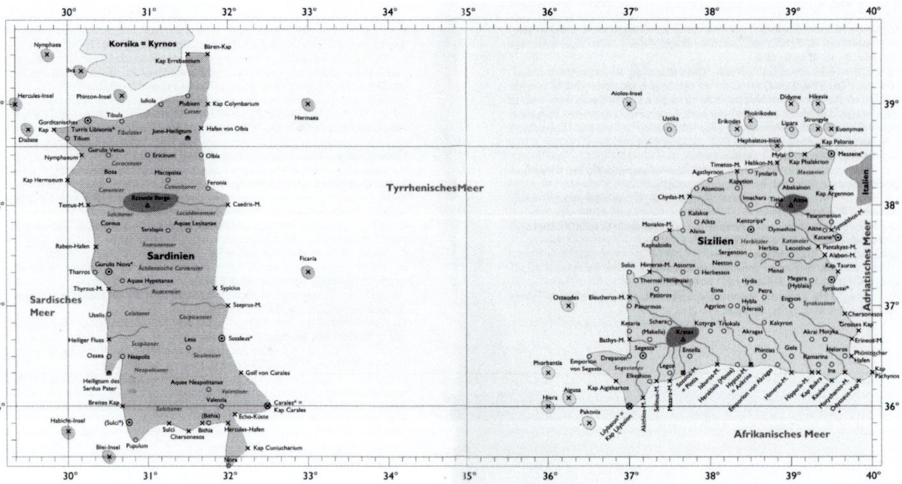

Fig. 63 – Sardegna e Sicilia nella cartografia tolemaica (Stückelberger – Graßhoff 2006, pp. 802 sg.).

segnalate nel testo (lunghezza e larghezza), la Sardegna e la Corsica sono fortemente sottodimensionate rispetto alla Sicilia nella sezione cartografica che comprende le tre isole (fig. 62b); inoltre la Sardegna appare assai più vicina a Minorca che alla Sicilia. Neanche qui le distanze indicate nel testo (IV, 2) corrispondono però ai rapporti spaziali sulla carta; Barcellona dista infatti da Bugia quattro giorni di navigazione, gli stessi che separano la Sardegna da Minorca, la più orientale delle Baleari. Discrepanze simili possono dare un'idea della difficoltà di trasferire coerentemente sulla carta tutte le stime della geografia nautica; si direbbe che il disegno tradizionale conservi talvolta una sua forza d'inerzia contro l'esperienza condivisa delle traversate marittime. Da notare, comunque, che la costa meridionale della Sardegna si trova più a sud di quella siciliana, proprio come nella tavola di Tolemeo (fig. 63).

Altri dettagli sollecitano un confronto con la geografia antica. Da Polibio a Strabone e a Tolemeo il Golfo di Taranto non compare mai nello schema di un parallelogramma. Inoltre, sia sulla carta sia nella corrispondente parte descrittiva, C. d'Otranto segna l'ingresso dell'Adriatico con la sporgenza di Durazzo (fig. 62a), che sulla sponda opposta ha preso il posto assegnato al promontorio Acroceraunio fin dal *Periplo* di Ps.-Scilace.

> Otranto è posta all'estremità dello stretto che divide il mare di Siria [Mediterraneo] dal mare dei Veneziani [Adriatico], sulla costa di ponente. Di là, per mare, alla città di *',adrast* [Durazzo] settanta miglia. (trad. M. Amari)

Le ragioni di questo slittamento verso sud di Durazzo stanno non solo nell'importanza del suo porto nelle traversate verso la Puglia ma, probabilmente, anche nella fitta sequenza di toponimi lungo il litorale illirico da Aquileia a Durazzo. Inoltre sulla carta di Edrisi la disposizione delle Isole Ionie fra di loro e rispetto al continente appare confusa, al punto che Fanò si trova *fra* Corfù e l'Epiro, quando l'isolotto è invece una tappa nelle rotte che collegano Corfù alla Puglia. In questo settore la cartografia tolemaica (fig. 55b, p. 148) ha fatto sentire in negativo il suo peso, senza che vi ponessero rimedio la geografia araba o le conoscenze di prima mano disponibili alla corte normanna. Va ricordato che le Isole Ionie, e Corfù in particolare (1147), sono il teatro di una spedizione inviata da Ruggero II in questo spazio strategico dell'impero bizantino e degli interessi veneziani, per non parlare delle operazioni condotte da Roberto il Guiscardo, che trovò la morte a Cefalonia (1085). Per Edrisi Cefalonia sta «a levante di Corfù» come nella tavola di Tolemeo, mentre solo Leucade si trova «a tramontana» di Cefalonia; la descrizione è in sintonia con la carta anche nella forma triangolare attribuita a Leucade. Vale lo stesso discorso per la delineazione molto compressa del litorale che va dal Golfo di Ambracia al Golfo di Corinto, quest'ultimo raffigurato come una profonda insenatura che punta verso settentrione. Sarebbe però anacronistico chiedere alla carta di Edrisi la congruenza con la realtà geografica in tutti i settori in cui essa è divisa. Anche questa *mappa mundi*, del resto, si presta male a usi 'pratici'. Essa consente di abbracciare con gli occhi il mondo abitato, il cui inventario dettagliato è affidato alla descrizione.

Il disegno arrotondato dei contorni fra mare e terra è assai lontano dalla spigolosità del tracciato tolemaico e quindi il Mediterraneo di Edrisi mostra a prima vista una forma diversa; inoltre, come già accennato, esso presenta in longitudine un'estensione maggiore, pari quasi a 90° contro i 62° di Tolemeo e i circa 42° dei nostri atlanti. Si farebbe torto all'operosità di Edrisi considerarla solo per la realizzazione cartografica, ma questa consente di istituire con immediatezza il confronto con la geografia antica, che nel testo ha invece una parte del tutto trascurabile. Nella descrizione del mondo abitato l'interesse di questo 'Strabone arabo', come alcuni hanno voluto chiamarlo, è rivolto soprattutto verso paesi, popoli e città segnati dall'espansione dell'Islam o inseriti nell'orizzonte geopolitico dei Normanni di Sicilia. Fra i porti del Mediterraneo spicca Palermo, la capitale del regno, descritta con una ricchezza paragonabile solo alle pagine su Cordova; accanto a Genova e Pisa si segnala nel Tirreno anche Messina.

Carte marine e portolani

Nell'Occidente latino la tradizione della geografia antica, come quadro storico della Salvezza, si manifesta ovviamente in maniera assai più ampia e profonda. Diversamente da quanto accade nel mondo musulmano, questa tradizione non ha però nulla a che fare con la cartografia tolemaica, come mostrano le grandi carte circolari (XIII sec.) che ornavano le pareti dell'abbazia di Ebstorf (Germania) e della cattedrale di Hereford (Inghilterra). Il medesimo fenomeno caratterizza le *mappae mundi* minori (figg. 64-65) e i numerosi disegni schematici conservati nei codici medievali (una T inclusa in una O: fig. 66). Mediante la linea Tanai-Nilo, su cui si innesta l'estensione del Mediterraneo fra Europa e Africa, il cerchio della terra abitata è diviso in tre parti con l'Asia in alto, dove all'estremità orientale figurano accanto al paradiso terrestre i luoghi resi celebri dalle conquiste di Alessan-

Fig. 64 – Il disegno riproduce la *mappa mundi* conservata in un manoscritto (XII sec.) delle opere di Isidoro di Siviglia; l'est è in alto, le Colonne d'Eracle in basso (Gautier Dalché 1988, p. 83, Pl. II, con i ringraziamenti all'Autore per la sua liberalità).

Fig. 65a – *Mappa mundi* da un manoscritto (XII sec.) dell'abbazia di Sawley (Edson 1977, p. 114).

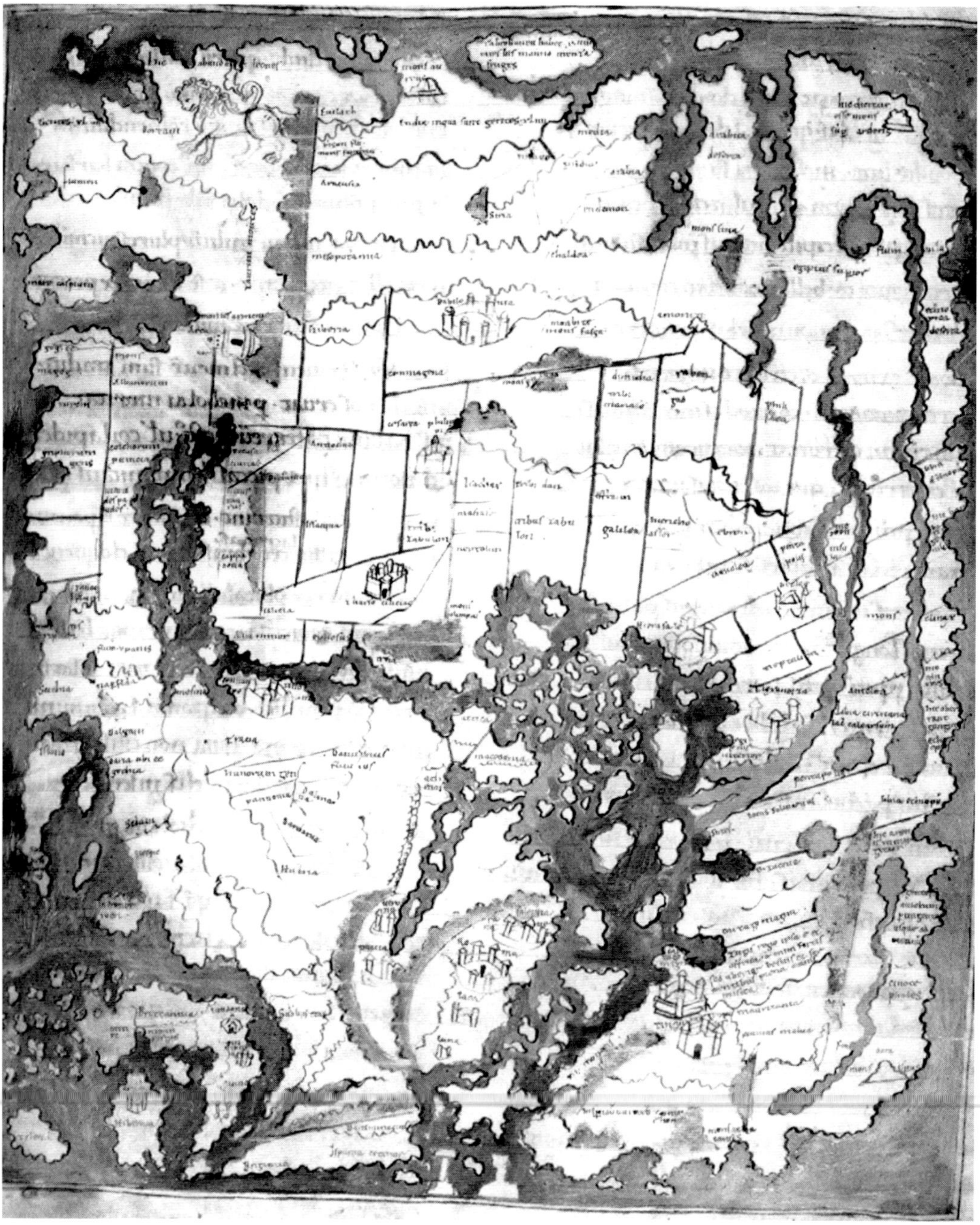

Fig. 65b – Il Mediterraneo nella carta 'cottoniana', XI sec. (Harvey 1991, p. 26, fig. 19).

dro Magno; il centro della carta si sposta inoltre dall'Egeo a Gerusalemme. Lo schema di un cerchio tripartito, risalente alla geografia pagana, ha goduto di grande fortuna indipendentemente dagli sviluppi della cartografia 'scientifica' da Eratostene a Tolemeo. In tale schema il mare interno ha una centralità funzionale, che si perde invece nel modello tolemaico modificato dalla cartografia islamica, dove l'estensione dell'Oceano Indiano bilancia e sopravanza lo spazio mediterraneo, come abbiamo visto.

Fig. 66 – Schema TO delle *mappae mundi* medievali, da un'edizione a stampa (1472) delle *Etimologie* di Isidoro di Siviglia (Harley – Woodward 1987, p. 302).

Il disegno del Mediterraneo e delle isole muta radicalmente nelle prime carte nautiche – o carte marine, secondo la denominazione oggi prevalente – e nella dettagliata descrizione del portolano, due prodotti originali della civiltà tardo-medievale dell'Occidente latino. I documenti più antichi, a noi pervenuti, si datano all'inizio del XIV sec., ma vi è motivo di ritenere che la produzione di carte marine e portolani risalga alla fine del XII sec. in quanto espressione del dinamismo commerciale che s'irradia dal bacino occidentale per opera di Amalfitani, Catalani, Genovesi, Pisani e Veneziani. Fin dall'inizio del secolo l'impero bizantino va perdendo il controllo delle comunicazioni nel Mediterraneo, che sono ormai nelle mani delle 'città marinare' ed è ben noto quale sia il loro ruolo nelle prime crociate. Su tale sfondo va dunque collocata la produzione delle più antiche carte marine. Insieme all'Europa il Mediterraneo occupa la maggior parte dello spazio cartografico con una rappresentazione straordinariamente verosimile della posizione relativa dei luoghi e dei litorali, che non cessa di stupire gli studiosi e i profani.

Rispetto alle regioni continentali il contorno del Mediterraneo e delle isole assume un rilievo particolare grazie all'accuratezza e alle proporzioni del disegno. Di solito i toponimi sono disposti perpendicolarmente alla linea di costa e si susseguono fitti nell'immediato entroterra, con una cura del dettaglio topografico che sarebbe incompatibile con la scala della carta. Come nella geografia descrittiva greco-romana anche qui la sequenza di tutti gli elementi della geografia litoranea, pure di baie e promontori di secondaria o di nessuna importanza nella rete del traffico commerciale, si spiega con le limitate possibilità per le navi di raggiungere la meta 'in linea retta', come potranno fare solo dopo l'introduzione della navigazione a vapore all'inizio del XIX secolo.

Nei più antichi esemplari conservati, di cui fanno parte la carta di Angelino Dulcert (fig. 67) e la carta pisana (fig. 68), l'inquadratura comprende la costa atlantica dell'Europa, le Isole Britanniche e una porzione del Mar Baltico. A sud include parte del Mar Rosso, mentre in Asia la cornice appare dettata dall'estensione orientale del Mar Nero e arriva fino all'alta Mesopotamia, quando non si arresta all'entroterra del litorale siro-palestinese. Nella carta pisana, la più antica, il Mediterraneo campeggia in maniera quasi esclusiva. La sua estremità orientale coincide infatti con l'estremità della pergamena, il cui margine inferiore si arresta alla profonda rientranza della Grande Sirte. Nessuna delle carte marine medievali, note finora, si identifica a tal punto con lo spazio mediterraneo; sta qui il carattere eccezionale della carta pisana. L'Asia centrale e orientale dal Caspio alla Cina è esclusa dall'inquadratura, *ragione per cui la centralità del Mediterraneo si afferma in un'ecumene dimezzata*. Come vedremo, di questo occorre tener conto per riconsiderare l'origine delle carte marine.

Le novità risaltano subito nel bacino occidentale (fig. 68), se confrontato con le tavole di Tolemeo e con la carta di Edrisi. Per la prima volta la Provenza sporge fra il Golfo del Leone e quello di Genova, verso il quale può ora spingersi la Corsica portando con sé la Sardegna, mentre a sud si libera

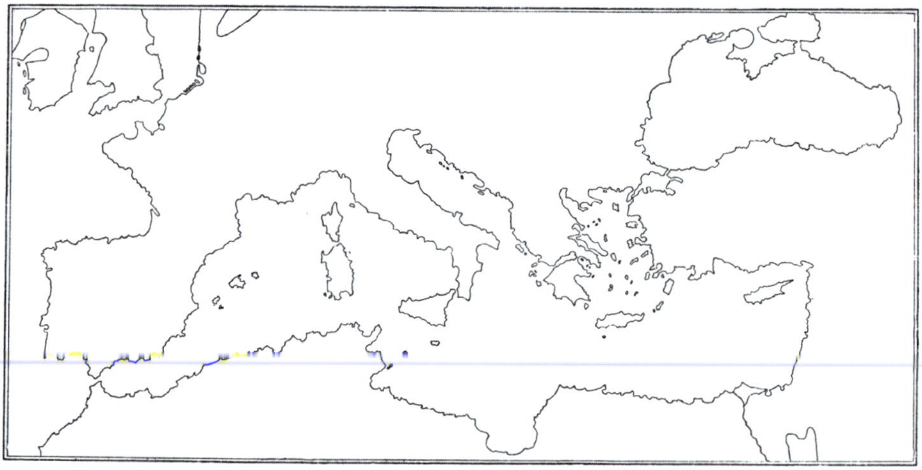

Fig. 67 – Il contorno del Mediterraneo nella carta di Angelino Dulcert, 1339 (NORDENSKIÖLD 1889, p. 31).

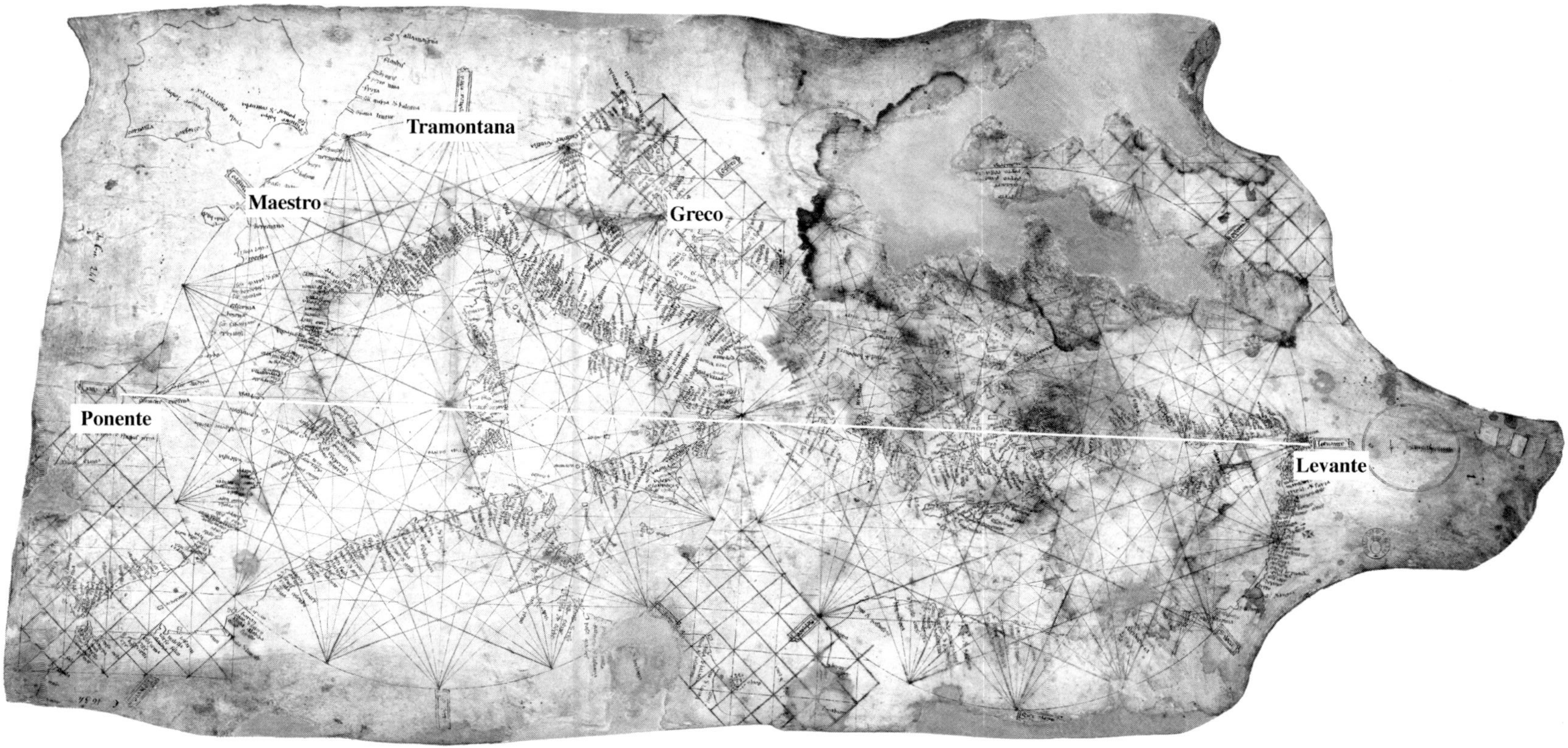

Fig. 68 – Il Mediterraneo nella carta pisana, che è conservata nella Biblioteca Nazionale di Francia (HOFMANN – RICHARD – VAGNON 2012, pp. 20 sg.).

lo spazio che accoglie l'estensione verso settentrione della Tunisia. Già il *Periplo* di Ps.-Scilace (IV sec. a.C.) registra l'approssimativa equidistanza delle due maggiori isole tirreniche rispetto al golfo di Cartagine, equidistanza visibile anche nella cartografia tolemaica dove però la Sardegna si spinge a una latitudine più meridionale della Sicilia (fig. 63). Nella carta marina è ridisegnato in tutta la sua profondità l'intero arco compreso fra lo Stretto di Gibilterra e lo Stretto di Messina, mentre la costa algerina allungandosi verso il Golfo di Tunisi assume per la prima volta la sua direzione, anziché spingersi nettamente più a sud dello Stretto di Gibilterra, come accade nel disegno di Tolemeo (fig. 60b), che viene solo in parte modificato nella carta di Edrisi. Nel bacino orientale il tracciato della costa fra il Delta del Nilo e il Golfo di Alessandretta/Iskenderun non segue più la direzione SO-NE (fig. 67), e il discorso potrebbe continuare con la dimensione e la forma del Mar Nero, della Crimea e dell'Adriatico. Anche l'asse degli stretti dai Dardanelli al Bosforo si allontana decisamente dalla direzione N-S (fig. 46b), un'altra convinzione radicata nella geografia antica.

Per secoli la cartografia greco-romana del Mediterraneo ha selezionato un numero esiguo di punti sui quali costruire faticosamente i suoi arditi schemi geometrici, con le inevitabili sproporzioni nei rapporti spaziali. La civiltà tardo-medievale mostra invece dei 'progressi' straordinari, quasi venissero da un altro mondo, extraterrestre.

Sulla carta pisana figura una scala grafica in miglia ma non vi è traccia o indizio alcuno di coordinate geografiche. L'accurato disegno del contorno costiero, la sorprendente disposizione e proporzione degli spazi raffigurati non derivano da osservazioni astronomiche, ma sono unicamente il prodotto di conoscenze empiriche sviluppate con la navigazione. Rispetto alla nautica degli antichi c'è in fondo soltanto l'uso della bussola e del timone unico incernierato a poppa a segnare un avanzamento tecnico, che consente di mantenere la direzione sull'orizzonte visibile in maniera meno approssimativa. Tanto più singolari appaiono perciò le prime realizzazioni delle carte nautiche, che sono sconosciute all'antichità greco-romana. Ogni tentativo, fatto in passato, per spiegare la loro costruzione in termini tolemaici, vale a dire come la proiezione della sfera terrestre su una superficie piana, si è dimostrato vano, perché partiva da una premessa priva di fondamento e anacronistica. Ancora oggi la questione presenta aspetti controversi per gli studiosi della civiltà medievale, soprattutto riguardo l'origine, l'elaborazione e l'uso delle prime carte marine.

Interrogativi in parte non diversi pone il *Compasso de navegare*, il più antico portolano del Mediterraneo noto finora, edito per la prima volta nel 1947 da Bacchisio Raimondo Motzo, professore di storia antica all'Università di Cagliari nonché allievo di Gaetano De Sanctis (1870-1957), che fu il più grande storico italiano dell'antichità nella prima metà del secolo scorso. Un'edizione recente (2011) ha messo a disposizione degli studiosi un testo filologicamente più accurato, facendo certamente progredire l'analisi linguistica del *Compasso*, ma nel suo lavoro pionieristico Motzo ebbe il merito di tracciare con chiarezza il quadro storico e problematico in cui esso va collocato. Non tutte le conclusioni di Motzo sono oggi condivisibili, ma l'esigenza di un approccio storico resta in piedi.

Nel *Compasso* abbiamo dinanzi uno di quei testi preziosi il cui valore documentario è inversamente proporzionale a quello letterario. Da C. San Vincenzo, il promontorio Sacro della geografia antica, fino a Safi sulla costa atlantica del Marocco il portolano percorre in senso orario l'intero circuito del Mediterraneo, cui viene aggiunto alla fine il Mar Nero. Porti, approdi, ancoraggi, promontori si susseguono con l'indicazione delle distanze in miglia e delle direzioni in rapporto alla rosa dei venti (figg. 69a-b), con informazioni circostanziate sui vari specchi d'acqua e con tutte le istruzioni utili alla navigazione (scogli, secche, profondità del mare e qualità del fondale per l'ancoraggio, i venti locali). Apposite sezioni sono dedicate ai numerosi *pileggi* o *peleggi*, le traversate che si irradiano in tutte le direzioni da alcuni porti, i quali assumono perciò una particolare funzione nella rete delle comunicazioni marittime (se ne contano in totale circa trecento). Convinto sostenitore della complementarietà fra il *Compasso* e la carta pisana, Motzo sottolineò giustamente l'importanza delle traversate per il disegno degli spazi marittimi, raffigurati nelle loro posizioni e proporzioni.

Nella copia a noi giunta il *Compasso* porta la data del 1296, ma esso venne elaborato attorno al 1250, come ipotizzò Motzo. Il contenuto è annunciato nelle prime righe, che seguono alla premessa in latino dell'amanuense.

> In nomine domini nostri Ihesu Christi amen. Incipit liber compassuum. M.CC.LXXXXVI de mense januari fuit inceptum opus istud.
>
> Questo si è lo compasso e la starea de la terra sì como se reguarda en quante millara per estarea.

Ecco il commento di Motzo (pp. LXXVIII sg.):

> L'abile nocchiero che compose il Portolano e la Carta nautica del Mediterraneo aveva intitolato l'opera sua *Compasso de navegare*.
>
> [...]
>
> Ma qual è il valore e il significato di quel nome? Il copista della redazione del 1296 lo ha tradotto in latino con un genitivo plurale *liber compassuum* che pare accenni a misura: il libro dei compassi sarebbe cioè il libro contenente le distanze da un porto all'altro, da un capo all'altro ecc. È questo infatti uno degli elementi essenziali dell'opera.

69a

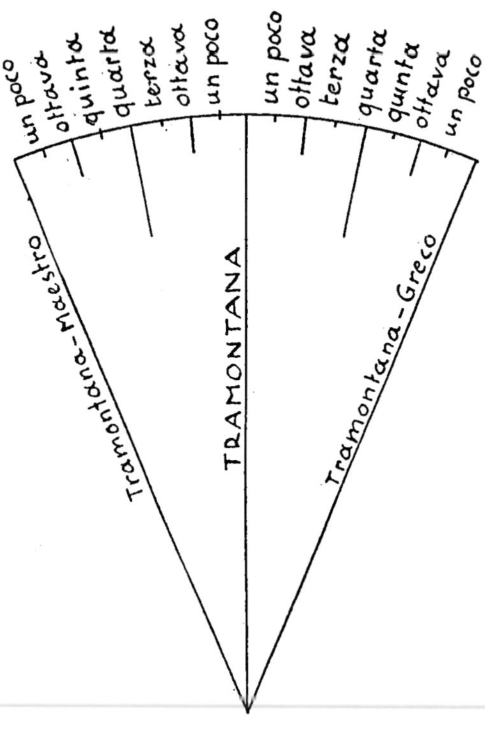

69b

Fig. 69 – (a) Rosa dei venti con le otto direzioni principali (adattamento da Gautier Dalché 1995, p. 71). (b) Il *Compasso* divide l'orizzonte in 128 settori, che risultano dalla divisione in 16 parti di ciascuno degli otto venti principali (Motzo 1947, pp. xcvi sgg.).

[...]

La starea de la terra sì como se reguarda significa «la costa secondo la sua direzione», perché nel linguaggio del Compasso e dei portolani anche posteriori, *guardarsi* di due luoghi rispettivamente è detto per la loro posizione relativa secondo le direzioni della rosa dei venti: *la starea de la terra sì como se reguarda* è quindi la direzione della costa secondo la rosa dei venti. Questo è il secondo elemento essenziale dato dal portolano. Con la parola Compasso l'autore deve avere inteso dunque misura, e i due elementi sono ricongiunti nell'ultima espressione *en quante millara per estarea*: l'opera cioè dà le distanze misurate e le direzioni, non separatamente, ma unite insieme.

Stime delle distanze, espresse in giorni di navigazione o in stadi, formano il tessuto del *Periplo* di Pseudo-Scilace (IV sec. a.C.), ma vi compaiono come elementi statici di una geografia etnico-politica, mentre nel *Compasso* esse comportano un carattere dinamico insieme alle istruzioni nautiche, dettate nella loro nuda ed essenziale funzionalità pratica. Non c'è posto qui per la tripartizione continentale del Mediterraneo, mentre le sue divisioni geografiche e politiche sono solo accennate (Spagna, Catalogna, Provenza, Principato, Puglia, Sclavenia). A parte la *Romània* (impero bizantino) e la *Barbaria* (Africa), il mondo del *Compasso* si presenta culturalmente omogeneo e indifferenziato, quando non si tratta delle esigenze pratiche della navigazione. È un testo tecnico, scritto in volgare e concepito da marinai a uso *esclusivo* di marinai. Domina fin dall'inizio la prospettiva dell'itinerario e solo alla fine (101r), prima di passare al *Mare Maiore* (Mar Nero) – maggiore rispetto al Mar di Marmara – la mente dell'autore si rivolge per un momento a «tutta la terra entorno lo mare» con le isole grandi e piccole che vi sono comprese. Solo eccezionalmente l'attenzione si discosta dall'informazione strettamente funzionale alla navigazione; a sud di Ragusa / Dubrovnik il *Compasso* (23v) segnala il fiume che separa la *Sclavenia* (il paese degli Slavi) dalla *Romània* – la cosa non sorprende nel Golfo di Venezia – mentre accenna appena alle alte montagne di *Ierusalem*, che si trovano nell'entroterra a sud di Giaffa.

Tutti i nomi di luogo sono resi in volgare, ed è impressionante trovare l'intera catena della toponomastica mediterranea e atlantica in una stessa lingua, che suona familiare alle orecchie degli Italiani. Non di rado i toponimi rivelano però la loro origine greco-bizantina o araba (numerosi quelli che nel Levante e lungo il litorale africano iniziano con *Ras*-capo), diversamente da quanto abbiamo osservato nella ellenizzazione sistematica che caratterizza invece la toponomastica mediterranea nei primi *Giri della terra* e nei *Peripli* della letteratura greca. Promontori e approdi intitolati nella geografia antica a dèi ed eroi (Posidone, Atena, Era, Ermete, Eracle, Afrodite) hanno preso ormai il nome dei santi cristiani (Sant'Andrea, San Giorgio, San Nicola, Santa Maria e così via). In tutto il *Compasso* non c'è la minima traccia di una qualche memoria dell'antico, ad eccezione della denominazione *Capo de le colonne* (al plurale) riservata a due punti cospicui della geografia marittima dei Greci: Capo Lacinio (17r) a sud di Crotone e Capo Sunio (31r), dove è indicata la presenza di *colonne dericte*, vale a dire quelle ancora in piedi del tempio di Posidone. Punta della Campanella, all'estremità della Penisola Sorrentina, è designata come *Capo de Minerba* (16v), il nome latino di Atena. All'estremità settentrionale di Cefalonia è segnalato *Porto Fiscardo*, così chiamato dal normanno Roberto Guiscardo che vi trovò la morte nel 1085. Di fronte al porto c'è Itaca, ma fa un certo effetto ritrovarla con tutt'altro nome:

> E lo dicto porto da greco à I isola che se clama Val de Compare, a vii millara.

Sulla costa meridionale della Turchia desta interesse un *Castel Lombardo* (47r), che è puntualmente localizzato nella carta pisana (fig. 70a) e che risale probabilmente alle circostanze storiche delle prime crociate.

Vale la pena riportare alcuni brani del *Compasso*, perché il lettore si faccia un'idea di questo testo. Essi riguardano nell'ordine la costa ionica cala-

Fig. 70a – Il Golfo di Adalia / Antalya nella carta pisana (Parigi, BnF).

brese da C. Spartivento a Punta Alice (*Capo de Lechia*), che si trova all'entrata del Golfo di Taranto, quindi l'ingresso nel porto di Taranto e in quello di Brindisi. Gli ultimi due brani ci portano invece nell'Egeo e infine a *Sinopi* / Sinop sulla costa settentrionale della Turchia (fra parentesi quadre alcune note esplicative).

(17v-18r) De Spartivento a capo de Stillone [*Punta Stilo*] c millara per greco ver tramontana. Del capo de Stillone a Squillaci xxx millara per tramontana ver lo greco. Del golfo de Squillaci al capo de Castelle lx millara per greco ver lo levante. Del capo de Castelle al capo de Colonne x millara entre greco e tramontana. Del capo de le Colonne a Cotrone x millara per tramontana. Cotrone è bom porto per tucti venti ma non è bono per greco. [*seguono le istruzioni per entrare nel porto*]

De Cotrone a la lena de Lechia [*Punta Alice*] xxv millara per lo greco ver tramontana. De lo capo de Lechia a Rossano xl millara per maestro.

(18v) Se volete gire al porto de Taranto, mettete l'isola peticta ch'è da greco per meccça poppa e 'l capo de la città ch'è da garbino per meccça proda. E così entrarete nepto per un tuvolo [*canale*], che è en quella parte del golfo sopredicto. Et onora [*tieni a distanza*] la ponta de la città mecço prodese [*quanto la metà di un cavo di ormeggio*].

(20r) Brandicço è bom porto. Denamti la dictao porto à l'isola che s'appella Sancto Andrea, en la quale isola à I chiegia che à nome Sancto Andrea. La dicta isola à II entrate, I[a] da parte de greco, l'altra da parte de sirocco. Se volete entrare da la bocca de sirocco, guardate de la ponta che se clama Cavallo, ch'è lontana a la dicta isola v millara per sirocco ver mecço dì, ch'è secca en mare I millaro.

(41r-41v) De la dicta Mallea Sancto Angelo [*Capo Malea*] entro a lo fredo [*lo stretto*] dell'isola dello Scarpento et dell'isola de Rode, volete gire per levante ver lo greco un poco, et vederete l'isole che de sopre son dicte de la scala da la parte de tramontana [*sono le Cicladi meridionali*], e le montagne dell'isola de Creti da mecço dì. E so entorno ccc millara. E vederete tucte quelle isole tale de x e tale de xv millara, e tale de xx e tale de xxx millara. E sse fosse tempo claro, vederete l'isola de Creti de la parte de mecço dì.

(104v) Lo dicto Sinopi è bom porto, e la 'ntrata de lo dicto porto è da levante. La conoscença de Sinopi è cotale: che vederete I bello capo e longo. E se venite da ver ponente, o con vento de ponente, trovarete I scollio lontano da terra entorno ½ millaro. E podete entrare securamente en mecço de lo dicto scollio e de lo capo. E sapiate per vero: se venite con vento de ponente, trovarete lo dicto capo molto ballumenoso [*tondeggiante*, a quanto pare]. Accostateve a lo dicto capo, quantunque voi podete, securamente.

Non è difficile trasferire sulle carte marine medievali o sulle tavole dei nostri atlanti le distanze orientate delle grandi traversate. Quando si tratta però di atterrare, di entrare in un porto o di cercare un ancoraggio senza finire sulle secche, la minuta topografia marittima del *Compasso* può essere apprezzata solo se si dispone di una carta nautica a grande scala o più semplicemente ricorrendo a *Google Maps*.

Che la geografia nautica del *Compasso* sia ben più antica del manoscritto a noi pervenuto, trova conferma in un altro testo, sconosciuto a Motzo, il *Liber de existencia riveriarum et forma maris nostri mediterranei* composto probabilmente a Pisa attorno al 1200: *Libro sulla disposizione delle coste* [vale a dire *come esse si presentano*] *e sulla forma del nostro mare Mediterraneo*. Come ha mostrato il suo editore in uno studio fondamentale per l'ampiezza dell'informazione e la ricchezza dell'indagine (Patrick Gautier Dalché 1995), l'importanza storico-culturale di quest'opera sta nel fatto che contiene un periplo del Mediterraneo basato sulle distanze orientate dei portolani ma scritto in latino e inserito nella geografia libresca dell'epoca, sacra e profana. Ritroviamo così nel *Liber* la tripartizione continentale del Mediterraneo e le antiche divisioni politico-amministrative dell'impero romano, cui talvolta si aggiungono quelle tardo-medievali.

Nonostante la formazione letteraria dell'autore, che non richiama solo passi della Bibbia ma anche autori pagani e cristiani – con excursus sull'etimologia dei toponimi, su Roma e la Terrasanta – la descrizione è in sostanza una lunga sequenza di distanze fra i luoghi marittimi, con l'indicazione della loro posizione reciproca secondo la rosa dei venti. L'intera catena è suddivisa in numerose porzioni di varia estensione (*riveriae*), di cui una quarantina per il circuito del Mediterraneo. Ciascuna di esse è a sua volta divisa in due rubriche: la prima anticipa in sintesi l'andamento della linea di costa, che viene poi precisato nella seconda rubrica con la serie dettagliata delle distanze. Nel *Liber* l'ordine descrittivo è diverso dal *Compasso*, perché inizia da Capo Spartel in Marocco e prosegue in senso antiorario fino a chiudere il cerchio con Gibilterra, cui segue una porzione della costa atlantica del Marocco e dell'Iberia; alle grandi isole del Mediterraneo è riservata la parte finale del libro.

La posizione relativa dei luoghi – soprattutto di quelli che non appartengono alla medesima catena litoranea – non viene indicata però con il lessico dinamico dello spazio vissuto e di quelle circostanziate informazioni pratiche, che nel *Compasso* portano il segno dell'esperienza nautica. La geografia del *Liber* si basa in sostanza sulla carta e questo spiega il rilievo dato già nel titolo alla *forma* del Mediterraneo. Della novità l'autore è del resto consapevole, perché l'afferma esplicitamente nel lungo proemio.

Come si può notare anche nei passi prima riportati, al *Compasso* non interessa tanto l'orientamento in sé delle coste, quanto piuttosto quello delle rotte che vi fanno scalo. Certo anche nel *Compasso* troviamo occasionalmente la visualizzazione di grandi spazi, che non possono essere abbracciati dallo sguardo umano, come il Golfo di Taranto o quello di Venezia, la cui imboccatura è posta fra *Tano* (Otoni/Fanò) e *Lequie* (C. di Leuca). Non è in contraddizione con il lungo titolo del *Compasso* il fatto che la catena dei toponimi litoranei e delle distanze orientate non ha lo scopo primario di descrivere la forma dei litorali. Proprio questa invece interessa all'autore del *Liber*, perché *egli la vede sulla carta*. Si spiega così perché sia qui la *riveria* ad assumere quel carattere dinamico che di solito caratterizza le distanze orientate: da un punto all'altro la costa si estende, cambia direzione, si dispiega e si ripiega (*extenditur... erigitur...volvitur ...reclinatur*).

Vale per tutti l'esempio della costa adriatica e ionica dell'Italia con il Golfo di Taranto. Da Ravenna fino al Gargano la costa si estende verso euro (SE), ma poi cambia direzione.

25. A capite vero montis Gargani voluitur et reclinatur riveria in affrico usque ad Sipontinam civitatem per ml..xii. Inde percurrit riveria usque ad Otrenta extra eurum versus austrum, que Apulia dicitur [...].

Inde reclinatur riveria in austro usque ad caput Liquie [...].

26. Inde a capite Liquie [...] reclinatur riveria in occasu, faciens sinum Tarentinum usque ad Vesanum, unde erigitur usque ad caput Littune in euro, quod caput respicit caput Liquie in aquilone ml..c. in freto sinus et Tarentinam civitatem ml.. lx. [...].

A capite vero Liquie voluitur sinus in modo ge elevatum, in capite cuius intus est ciuitas Gallipoli, habens ml. xliiii.

25. Dal promontorio del monte Gargano la costa gira e si ripiega a libeccio per 12 miglia fino alla città di Siponto [*nei pressi venne fondata più tardi Manfredonia*]. Quindi prosegue fino a Otranto fra scirocco e austro e si chiama Apulia.[... *seguono le distanze litoranee fino a Otranto*].

Da Otranto la costa piega ad austro fino al C. di Leuca [...].

26. Dal C. di Leuca [...] la costa piega quindi a ponente, formando il golfo di Taranto fino a Vesano [*Rossano?*], da dove si volge a euro fino a C. Littune [*Punta Alice?*]; questo guarda il C. di Leuca, posto all'imboccatura del golfo verso aquilone a una distanza di 100 miglia, e la città di Taranto a 60 miglia [...].

Dal C. di Leuca il golfo si estende in forma di G e al suo interno si trova all'inizio la città di Gallipoli a una distanza di 44 miglia.

I cambiamenti di direzione del litorale sono indicati secondo l'orientamento della rosa dei venti e corrispondono al disegno di una carta marina non molto diversa dalla pisana, specialmente all'altezza del Gargano e a sud di Otranto (fig. 70b). Come nella carta di Edrisi anche qui il Golfo di Taranto assume un contorno sconosciuto alla geografia antica. Altri brani possono dare un'idea di questo testo, non meno singolare del *Compasso*, ma per altre ragioni.

Le due Sirti sono già ben note alla letteratura greco-romana, che le associa costantemente ai pericoli della navigazione attraverso i bassifondi della costa africana. Del loro nome non vi è però traccia nel *Compasso* (54r sgg.), che segnala le secche nel Golfo di Gabès con le istruzioni dettagliate per superarle. Nella carta pisana (fig. 70c) esse appaiono con la simbologia grafica che permane nella cartografia nautica moderna (crocette disposte in modo da formare un ovale o dei cerchi concentrici). È invece il *Liber* a stabilire la corrispondenza fra il *sinus Tini*, vale a dire il *golfo de Tino* del *Compasso* (53r), e le *Sirtes maiores*, la Grande Sirte che si apre in Libia fra Bengasi e C. Misurata e che Ecateo di Mileto attorno al 520 a.C. chiamava Golfo Psillico.

Nel *Liber* il mare di Levante è compreso fra Ascalona / Ashkelon (Israele) e il Golfo di Alessandretta / Iskenderun (Turchia), come leggiamo nella rubrica sintetica posta all'inizio di questo settore.

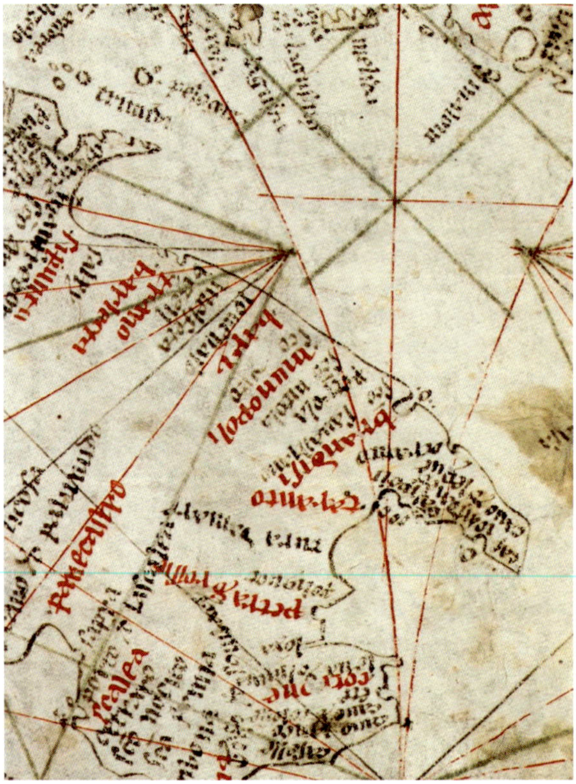

70b

70c

Fig. 70b – Dal Gargano a Crotone nella carta pisana. Fig. 70c – Le secche della Piccola Sirte nella carta pisana (Parigi, BnF).

10. A Scalona extenditur riveria in aquilonem usque ad castrum quod dicitur Portellam ultra Anthiochiam quod situm est in fundo riveriarum huius maris Mediterranei ubi dicuntur esse fines Constantinopolitani regis, per ml.. ccclxxx.

10. Da Ascalona lo costa si estende per 380 miglia verso aquilone fino alla fortezza che si chiama Portella, al di là di Antiochia, e che si trova in fondo alle coste di questo mare Mediterraneo, dove si dice che vi siano i confini del re di Costantinopoli.

Fig. 71 – La fortezza di Portella nel Golfo di Alessandretta (Baratta – Fraccaro 1954, fasc. 2, tav. 8, con l'aggiunta di Portella).

Segue la serie delle distanze, in cui la fortezza di Portella (fig. 71) – alla frontiera dell'impero bizantino, secondo le informazioni del *Liber* – viene collocata però nella *provincia di Commagene*, un residuo della Siria romana che figurava sulla carta insieme alle altre designazioni antiche (Palestina e Fenicia). Nuovo è invece l'orientamento della costa da Ascalona ad Antiochia, perché essa si estende verso aquilone (NNE), diversamente dalle indicazioni della geografia antica che si rappresentò sempre la costa del Levante con un andamento più obliquo, da sud-ovest verso nord-est (fig. 61), in quanto esposta ai venti di nord-ovest. L'odierno Golfo di Alessandretta/Iskenderun è descritto minuziosamente dal *Compasso* e anche – ma in direzione opposta – dal *Liber*, che alle distanze lungo la costa aggiunge la stima dell'imboccatura fra Mallo e Raseleganzir/Ras el-Khanzir. L'autore del *Liber* sa inoltre che Portella si trova nel golfo di Isso (*Issicus sinus*), denominazione antica legata alla celebre battaglia di Alessandro Magno (333 a.C.) e che è naturalmente ignota al *Compasso*. Anche i toponimi medievali, che nel *Compasso* leggiamo in volgare, vengono qui latinizzati come Castel Lombardo sulla costa meridionale della Turchia, che diventa *Castrum Lombardorum*.

Sulla stessa costa, verso occidente, un punto cospicuo per la navigazione è rappresentato da Capo Chelidonia con le isolette omonime che lo fronteggiano; ne abbiamo già parlato a proposito del famoso relitto dell'età del bronzo (p. 16). In età ellenistica questo capo fa concorrenza al Triopio (all'estremità della penisola di Cnido) nella delineazione litoranea della penisola anatolica, perché costituisce un punto di svolta lungo la rotta fra la Licia e il Golfo di Adalia, assumendo così anche la funzione di un confine geografico. Il *Liber* menziona Capo Chelidonia col monte *Clarus* che lo sovrasta e aggiunge che lì termina la costa della provincia di Cilicia nell'Asia Minore. Di tali divisioni non vi è traccia nel *Compasso* (47r), che segnala il gruppo delle isole *Siledonie* con alcuni scogli e una secca al largo, aggiungendo che sulle isole si profilano le vette della Licia:

> Le montagne de sopre le Siledonie so acute, che se appella Lo Claro.

A dispetto della sua erudizione anche l'autore del *Liber* ignora però che l'isola accanto a Cefalonia è la patria di Ulisse e designa perciò Itaca con la stessa espressione, appena modificata, che leggiamo nel *Compasso*. Dopo aver segnalato la presenza di scogli presso la costa meridionale di Cefalonia, lungo lo stretto che la separa da Zacinto, aggiunge:

> habet etiam a latere suo aquilonari in faciem sinus Corinthii iuxta se in suo ordine iacentem insulam que dicitur Villa de Comparari.

> Inoltre sul lato rivolto ad aquilone, di fronte al golfo di Corinto, Cefalonia ha accanto un'isola disposta nella sua stessa maniera, che si chiama *Villa de Comparari*.

L'autore del *Liber* attinge certamente a delle 'istruzioni nautiche' ma ha anche sotto gli occhi un'immagine del Mediterraneo, come abbiamo appena visto per l'Italia e il Levante. Da Ceuta ad Alessandria l'andamento del litorale africano, registrato accuratamente secondo le sue mutevoli direzioni, non corrisponde né alle indicazioni della geografia antica né alla carta di Edrisi, ma riflette i contorni di una carta marina. Da notare inoltre che fra Marocco e Andalusia, trenta miglia al largo di Capo Tres Forcas (presso Melilla), viene segnalato l'isolotto di Alborán, del tutto ignoto alla geografia antica, che compare anche nella carta pisana (fig. 72); esso designa oggi il settore occidentale del Mediterraneo nella nomenclatura del portolano moderno.

Questo periplo in latino attesta dunque a Pisa una precoce circolazione delle carte marine indipendentemente dai loro primi destinatari. Dante ricava certamente da una carta simile (fig. 72) non solo la visione simultanea della costa africana (Ceuta) e di quella spagnola (Siviglia) nella rotta che porta Ulisse al di là delle Colonne d'Ercole (*da la man destra mi lasciai Sibilia, / da l'altra già m'avea lasciata Setta*), ma anche l'allineamento di Marsiglia e Bugia grosso modo sul medesimo meridiano, quando fa dire a Folco di Marsiglia: *Ad un occaso quasi e ad un orto / Buggea siede e la terra ond'io fui* (*Pd.* IX, 92). Anche per l'autore del *Liber* il *Bocchi portus* (Port-de-Bouc / Marsiglia) si trova di fronte a Bugia, cui si arriva con una traversata di 700 miglia.

Attorno al 1334 sulla nuova figura del Mediterraneo si esercita la fantasia di Opicino de Canistris (fig. 73), un ecclesiastico pavese che trascorse parte della sua vita alla corte papale di Avignone, dove risiedeva allora Giovanni XXII. Nel decennio 1320-30 il cartografo genovese Pietro Vesconte, attivo a Venezia, disegna non solo le Isole Britanniche, il Mediterraneo occidentale, il Levante e il Mar Nero, ma anche una *mappa mundi* in cui il Mediterraneo figura con i suoi nuovi contorni, mentre nel profilo dell'Oceano Indiano è evidente il modello della cartografia musulmana. Alcune carte gli vengono commissionate dal veneziano Marino Sanudo per illustrare il suo progetto di crociata in Terra Santa, dove nel 1291 era caduta anche Acri/Akko. Il progetto di Sanudo è presentato nel 1321 a Giovanni XXII ad Avignone.

Il *Liber* mostra però che almeno un secolo prima a Pisa la geografia marittima è uscita dalla cerchia dei naviganti. L'espressione che figura nel titolo (*mare nostrum Mediterraneum*) ricorre fin dall'inizio nella descrizione della costa africana soprattutto in prossimità di Bugia (*etiam istud est mare nostrum*), trasmettendo come un senso di familiarità, che non può stupire nella Pisa del 1200. Alla descrizione dettagliata del *portus pisanus*, che si spiega con la città d'origine dell'autore, si può accostare la topografia circostanziata di Bugia, dove i Pisani hanno un fondaco dall'inizio del XII sec. L'autore del *Liber* sa inoltre che nel porto di Musteganib (Mostaganem) a est di Orano (Algeria) approdano le navi per fare il carico di frumento e la stessa informazione riguarda un altro porto di incerta identificazione. Nel *Liber* un *portus pisanus* si trova pure sulla costa dell'Egitto, mentre nelle acque di Bugia il *Compasso* (59v) registra *l'Isola dei Pisani* (oggi Pisan), segnalata anche nella carta pisana (fig. 74). La stessa ubicazione della fortezza di Portella *ultra Anthiochiam* (lungo la via che porta nella pianura cilicia attraverso il passo dell'Amano), potrebbe risalire a informazioni di prima mano, attinte grazie ai rapporti con la comunità pisana attiva ad Antiochia fin dall'inizio del XII sec., quando la prima crociata ridisegnò la geografia politica del Levante. Storici del Mediterraneo me-

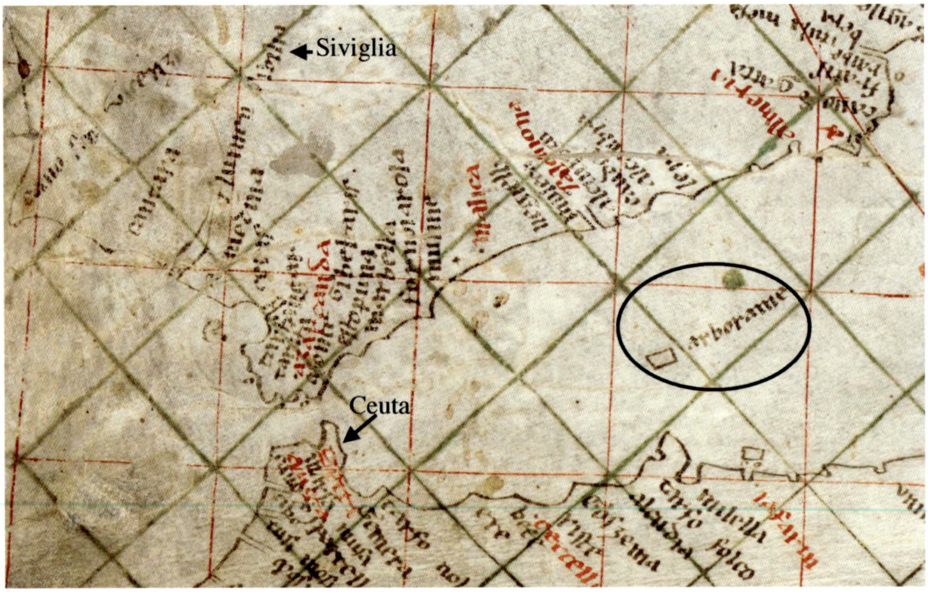

Fig. 72 – L'isolotto di Alborán nella carta pisana (Parigi, BnF).

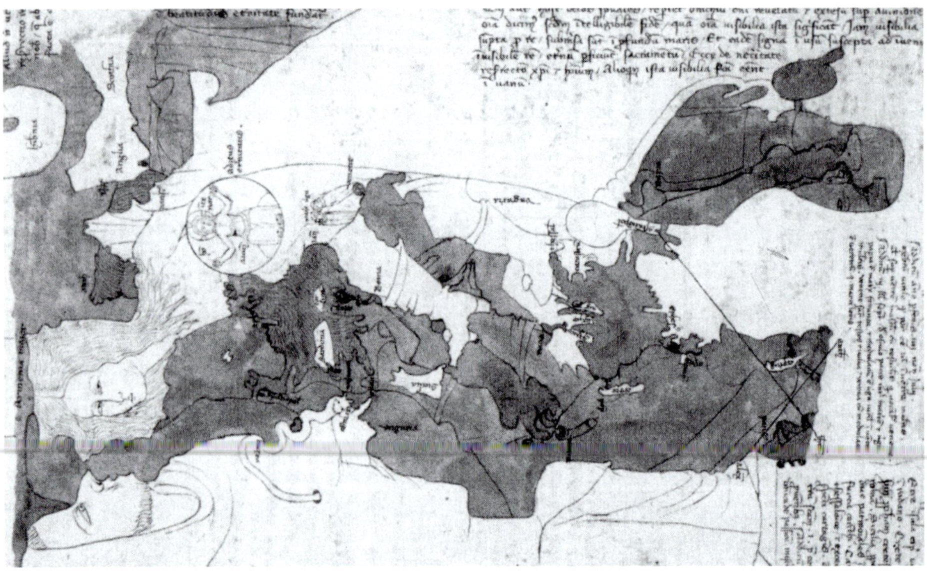

Fig. 73 – Il Mediterraneo nei disegni di Opicino de Canistris (BAV, Vat. Lat. 6435, c. 77r).

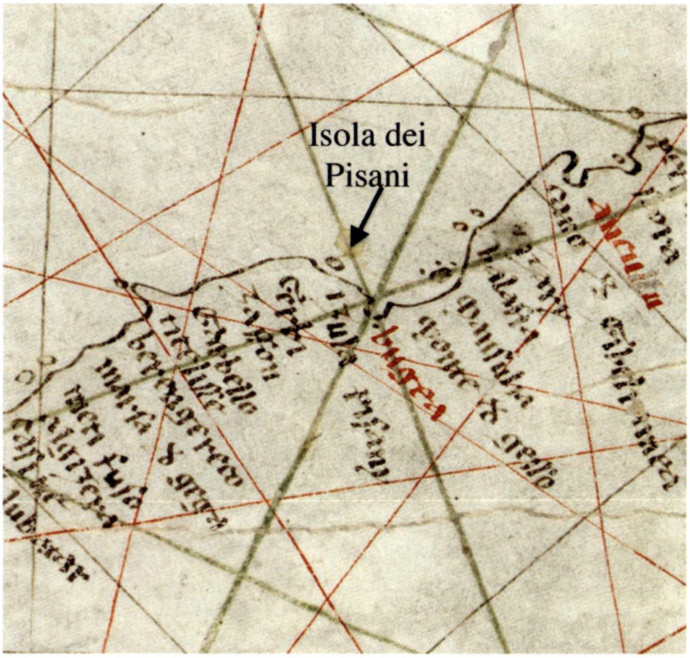

Fig. 74 – L'Isola dei Pisani e Bugia nella carta pisana (Parigi, BnF).

dievale diranno quali considerazioni possano trarsi da questi dati. La presenza di Pisa nel XII sec. sulle coste africane – da Ceuta a Orano, Bugia, Tunisi e Alessandria – è infatti ben nota, ma non si tratta di un fenomeno esclusivo perché vi ha una parte anche la concorrenza mercantile di Genova.

* * *

Sulla rappresentazione tardo-medievale del Mediterraneo *come spazio geografico a sé*, occorre ora fermarsi. Si tratta di un apporto originale o vi ha pesato, in qualche modo, anche la tradizione della geografia antica? Che il portolano possa considerarsi l'esito medievale dei peripli antichi, in una linea di continuità storica, è da escludere per varie ragioni, come già da altri è stato osservato; l'unico testo antico accostabile a un portolano è lo *Stadiasmo del grande mare*, ma solo in alcune sue parti. Per la tradizione della cartografia greco-romana le cose stanno in altro modo.

Sia le prime carte marine sia il *Compasso* presuppongono una fase anteriore, in cui la delineazione geografica e la relativa descrizione ebbero come oggetto singole porzioni del Mediterraneo, a cominciare probabilmente dal bacino occidentale. Diversamente dalla 'scoperta' antica del mare interno – un processo di espansione conoscitiva che partì dall'Egeo – gli artefici delle carte marine e del portolano provengono infatti dal bacino occidentale. È questo il loro primo orizzonte di riferimento. Il grande cerchio che lo comprende nella carta pisana (fig. 68) ha il suo centro a ovest della Sardegna e da qui passa la linea che congiunge il *ponente* con il *levante*, come leggiamo alle due estremità della pergamena (cm 103 × 48). Nella geografia antica l'asse del mare interno, dall'occidente al levante equinoziale, passa attraverso le Colonne d'Eracle e lo Stretto di Messina perché lì si materializza la separazione fra Europa e Libia / Africa, fra Italia e Sicilia. Si tratta della estensione o proiezione verso occidente della posizione mediana assegnata alla Grecia e alla Ionia d'Asia rispetto ai paesi settentrionali freddi (Scizia) e a quelli meridionali caldi (Egitto ed Etiopia). Tale polarità climatica ha storicamente nell'Egeo il suo quadro di riferimento originario, come si è visto.

Nella carta pisana lo stesso asse tocca a *levante* il Golfo di Alessandretta, ma a *ponente* passa a settentrione delle Baleari, rispetto alle quali lo Stretto di Gibilterra si trova naturalmente in una posizione più meridionale, ma *troppo meridionale* rispetto alla posizione che occupa nei nostri atlanti. È in sostanza il medesimo fenomeno riscontrabile nella collocazione *troppo settentrionale* assegnata al Mar Nero e alla Palude Meotide (Mar d'Azov) nella prospettiva egeo-centrica della geografia greca, prospettiva che passa poi inavvertitamente dalle *mappae mundi* antiche alle carte marine medievali. Anche in queste infatti il Mar Nero col Mar d'Azov è collocato *troppo a nord* rispetto al Mediterraneo e così resterà a lungo pure nella cartografia moderna. In altre parole, la posizione della Scizia marittima conserva l'impronta dell'orizzonte egeo-centrico, mentre la posizione dello Stretto di Gibilterra deriva dall'esperienza marittima tardo-medievale nel bacino occidentale del Mediterraneo. Per spiegare la 'distorsione' cartografica dell'asse mediterraneo si è invocata talvolta la declinazione magnetica, fenomeno osservato per la prima volta grazie alle navigazioni atlantiche che portarono alla scoperta del Nuovo Mondo. In realtà tale 'distorsione' caratterizza già la cartografia antica del mare interno e questa trae la sua forza di inerzia dalle rappresentazioni collettive, trasmesse dai naviganti ai geografi.

La costruzione della carta marina presuppone la sua divisione in settori, ma la loro ricomposizione avviene in un'immagine antica. Il valore storico del *Liber* sta appunto in questo: esso documenta i primi tentativi di trasferire le nuove conoscenze, desunte dalla pratica della navigazione mediterranea, in una *mappa mundi*. È incerto in che misura l'autore stesso del *Liber* abbia ridisegnato la carta, sulla quale egli legge l'orientamento mutevole dei litorali. Una parte almeno della toponomastica antica doveva stare comunque già sulla carta prima che il suo disegno venisse modificato, perché non può trattarsi semplicemente di integrazioni erudite tratte dalla letteratura latina. Questo vale soprattutto per i nomi delle province romane disseminate nei tre continenti e in un'area ben più estesa di quella disegnata dagli *Atti degli apostoli*, cui spesso si richiama l'autore.

È proprio la consapevolezza di presentare la nuova figura del mare interno, che conferisce un significato particolare all'espressione *mare nostrum Mediterraneum*. Nel titolo del *Liber* essa circoscrive lo spazio marittimo che appare con le sue nuove forme. Queste riflettono il disegno della carta marina, mentre le informazioni sulle distanze orientate documentano già attorno al 1200 la circolazione di portolani. Pur ridisegnata e modificata, soprattutto nella parte occidentale, la carta del *Liber* porta ancora i segni della sua appartenenza a una raffigurazione generale della terra abitata, le cui didascalie risalgono alla geografia antica. Si è già detto delle province romane e di altre denominazioni antiche. C'è poi un elemento decisivo che fa pensare a una *mappa mundi*: alla fine del *Liber* l'autore percorre l'intero versante oceanico dal Golfo di Guascogna fino alla porzione che si trova alle spalle della Palude Meotide / Mar d'Azov e accenna ai Monti Rifei. Sono montagne mitiche che nessuno ha mai visto e che nella cartografia antica e medievale figurano all'estremità settentrionale del mondo conosciuto.

Nella compresenza di antico e di moderno va collocato dunque il *mare nostrum Mediterraneum*, espressione di riuso che designa uno spazio marittimo antico, le cui forme sono però nuove come gli interessi mercantili dei suoi fruitori. Quando circa due generazioni più tardi viene composto il *Compasso*, si direbbe che la separazione fra antico e moderno si è ormai consumata; il portolano, scritto in volgare, ci appare in tutta la sua esclusiva funzionalità pratica.

Mettendo da parte le ipotesi, più o meno persuasive, sui procedimenti con cui vennero elaborate le prime carte marine, il disegno dettagliato delle coste richiede in partenza un quadro d'insieme, *un'idea geografica* insomma, che per ragioni storiche non può essere un prodotto né del mondo tardo-antico, né della civiltà medievale. Come l'Islam, almeno dal IX sec., rielabora la cartografia tolemaica della terra abitata, perché offre una visione del tutto di cui l'Islam è parte, così tre secoli più tardi nell'Occidente latino le prime carte marine *rielaborano il disegno antico del Mediterraneo*, separandolo però dalla *mappa mundi* cui da sempre esso appartiene. In questa separazione non c'è nulla di ovvio. Al contrario, qui sta appunto la novità, se si considera la forza di una tradizione ininterrotta – dalla geografia greco-romana a quella cristiana e musulmana – in cui *il mare interno è indissolu-*

bilmente legato alla concezione stessa di tutta la terra abitata. Attorno alla metà del XII sec. la grande carta di Edrisi poteva costituire la base di partenza per ridisegnare i contorni del Mediterraneo; a quanto pare, l'autore del *Liber* aveva però sotto gli occhi una *mappa mundi* diversa.

Per secoli la rappresentazione dell'ecumene restò appannaggio dei ceti colti, finché il cristianesimo assicurò a suo modo non solo la sopravvivenza della cartografia antica ma anche la sua diffusione in strati sociali più larghi. Accanto alla cartografia 'scientifica', da Eratostene a Tolemeo, dobbiamo però ammettere già in età ellenistico-romana l'esistenza di iconografie che erano prive della rete geometrica delle coordinate e la cui fruizione andava oltre la cerchia ristretta degli studiosi. L'insistenza con cui all'inizio della *Geografia* Tolemeo critica le *corografie*, come egli le chiama, perché sono opera di pittori e non di matematici, attesta la loro diffusione. Fu questa cartografia per così dire pittorica che trasmise all'alto medioevo cristiano (VII-X sec.) l'immagine antica della terra abitata *con il suo mare interno*.

Sarà bene intendersi sul primato che spetta alla civiltà antica per aver elaborato criticamente l'immagine dell'ecumene, da Anassimandro a Tolemeo. Non si tratta di rivendicare banalmente l'anteriorità dell'antico, che sarebbe comunque relativa perché le civiltà del Vicino Oriente a loro volta hanno la precedenza nella rappresentazione del mondo conosciuto – da cui però è escluso il Mediterraneo in quanto tale. Il primato deriva in sostanza dal concorso singolare di una storia culturale e politico-militare il cui orizzonte si espande dal bacino orientale del mare interno fino ai limiti della terra abitata. La vocazione ecumenica della geografia greca, conviene ricordarlo ancora una volta, si afferma *assai prima* che il dominio romano si estenda sui tre continenti e prima che il messaggio universale del Cristianesimo riprenda dalla geografia pagana la rappresentazione tripartita del mondo abitato. Se l'idea del Mediterraneo è antica, alla fine del XII sec. esso appare nella sua estensione e corposità *come spazio a sé*, e non più solo come elemento di separazione fra i continenti. In questa riscoperta hanno un ruolo certamente anche le crociate (1096-1291) con l'importazione delle reliquie, che alimentano il culto di santi orientali; ma è l'attività mercantile delle città marinare con i loro interessi geopolitici, che conferisce infine una nuova immagine al mare interno degli antichi. Per ritrovare un quadro geografico che isoli il Mediterraneo dal resto della terra abitata, occorre aspettare la seconda metà del XIX secolo, quando sarà però il *clima* a segnare la sua nuova identità. Ne tratteremo nell'ultima parte di questo libro.

3. Fra universalismo e nazionalismi (XIX sec.)

Nel primo atlante moderno della civiltà europea, il *Theatrum Orbis Terrarum* del fiammingo Abraham Ortel (Ortelius), pubblicato nel 1570, le tavole inquadrano le diverse realtà politiche del Vecchio e del Nuovo Mondo, mentre una serie di carte vengono aggiunte più tardi (1583) per illustrare la storia antica, sacra e profana. In questa appendice troviamo le uniche tavole che isolano il Mediterraneo come spazio dell'impero romano, come teatro delle peripezie di Ulisse, di Enea o dei viaggi di San Paolo. Con la scoperta del Nuovo Mondo riacquista forza la divisione in continenti come quadro concettuale che orienta lo sguardo sull'umanità in età moderna (1492-1815), mentre nelle generalizzazioni del pensiero politico accanto all'influsso del clima ritroviamo la contrapposizione fra il carattere dei popoli settentrionali e quello dei meridionali oppure fra genti delle montagne e delle pianure; ma si tratta di vecchie idee già presenti largamente nella letteratura antica. In sostanza per tutta l'età medievale e moderna il Mediterraneo è assente come categoria geografica della riflessione antropologica o storica. Nella storiografia dell'Illuminismo esso si affaccia quando l'attenzione cade sull'espansione 'coloniale' di Fenici e Greci o sulla unificazione politica realizzata dal dominio romano.

Perché il Mediterraneo acquisti una *sua* identità, se così si può dire, bisogna aspettare gli sviluppi della climatologia nella seconda metà del XIX sec. e una data almeno va subito ricordata: nel 1879 escono gli *Studi sul clima dei paesi mediterranei* di un geografo tedesco poco più che trentenne, Theobald Fischer (*Studien über das Klima der Mittelmeerländer*, «Petermanns Mitteilungen», Ergänzungsheft 58, Gotha, Justus Perthes). Ma l'Ottocento è il «secolo della storia» e la storia viene ora chiamata ad assolvere il compito di fondare la *nazione* e l'identità del *popolo*. La riflessione sull'idea moderna di Mediterraneo non può prescindere da questa contraddizione fra la prospettiva universale associata tradizionalmente al mare interno – sia che esso presieda alla rappresentazione geografica del mondo, sia che questa lo comprenda – e il carattere *territoriale* assegnato ai diversi settori del Mediterraneo dagli interessi coloniali delle nazioni europee. Proviamo dunque a fissare alcuni punti di riferimento nell'ambito degli studi che precedono e accompagnano la scoperta o l'invenzione del 'clima mediterraneo' con l'aggiunta, fin troppo ovvia, che tali studi non esprimono un punto di vista esclusivamente accademico, ma sono calati nel tessuto politico-culturale del loro tempo.

Come tutte le conoscenze che si basano sulla misurazione dei fenomeni naturali, grazie ai progressi degli strumenti tecnici, anche la climatologia è una scienza giovane, pur mostrando nel nome stesso i suoi legami con l'antico. La nozione astronomica di clima nella civiltà greco-romana è ben nota, come è risaputo che la divisione della sfera terrestre in cinque fasce climatiche corrisponde alla loro temperatura teorica, vale a dire all'insolazione in funzione della latitudine. Sullo sfondo di queste premesse le riflessioni sul clima in età moderna riguardano l'intero pianeta con la sua storia naturale; l'attitudine a formulare a scala globale le ipotesi esplicative accomuna un po' tutte le grandi figure dei 'naturalisti' europei, attivi nella seconda metà del Settecento e nei primi decenni del secolo seguente, da Buffon a Lamarck. Lo stesso discorso vale per gli influssi del clima sui caratteri somatici del genere umano e addirittura sulle istituzioni sociali, sulla diversità di usi e costumi. Nel rinnovamento degli studi sulla natura e sull'uomo, alimentato dall'Illuminismo, non c'è alcun posto per il Mediterraneo, che diventa oggetto specifico della ricerca geografica più tardi, nella seconda metà dell'Ottocento

Alexander von Humboldt

Due figure si stagliano nella cultura europea alle soglie dell'età contemporanea, i fratelli von Humboldt, Wilhelm (1767-1835) e Alexander (1769-1859); le loro statue si trovano a Berlino all'ingresso dell'Università fondata da Wilhelm e che da lui prende il nome. Agli studi, che comprendono la linguistica comparata e la filosofia politica ispirata dal liberalismo, Wilhelm affianca l'attività politico-amministrativa e diplomatica nel regno di Prussia. A lui si deve fra l'altro la riforma dell'insegnamento con l'istituzione del *Ginnasio umanistico*, che costituirà un modello anche per l'istruzione secondaria in Italia. Alexander si muove con padronanza nei vari campi delle scienze della natura (mineralogia, botanica, fisica, chimica, geologia, astronomia) mostrandosi informato sulle ultime acquisizioni e sui problemi aperti della ricerca, nei quali egli entra in maniera circostanziata e non 'per sentito dire', soprattutto quando si tratta di zone di frontiera fra saperi diversi. La visione d'insieme gli viene da un'esigenza profonda dell'ingegno, ispirata anche dall'esempio di Goethe, cui si aggiunge la naturale predisposizione a collocare in una prospettiva storica non solo le varie 'discipline', tradizionalmente intese, ma anche lo stesso sforzo incessante di una comprensione e spiegazione globale, che resta un tratto specifico della sua lunga operosità. Dopo Newton anch'egli esprime apprezzamento per la *Geographia generalis* di Bernhardus Varenius (1650).

Per inquadrare la creatività intellettuale di Alexander von Humboldt si ricorre volentieri alla nozione di visione olistica, oppure oganicista. Tirare in ballo l'interdisciplinarietà, l'enciclopedismo o peggio la polimatìa porta però fuori strada e può solo mostrare quale sia oggi il prezzo di una specializzazione della ricerca così rapida e diffusa, da non consentire di volgersi indietro per riflettere criticamente, e con gli strumenti adeguati, sul cammino percorso. Nel progresso delle conoscenze particolari si perde fatalmente l'attitudine a considerare l'insieme e questa mancanza, a sua volta, preclude anche la comprensione dei tentativi fatti da altri in passato per imboccare nella ricerca una strada diversa da quella tracciata dalle singole 'discipline'. Nessuno può negare che dalla specializzazione, di fatto irreversibile, derivi il progresso nelle scienze della natura, ma quanti ricercatori odierni sono in grado di collocare il proprio mestiere intellettuale in una prospettiva storica così profonda e ampia, che abbracci altri campi contigui del sapere?

È diventato un luogo comune associare il nome di Alexander von Humboldt alla geografia fisica o alla biologia, e molti vedono in lui il fondatore della climatologia moderna, applicata soprattutto alla distribuzione delle specie botaniche sulla terra. Al ritorno dal suo celebre viaggio nell'America equatoriale (1799-1804), pubblica in francese, con la collaborazione del botanico A. Bonpland, un primo *Saggio sulla geografia delle piante, accompagnato da un quadro fisico delle regioni equinoziali* (Paris 1805). Nel 1817 esce *Sulla distribuzione geografica delle piante secondo la temperatura e l'altezza dei monti, Introduzione* (*De distributione geographica plantarum secundum coeli temperiem et altitudinem montium, Prolegomena*), opera dedicata a Friedrich August Wolf, che vent'anni prima si è guadagnato la fama con i *Prolegomena ad Homerum* (vedi sopra p. 3). Nella dedica al filologo, che ha dato nuovo impulso agli studi omerici, è sottesa la consapevolezza di portare la stessa ventata di novità nel campo della botanica. Nel medesimo anno (1817) pubblica anche il saggio *Des lignes isothermes et de la distribution de la chaleur sur le globe*, che si conclude con le seguenti considerazioni di metodo (le espressioni in corsivo sono di Humboldt):

> In questa memoria ho considerato in successione la distribuzione del calore 1. alla superficie del globo, 2. sulle pendici dei monti, 3. nell'Oceano, 4. nell'interno della terra. Esponendo la teoria delle *linee isoterme* con le loro inflessioni, che determinano i diversi *sistemi di climi*, ho cercato di ridurre i fenomeni della temperatura a leggi empiriche; queste leggi appariranno tanto più semplici quando si arriverà gradualmente a moltiplicare e a rettificare i dati numerici, che sono il risultato dell'osservazione.

Più tardi nella sua grande opera, concepita almeno fin dagli anni '20 se non già in età giovanile e rimasta incompiuta (*Cosmos: saggio di una descrizione fisica del mondo* (*Kosmos. Entwurf einer physischen Weltbeschreibung*, Stuttgart 1845-62) Humboldt diede sistemazione a un insieme di ricerche condotte sul campo, specialmente nei paesi dell'America equatoriale, poi in Russia e nell'Asia centrale. Agli occhi di certi specialisti si tratterebbe di un trattato divulgativo, ma si dimentica che l'apparato delle note, sempre argomentate con richiami puntuali alla letteratura antica e agli studi moderni, occupa circa un terzo dell'opera. Come annota alla fine della prefazione, l'autore sa bene che mentre i prodotti puramente letterari affondano le loro radici nel sentimento e nella forza creatrice dell'immaginazione, tutto ciò che deriva dalla conoscenza empirica dei fenomeni naturali e delle loro leggi fisiche dopo pochi decenni appare superato dalla precisione crescente degli strumenti e dal progressivo ampliamento del campo di osservazione; così i vecchi scritti di scienze naturali sono destinati all'oblio, perché ormai illeggibili.

Raramente nella formazione intellettuale di uno studioso le conoscenze acquisite sui libri si sono tanto sviluppate in estensione e profondità grazie ai viaggi di ricerca, come egli stesso riconosce nel bilancio della sua vita. È stata una grande fortuna per i posteri che un'opera simile sia rimasta immune da quella astratta precettistica, da quella patina di stantìo, che comporta non di rado la trasmissione del sapere quando esso si esprime nelle forme sistematiche del 'manuale', scolastico o universitario. *Kosmos* ebbe subito grande risonanza internazionale con traduzioni in francese, in italiano e inglese. Nella lunga recensione del primo volume, pubblicata nel «Politecnico» del 1844, Carlo Cattaneo segnala l'autore come «uno dei più illustri veterani della scienza europea».

Il primo volume tratta del cielo e della terra. Il secondo si apre con le sollecitazioni allo studio della natura, che in vari modi agiscono sull'animo umano. Il mondo esterno si riflette infatti nella poesia, nella letteratura descrittiva e nella pittura del paesaggio e da questa dipende la fisionomia del mondo vegetale, le cui forme variano secondo le diverse zone climatiche. Segue una *Storia della concezione fisica del mondo* (*Geschichte der physischen Weltanschauung*) un vero e proprio profilo delle conoscenze geografiche, astronomiche e fisiche dall'antichità alla fine del XVIII sec., collocate nello svolgimento della storia e considerate come espressione di una visione globale della natura e delle forze che agiscono nello spazio terrestre e celeste. Diviso in otto capitoli, il denso profilo storico occupa più di due terzi del secondo volume di *Kosmos*. Humboldt ne ha già dato un primo saggio nell'*Examen critique de l'histoire de la géographie du Nouveau Continent* (1806-1836).

Ora, nel primo capitolo di questa *Storia* troviamo «il Mare Mediterraneo come punto di partenza per descrivere le condizioni che hanno portato ad ampliare gradualmente l'idea del cosmo». Vi faremo solo alcuni cenni con l'avviso che se una scelta di brani, comunque venga poi organizzata e giustificata, può dare solo una visione parziale di qualsiasi opera, questo vale a maggior ragione per il *Kosmos* di Humboldt. Va da sé che le convinzioni maturate dall'autore sui vari problemi affrontati, o solo toccati, vanno commisurate alle conoscenze teoriche e storiche del suo tempo.

L'occhio si ferma innanzitutto sulla realtà fisica con la sua storia geologica.

Nella sua forma attuale il Mediterraneo mostra ancora le tracce di un'antica divisione in tre bacini più piccoli, chiusi e confinanti l'uno con l'altro. Il bacino del Mar Egeo è limitato a sud dall'arco di cerchio che a partire dalla costa della Caria in Asia Minore è formato dalle isole di Rodi, Creta e Citera e che si collega al Peloponneso non lontano da Capo Malea. Più a ovest segue il Mare Ionio, il bacino delle Sirti, in cui si trova Malta. La punta occidentale della Sicilia si avvicina qui alla costa africana fino a dodici miglia geografiche. L'apparizione improvvisa e di breve durata dell'isola vulcanica Ferdinandea (nel 1831), emersa a sud-ovest delle rocce calcaree di Sciacca, mostra uno sforzo della natura per chiudere di nuovo il bacino delle Sirti [...] fra Capo Granitola, Pantelleria e Capo Bon in Africa, separandolo così dal terzo bacino, quello più occidentale, formato dal Mar Tirreno. [...]

Questa forma del Mediterraneo, racchiuso in tre parti, ha avuto un grande influsso sulla iniziale limitazione e sul successivo ampliamento dei viaggi di scoperta fenici e greci. Questi ultimi si limitarono per lungo tempo al Mar Egeo e alle Sirti. Ai tempi di Omero l'Italia continentale era ancora una 'terra sconosciuta'. I Focei scoprirono il bacino del Tirreno a ovest della Sicilia; viaggiatori diretti a Tartesso arrivarono alle Colonne d'Ercole. Non bisogna dimenticare che Cartagine venne fondata al confine fra il Tirreno e il bacino delle Sirti. La conformazione fisica delle coste agì sul corso degli eventi, sulla direzione delle imprese marittime e sui cambiamenti nella supremazia navale. Quest'ultima a sua volta contribuì ad allargare il cerchio delle idee. (Humboldt 1993, vol. II, pp. 100 sg.) [...]

Ma l'azione particolarmente benefica, che la posizione geografica del Mediterraneo ha esercitato nel favorire le relazioni fra i popoli e nell'ampliare progressivamente la consapevolezza di come è fatto il mondo (*die fortschreitende Erweiterung des Weltbewusstseins*), sta – come già venne spesso osservato – nella vicinanza del continente orientale che si protende con la penisola dell'Asia Minore, sta nella grande quantità di isole del Mare Egeo, che sono state un ponte per il passaggio della civiltà; [...] (*ivi*, p. 103)

Sulla scena entrano quindi i popoli (Egiziani, Fenici ed Etruschi), ma prima di venire ai Greci Humboldt si ferma un momento.

Abbiamo considerato il bacino del Mediterraneo nella sua particolare configurazione e per la sua posizione nel mondo, cercando l'influenza di tali condizioni sul commercio con le coste occidentali dell'Africa, con l'estremo Nord, con il mare arabo-indiano. In nessun punto della terra il dominio politico è stato più mutevole e l'ingegno ha prodotto più cambiamenti nella vita degli uomini. Il movimento si è propagato ampiamente e durevolmente grazie ai Greci e ai Romani, soprattutto dopo che questi ultimi posero fine alla potenza fenicio-cartaginese. Ciò che chiamiamo l'inizio della storia, non è altro che la coscienza di sé delle generazioni successive. [...] (*ivi*, p. 122)

L'attenzione si sposta sulla colonizzazione greca, che nei suoi esiti appare a Humboldt come un *sistema* (*Kolonialsystem*), termine suggerito evidentemente dalla storia moderna.

[Il sistema coloniale] segna un periodo importante della vita ellenica e ha rappresentato il fattore più decisivo, che ha ampliato la visione del mondo elaborata dalla vita intellettuale. Lo stretto legame fra Europa e Asia è derivato appunto dalla istallazione di colonie. Queste formavano una catena che da Sinope, Dioscoride e Panticapeo, nel Chersoneso Taurico, arrivava fino a Cirene, che era stata fondata dall'arida Thera/Santorino. [...] Non dimentichiamo che molte e popolose città greche fiorivano allo stesso tempo in Asia Minore, nel mar Egeo, nell'Italia meridionale e in Sicilia; che le colonie di Mileto e di Marsiglia fondarono a loro volta, come Cartagine, altre colonie; che Siracusa, giunta al culmine della sua potenza, lottò contro Atene e contro gli eserciti di Annibale e di Amilcare; che dopo Tiro e Cartagine Mileto fu a lungo la città commerciale più importante del mondo. Grazie alla forza di un popolo, spesso agitato al suo interno, si dispiegava all'esterno una vita così ricca; nel crescente benessere e col trapianto della cultura nativa venivano gettati dappertutto nuovi semi per lo sviluppo spirituale della nazione. La comunanza della lingua e dei santuari teneva insieme i suoi membri più lontani. Così la piccola madrepatria greca entrò in ampie sfere della vita di altri popoli. (*ivi*, pp. 130 sg.)

Quando nella sezione 'terrestre' del primo volume Humboldt tratta del clima, esso è considerato a una scala globale secondo l'impostazione dell'opera; riferimenti topografici o regionali sono sempre subordinati a questa visione generale.

Le nostre idee sulla distribuzione del calore nell'atmosfera hanno in una certa misura guadagnato in chiarezza, da quando si è cercato di unire con linee i punti in cui sono state misurate con precisione le temperature medie dell'anno, estive e invernali. Il sistema delle isoterme, *isotere* e *isochimene* [estive e invernali], che ho introdotto per la prima volta nel 1817, può forse offrire una base sicura alla climatologia comparata, se verrà gradualmente perfezionato dagli sforzi congiunti dei fisici. Anche la misurazione del magnetismo terrestre ha raggiunto una forma scientifica solo quando i risultati parziali e dispersi sono stati collegati graficamente mediante linee di eguale declinazione, uguale inclinazione e uguale intensità.

Il termine clima nel suo significato più generale indica tutte le modificazioni nell'atmosfera che colpiscono i nostri sensi: la temperatura, l'umidità, i cambiamenti della pressione atmosferica, l'aria nella condizione di quiete o mossa dai venti, la tensione elettrica, la purezza dell'atmosfera oppure la sua commistione a esalazioni gassose più o meno dannose, infine il grado di abituale trasparenza e serenità del cielo, che è importante non solo per il maggiore irradiamento del calore, per lo sviluppo organico delle piante e la maturazione dei frutti, ma anche per la sensibilità dell'uomo e l'armonia delle sue facoltà (*für die Gefühle und ganze Seelenstimmung des Menschen*; HUMBOLDT 1993, vol. I, p. 289). [...]

I progressi della climatologia sono stati favoriti in maniera straordinaria dal fatto che la civiltà europea si è propagata su due coste che si fronteggiano, trasferendosi dalla nostra costa occidentale a una orientale, al di là della valle dell'Atlantico (*atlantischer Tal*). Quando gli Inglesi, dopo gli effimeri insediamenti tentati dall'Islanda e dalla Groenlandia, crearono i primi insediamenti durevoli sul litorale degli Stati Uniti nel Nord America, e quando le persecuzioni religiose, il fanatismo e l'amore della libertà ingrossarono il popolamento, i coloni (dalla Nord Carolina e dalla Virginia fino al fiume San Lorenzo) dovettero stupirsi del freddo invernale, confrontandolo con quello dell'Italia, della Francia e della Scozia, paesi collocati alla medesima latitudine. Per quanto stimolante avrebbe dovuto essere, questo confronto climatico diede però i suoi frutti solo quando potè fondarsi sui dati numerici della temperatura media annuale (*ivi*, p. 290). [...]

Abbiamo già parlato della lentezza con cui la grande massa acquorea dell'oceano segue le variazioni di temperatura dell'atmosfera e abbiamo già osservato che l'azione del mare porta a una compensazione delle temperature. Esso mitiga allo stesso tempo il rigore dell'inverno e la calura dell'estate. Ne deriva un secondo e importante contrasto, quello fra il clima insulare o costiero, di cui godono tutti i continenti articolati, ricchi di golfi e di penisole, e il clima interno di grandi masse continentali. Nelle sue diverse manifestazioni, nei suoi effetti sulla forza della vegetazione, sulla prosperità dell'agricoltura, sulla trasparenza del cielo, sull'irradiamento del calore e sull'altezza delle nevi perenni, questo singolare contrasto è stato interamente analizzato per la prima volta nell'opera di Leopold von Buch [1774-1853]. (*ivi*, p. 293). [...]

Come nella penisola della Bretagne il clima costiero, mite e piuttosto uniforme nelle stagioni, si distingue dal resto della Francia col suo clima continentale, freddo d'inverno e caldo d'estate, così si comporta in un certo senso l'Europa rispetto al grande continente dell'Asia, di cui costituisce la penisola occidentale. L'Europa deve il suo clima più mite all'esistenza e alla posizione dell'Africa, [...] alla sua articolazione e alla vicinanza del mare lungo la costa occidentale del vecchio continente, al mare libero dai ghiacci, là dove esso si estende verso nord. L'Europa diventerebbe più fredda se l'Africa sprofondasse sommersa dal mare, se emergesse la mitica Atlantide a unire l'Europa con l'America settentrionale, se la corrente calda del golfo non si riversasse nei mari del Nord, o se un'altra terraferma, sollevata da fenomeni vulcanici, si inserisse fra la Penisola Scandinava e Spitzbergen. (*ivi*, pp. 297 sg.)

Anche da questi brani si può notare il ruolo della cartografia nelle generalizzazioni formulate da Alexander von Humboldt. Le linee delle temperature medie, estive e invernali, non corrono affatto parallele all'equatore, come nella tradizionale divisione in fasce climatiche del globo terrestre, e Humboldt è ben consapevole di questa innovazione. Già nella civiltà antica e medievale – ma in misura ben diversa, naturalmente – la rappresentazione grafica del mondo supplisce, quando non si accompagna, alla sua conoscenza empirica, almeno nella cerchia ristretta delle persone colte. All'inizio dell'Ottocento la cartografia europea si avvale di metodi scientifici e tecnici ormai sviluppati, che daranno i loro frutti nella seconda metà del secolo e soprattutto nei paesi della Germania (basti qui ricordare il famoso Istituto Perthes a Gotha, dove si recò fra gli altri anche il nostro Giovanni De Agostini).

Nella veste editoriale del *Kosmos* otto grandi tavole raccolgono una serie di carte tematiche. Per la maggior parte in piccolissima scala (si tratta di planisferi), esse mostrano quanta cura mettesse l'autore nell'affidare alla cartografia i risultati del proprio lavoro. Collaboratore stretto di Humboldt è in questo campo Heinrich Berghaus (1797-1884), ben noto per il suo *Physikalischer Atlas* (1837-48). Anche qui manca ovviamente un'inquadratura del Mediterraneo, il cui contorno appartiene all'immagine dell'Europa. La prima parte dell'atlante riguarda la meteorologia e si apre con il *Sistema delle curve isoterme di A. von Humboldt* (Gotha, Perthes 1838). Le due isoterme che attraversano il Mediterraneo (fig. 75) non individuano affatto uno spazio separato da quelli circostanti, ma lo inseriscono nelle grandi divisioni climatiche del globo terrestre.

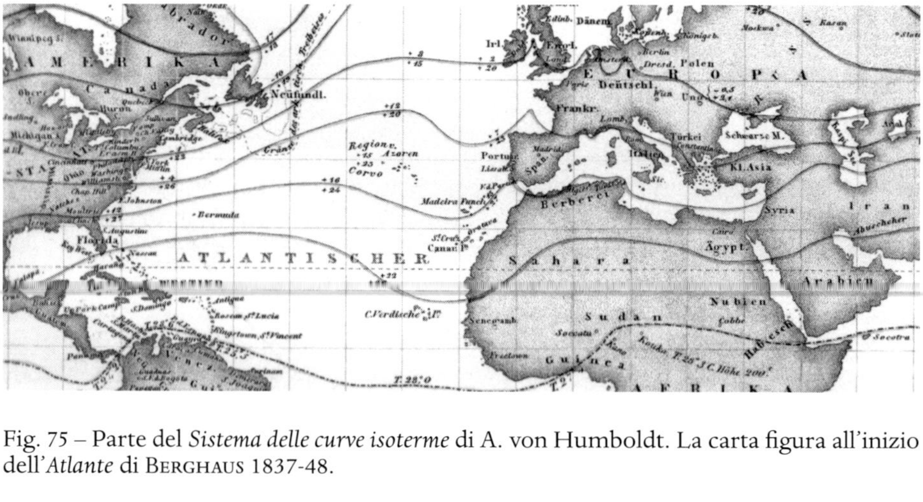

Fig. 75 – Parte del *Sistema delle curve isoterme* di A. von Humboldt. La carta figura all'inizio dell'*Atlante* di Berghaus 1837-48.

Geografia imperiale: Francia e Germania

Se lasciamo il filo della tradizione scientifica per passare sul terreno stesso della storia, va ricordato come il Mediterraneo entri negli interessi degli Stati Uniti d'America fin dalla loro fondazione, perché esso costituiva già uno spazio nevralgico dell'impero britannico. La separazione delle tredici colonie americane dalla corona inglese (1776-1783) comporta l'ingresso di un nuovo attore sulla scena, con la ridefinizione dei rapporti internazionali che riguardano l'accesso ai porti africani (Algeri, Tunisi, Tripoli), condizionato pesantemente dalla pirateria degli 'stati barbareschi'. Più tardi, nel 1830, la Francia di Carlo X mette piede in Algeria, creando così le premesse per l'espansione nell'Africa settentrionale. Qualsiasi discorso sull'idea di Mediterraneo in età contemporanea dovrà considerare questa nuova fase del colonialismo europeo che, in forme e tempi diversi, si presenta in ultima analisi come un esito (seppure non necessario) dello stato-nazione, fondato sull'identità del suo popolo.

Tre spedizioni sono inviate dalla Francia in diversi contesti storici e geopolitici, la prima in Egitto (1798-1801) guidata da Napoleone al tempo del Direttorio, più tardi nel Peloponneso/Morea (1829-31) e infine in Algeria (1839-42). Agli obiettivi militari si affianca un programma di documentazione e di studi, che vengono affidati a vari specialisti per essere poi pubblicati in una serie di volumi dopo il ritorno in patria. Senza nulla togliere ai risultati scientifici delle tre missioni, si capisce che il Mediterraneo, cui gli studiosi francesi fanno occasionalmente riferimento, non è un'espressione geografica neutra e comprensiva ma una categoria selettiva, condizionata dalla storia recente della nazione, come del resto era da attendersi. Per il matematico Jean-Baptiste-Joseph Fourier, uno dei membri della spedizione di Napoleone, la geografia ha assegnato al Mediterraneo la vocazione di unire la Francia all'Egitto e di essere «un mare francese». Nello stesso clima politico-culturale vanno collocate le sparse osservazioni sul carattere 'mediterraneo' che accomuna la flora della Provenza e del Peloponneso o ancora della costa orientale della Spagna.

Giustamente si cita in proposito una pagina dell'introduzione alla *Expédition scientifique de Morée* (tomo I, pp. 4 sg.) in cui Bory de Saint-Vincent, il botanico a capo della missione, parla dell'*aspetto mediterraneo* del paesaggio osservato verso la fine di gennaio 1828 sulla collina che domina la città di Hyères, oggi stazione balneare della Costa Azzura:

> [...] attorno a me tutto aveva un aspetto in cui non c'era quasi più nulla di ciò che presentavano le altre parti pur temperate della Francia. Era quell'aspetto che si può chiamare mediterraneo, ma rinforzato, se si può usare questa espressione;

era già l'aspetto del paese che mi accingevo a visitare; nella fisionomia di tutto ciò che mi circondava c'era molto più Peloponneso che Provenza e, quando ritorno senza un disegno preciso ai ricordi del mio viaggio in Grecia, vi ritrovo sempre l'idea della montagna di Hyères e delle sue rovine mescolata a tal punto con quella delle varie acropoli dove in seguito avrei condotto i miei lettori, che devo ricorrere a una certa operazione mentale per riportarla in Francia. (BOURGUET 1998, p. 296)

Il geologo della spedizione, Émile Puillon de Boblaye, scriveva a sua volta (tomo 2, II parte, pp. 16 sg.):

Non è solo un clima pressoché uniforme, lo stesso mare che bagna le loro rive, che fanno una regione fisica distinta della penisola iberica, dell'Italia, della Grecia, della Siria e di una parte dell'Asia Minore; è anche l'uniformità della loro costituzione geognostica, che oggi viene riconosciuta da Lisbona fino al Libano. Nelle migrazioni attraverso questa ampia fascia i popoli di paesi diversi potevano ritrovare con il medesimo cielo le stesse qualità del suolo, le stesse forme, gli stessi aspetti, le stesse produzioni e tutte le condizioni fisiche che nell'infanzia della civiltà esercitano un'influenza così profonda sui popoli. Invece tutto cambiava nella natura e nell'aspetto, se si andava verso Nord o verso Sud. (BOURGUET 1998, p. 295)

Anche nell'*Atlas encyclopédique* di geografia fisica, edito da Bory de Saint-Vincent e M. Desmaret (Paris 1827, pp. 19 sg.), si riconosce nel Mediterraneo un bacino naturale talmente caratterizzato, che le coste francesi mostrano nella fisionomia e nella vegetazione somiglianze assai maggiori con le coste 'barbaresche' o anche siriache che con il litorale oceanico della stessa Francia. D'altra parte quello «propriamente detto» apre la serie di altri otto Mediterranei sparsi sul globo, fra cui il Golfo Persico e la Baia di Hudson. Avremo occasione di tornare sulla percezione in Provenza dell'ambiente mediterraneo contrapposto a quello continentale, il cui clima Alexander von Humboldt distingueva invece da quello della Bretagne, come si è visto.

Indipendentemente dalle relazioni scientifiche delle tre missioni francesi la nozione botanica di «regione mediterranea» venne però coniata, a quanto pare, da un illustre naturalista ginevrino, Augustin-Pyramus de Candolle, nell'articolo *Geografia agricola e botanica* scritto nel 1809 per un'opera collettiva in più volumi.

La regione mediterranea ha ricevuto questo nome perché gli stessi vegetali, o vegetali poco diversi fra loro, occupano quasi tutto il circuito del Mediterraneo. La regione mediterranea si prolunga nella Francia italiana*** a sud dell'Appenni-

*** *Francia italiana* perché sotto la dominazione napoleonica.

no [...]. In tutta la regione mediterranea le piante, che le sono proprie, arrivano a un'altitudine di circa cinquecento metri sulle montagne che la delimitano. [...] In questa regione, e soprattutto presso le coste, si trovano piante che per lungo tempo erano state considerate come peculiari della Barbaria. (Bourguet 1998, p. 153).

Per completare questi richiami sommari, bisogna aggiungere che nei primi decenni del secolo il Mediterraneo entra precocemente nel regno dell'utopia sociale e politica, alimentata in Francia dalle idee di Claude-Henri Saint-Simon (1760-1825). Di salda fede sensimoniana è Michel Chevalier (1806-1879), il quale pubblica nel 1832 il *Système de la Méditerranée*, una raccolta di articoli già usciti nel quotidiano «Le Globe». Il titolo dell'opuscolo è preceduto nel frontespizio da *Religion Saint-simonienne, Politique industrielle*. L'autore presenta il progetto visionario di una estesa rete di scambi economici, favoriti dall'ampliamento della rete ferroviaria e di altre infrastrutture (canali, porti etc.), che sono realizzabili grazie ai progressi della tecnica. Ne verrebbe grande giovamento alle condizioni economiche e sociali del genere umano. Questo *sistema* ha appunto nel Mediterraneo il suo centro di irradiamento con l'obiettivo dichiarato di risolvere il conflitto storico fra Oriente e Occidente, fra l'Europa e l'impero ottomano.

Nell'articolo del 12 febbraio 1832 sono passati in rassegna vari paesi (Spagna, Francia, Inghilterra, Italia, Germania, Turchia europea, Russia, Turchia d'Asia e Africa) e per ciascuno di essi Chevalier elabora la rete integrata delle comunicazioni ferroviarie, marittime e fluviali, che si dipanano come una ragnatela attorno al Mediterraneo. Può dare un'idea del contenuto e del tono dell'opuscolo l'estratto seguente, che riguarda l'Italia e sarà bene riportare in lingua originale.

> [...] L'Italie, au territoire allongé, rassemble à un messager de l'Europe vers l'Afrique et l'Asie. L'Italie à l'âme d'artiste, l'Italie, voluptueuse et riante comme une fille d'Orient, aura une éclatante mission dans l'ère qui s'ouvre pour les peuples de la Méditerranée. Mais l'Italie sans unité est condamnée à l'impuissance. L'Italie est bien morcelée; toutefois le sentiment de l'unité l'agite jusqu'au fond des entrailles. L'emblème matériel de l'unité italienne sera un chemin de fer qui s'etendra de Venise à Tarente par Florence, Rome et Naples, et auquel il sera facile de rattacher les points principaux du versant oriental des Appenins, ainsi que Livourne et les ports secondaires du versant occidental. [...]

Certamente il liberismo segna gran parte della figura e dell'opera di Chevalier, entrambe gravate però da irrisolte ambiguità nelle premesse teoriche, almeno ai nostri occhi. Professore di economia politica al Collège de France, Chevalier vanta una carriera di primo piano che lo vede nel consiglio di stato di Napoleone III e poi promotore, fra altre cose, del famoso trattato commerciale franco-inglese del 1860. Nel panorama delle utopie sociali di quei tempi, l'originalità del suo pensiero sta soprattutto negli aspetti tecnico-operativi, che egli può maneggiare grazie alla formazione di ingegnere ed economista. Nel *Système* prevede che la rete ferroviaria possa arrivare a uno sviluppo di 60.000 chilometri con un costo totale di 4,5 miliardi di franchi, «più o meno quanto ha speso la Francia per fare la guerra dall'inizio della rivoluzione». Considerando le spese militari delle potenze europee, sarebbe assai più vantaggioso per tutti investire quel denaro nel progetto di Chevalier e creare quindi una «*confederazione mediterranea*». Essa darà agli stati europei quell'equilibrio nei rapporti internazionali, che non può essere raggiunto con le armi, e allo stesso tempo assicurerà la pace definitiva fra l'Occidente e l'Oriente. In sintonia con la visione di una pace universale, frutto del libero commercio fra i popoli, più tardi Chevalier è fra i fondatori della *Ligue internationale de la paix* promossa dal congresso di Ginevra nel 1867 e in senato è l'unico a votare contro la guerra, che porta la Francia alla disfatta di Sedan (1870).

Per tornare ora al clima del Mediterraneo, la sua descrizione 'scientifica' prende corpo nel saggio di Theobald Fischer (1879), come abbiamo ricordato all'inizio di questo paragrafo. Nei geografi francesi non mancano considerazioni sulla peculiarità climatica del Mediterraneo, che si leggono però in grandi opere di geografia universale, la descrizione dell'ecumene inaugurata nella Grecia antica e poi ripresa nelle 'cosmografie' di età moderna. Quando il Mediterraneo si stacca dai continenti che gli stanno attorno, prevalgono in ultima analisi motivi storici, quegli stessi che nel proemio della *Geografia* straboniana fanno del mare interno lo spazio del dominio romano. Inaugurando il suo corso di storia e geografia all'università di Nancy, Paul Vidal de la Blache (1843-1918) echeggia e sviluppa idee che, almeno in parte, abbiamo già trovato in Alexander von Humboldt e solo di passaggio osserva:

> La vite, l'ulivo, il fico compongono ancora, nonostante le devastazioni del disboscamento, l'ornamento caratteristico delle coste mediterranee. In questa rassomiglianza della vegetazione e degli opposti litorali si manifesta l'unità del teatro in cui si è sviluppata l'esistenza storica dei popoli antichi. Da sempre il bacino del Mediterraneo ha conservato una fisionomia singolare.
>
> (*Le péninsule européenne. L'ocean et la Méditerranée*, Paris-Nancy 1873, p. 16)

Sulla stessa linea si colloca il breve capitolo che Elisée Reclus (1830-1905) dedica al Mediterraneo nel primo volume della sua monumentale *Nouvelle géographie universelle*, dove viene descritta l'Europa meridionale (Paris 1876, pp. 33-52). A una sommaria presentazione fisica del Mediterraneo (la sua forma e le acque) seguono le risorse (la fauna, la pesca e le saline), quindi l'attenzione si ferma sul commercio e la navigazione. Con l'apertura del Canale di Suez, celebrata sette anni prima, il Mediterraneo ha riacquistato infatti la sua funzione originaria nelle comunicazioni marittime, che ormai si infittiscono con l'impiego delle navi a vapore. Ritroviamo qui le riflessioni consuete sul ruolo storico del Mediterraneo per la diffusione della civiltà, ma concentrate sulla contemporaneità e sul mare stesso come spazio economico.

Comunque sia, nel XIX secolo nessuno in Francia ha concepito l'idea di sistemare in una trattazione organica le osservazioni sparse e occasionali dei geografi sull'ambiente o sul clima mediterraneo. Proprio perché il rapporto con il Mediterraneo è segnato dall'espansione coloniale, la geografia francese è orientata piuttosto dalla prospettiva territoriale (Algeria e Tunisia) – come avviene più tardi in Italia con la Libia (dal 1911-12) – mentre gli interessi della Germania di Bismarck (1871-90) non interferiscono con la geopolitica nel Mediterraneo, sancita dalla spartizione dell'Africa fra le potenze europee nella conferenza berlinese del 1884-85.

Il Mediterraneo di Theobald Fischer (1846-1910)

L'idea di dedicarsi allo studio del Mediterraneo si fa strada precocemente in Fischer per poi accompagnarlo fino alla fine della vita. Nell'introduzione del suo primo libro (*Contributi sulla geografia fisica dei paesi mediterranei e in particolare della Sicilia*, Lipsia 1877) egli ringrazia fra gli altri il botanico Michele Lo Jacono (Michele Lojacono Pojero), allora poco più che ventenne, «come il fido compagno delle mie escursioni botaniche in Sicilia, alla cui profonda conoscenza della sua bella isola e patria devo diversi e buoni suggerimenti». La parte centrale e più estesa del saggio riguarda il clima e la vegetazione della Sicilia, la cui descrizione si basa sui dati numerici presentati nelle tredici tabelle (*Beleg-Tafeln*) poste alla fine insieme alle tre carte dell'isola, elaborate personalmente dall'autore. Questa sezione centrale inizia con un paragrafo sulle piogge del Mediterraneo e qui ricorre incidentalmente un richiamo alla grande opera di August Grisebach sulla vegetazione della terra nel suo ordinamento climatico, uscita pochi anni prima a Lipsia (1872, due voll.) e tradotta in francese nel 1876.

Fra le aree in cui Grisebach divide la geografia terrestre delle piante, un'estesa trattazione, che occupa un intero capitolo del primo volume (circa 150 pp.), è riservata alla regione mediterranea (*Mittelmeergebiet*), illustrata prima nelle sue caratteristiche climatiche e quindi negli effetti sulla flora. In apertura leggiamo l'osservazione che verrà spesso ripetuta da altri, con poche variazioni: «I paesi costieri del Mediterraneo sono legati da un comune carattere della vegetazione e tanto le sue belle forme quanto il clima mite destano nei paesi del Nord il desiderio del Sud (*die Sehnsucht des Nordländers nach dem Süden*)». Ecco dunque gli elementi essenziali che assicurano la costruzione unitaria del quadro (durata delle stagioni nei paesi dell'Europa meridionale, la flora mediterranea circoscritta ai paesaggi costieri) con le sue diversificazioni 'regionali' (Spagna, Francia meridionale, Italia, Grecia, Anatolia, Africa settentrionale e Siria). Nel 1872 viene pubblicato a Vienna anche il manuale di climatologia di J.R. Lorenz e C. Rothe, in cui il Mediterraneo figura come una delle due «province climatiche dell'Europa» che costituiscono la «zona delle piogge equinoziali», tesi contestata da Fischer (p. 32).

C'è un'osservazione in particolare, ripresa da Puillon de Boblaye attraverso Grisebach, sulla quale Fischer richiama l'attenzione (p. 33): in gran parte dei paesi costieri del Mediterraneo l'anno è fatto di due parti nettamente distinte, la stagione delle piogge, che dura fino a quattro mesi, e quella secca. Per Fischer la Sicilia offre un ottimo esempio dell'unità climatica del Mediterraneo con le sue sottovarianti regionali. Nell'area meridionale del Mediterraneo «la primavera e l'autunno si riducono spesso ad alcune settimane» e l'autore afferma d'aver sperimentato in Sicilia anni in cui l'estate seguiva l'inverno, protrattosi fino ad aprile, quasi senza che si avvertisse il passaggio di una stagione intermedia. Da notare infine l'apprezzamento di Fischer per il primo volume, appena uscito, della *Nouvelle géographie universelle* di Elisée Reclus «uno dei migliori conoscitori del Sud Europa» (p. 40, nota 2).

Attorno alla metà del XIX secolo tutti gli studiosi sono concordi nel sottolineare i progressi fatti dalla climatologia negli ultimi decenni, ma essi si dividono quando si tratta di applicare le osservazioni e i dati numerici disponibili alla diversa scala delle partizioni e sotto-partizioni geografiche. Lasciamo agli studiosi della climatologia ottocentesca il compito di fare chiarezza in questo campo. Qui basti osservare che, sulla via aperta dalla botanica francese e da Humboldt, il Mediterraneo diventa nella geografia tedesca uno spazio peculiare nelle divisioni climatiche del globo terrestre. Come s'è visto, i tempi erano ormai maturi per estrarre il Mediterraneo dalla geografia universale, ma ciò che distingue Fischer dai colleghi europei sta nell'averlo scelto come oggetto quasi esclusivo dei suoi studi, condotti su una documentazione statistica per quanto possibile aggiornata, secondo lo spirito dell'epoca, e soprattutto con un'ampiezza di interessi storico-culturali e politici, che vanno ben al di là della botanica e della geografia fisica.

Due anni dopo la pubblicazione del saggio sulla Sicilia escono dunque gli *Studi sul clima dei paesi mediterranei*, che aprono a Fischer le porte dell'Università, prima a Kiel, dove fu suo allievo Franz Boas (1858-1942) che sarebbe diventato una figura eminente dell'antropologia culturale, poi dal 1883 a Marburg. Il consolidamento del metodo 'positivo' risalta nella stessa divisione del contenuto. Di questo circa un terzo è occupato ancora una volta da una lunga serie di tabelle, che presentano i dati numerici raggruppati secondo la temperatura, la piovosità e i venti. La nostra penisola è divisa in Pianura Padana, Italia centrale e Italia meridionale con le isole. Alla fine dell'opuscolo (stampato su due colonne, nel formato caratteristico della collana) sono aggiunte tre tavole con sette carte tematiche a colori, ricavate dai dati delle tabelle. Due tavole accolgono quattro grandi carte alla scala 1:12.500.000; poiché la forma oblunga del Mediterraneo si presta male alla riproduzione libraria, le due tavole vengono ripiegate perché entrino nel formato dell'opuscolo. Le quattro carte visualizzano:

- la piovosità annuale e quella estiva;
- le medie annuali delle temperature, cui corrispondono le diverse aree climatiche del Mediterraneo;
- le temperature di gennaio.

Le isoterme annuali (fig. 76) di gennaio e di luglio figurano nelle tre carte restanti, che alla scala 1:25.000.000 sono raccolte in una tavola sinottica.

La parte discorsiva è organizzata secondo la medesima tripartizione dei fenomeni naturali (precipitazioni, temperatura, vegetazione) con l'aggiunta di un capitolo sui venti locali (mistral e bora, venti di scirocco) e uno sulla storia del clima nei paesi mediterranei, tema già allora assai controverso. Per la documentazione statistica è degno di nota quanto Fischer osserva sulla rete delle 163 stazioni meteorologiche. Distribuite irregolarmente nei vari paesi (più fitte nella parte occidentale, ovviamente) esse forniscono dati eterogenei, perché riguardano periodi diseguali di misurazione o privilegiano la piovosità sulla temperatura (quest'ultima è misurata da 108 stazioni su 163). Egli si rammarica di non aver potuto consultare l'*Annuario statistico italiano* che proprio allora, nel 1878, iniziava le sue pubblicazioni.

Più interessanti per il nostro discorso sono le affermazioni con cui si apre l'introduzione.

> È un fenomeno veramente unico sulla nostra terra che uno spazio così esteso di paesi come la regione mediterranea, nonostante tutte le maggiori divisioni pensabili, nonostante la sua frammentazione, la singolare varietà della costruzione orizzontale come di quella verticale, pur divisa in tre continenti secondo l'appartenenza dei paesi, pur considerata insomma da tanti e diversi punti di vista, mostri però nella geografia un carattere unitario in sé assai marcato.

L'accento sull'unità/diversità del Mediterraneo non è una novità, ma l'autore intreccia in questo dualismo fattori storici e geografici che concorrono a fare del Mediterraneo il *Culturmeer* (in corsivo anche per Fischer)

Fig. 76 – Una delle carte tematiche (isoterme annuali) che illustrano il saggio di Fischer sul clima del Mediterraneo.

Fig. 77 – La diffusione dell'ulivo nel Mediterraneo. Parte della grande carta elaborata da TH. FISCHER, *Der Ölbaum*, Gotha, Justus Perthes 1904. L'intensità del verde corrisponde all'intensità della coltura.

vale a dire il *mare della civiltà*, se si possono tradurre nella nostra lingua quei concetti complessi, e talvolta vaghi, espressi dalla inesauribile capacità del tedesco di formare dei termini composti, cosa che suscitava l'ironia dei Francesi. Per Fischer tutto intorno la natura ha provvisto il Mediterraneo di montagne che lo separano dal corpo dei continenti – i Pirenei, le Cévennes, le Alpi, i Balcani, il Tauro – mentre a sud-est e a sud i deserti separano la flora e la fauna dell'Africa settentrionale da quella trans-sahariana, come le Alpi separano l'Italia dall'Europa transalpina. Chiusa da questo potente anello di monti e di deserti, la regione mediterranea (*Mittelmeergebiet*) «costituisce in un certo senso un mondo a sé», in cui le diverse manifestazioni della natura hanno nel clima il fattore unificante. L'accentuazione dei contrasti dà forza al carattere unitario dell'insieme, e in questo si avvertono i toni di quella retorica finalistica che non di rado pesa sulle rappresentazioni geografiche dell'epoca, specialmente quando sono ispirate dall'idea della nazione. Va ricordato che per Alexander von Humboldt il Mediterraneo non costituisce affatto uno spazio separato, ma pienamente integrato nella climatologia del globo terrestre.

Al termine dell'introduzione Fischer ringrazia fra gli altri il governo italiano di Quintino Sella per avergli messo a disposizione «tutte le pubblicazioni meteorologiche ufficiali» e il «Bollettino idrografico». Come egli dichiara, questo suo contributo costituisce solo la prima parte, di carattere generale, di una più vasta opera che prevede studi specifici sui singoli territori. Negli anni seguenti una serie di monografie ha infatti per oggetto vari paesi del Mediterraneo nei quali l'autore ha viaggiato e soggiornato a lungo. Dopo due saggi sulla geografia e la cartografia nell'Italia medievale (1886) egli firma in un'opera collettiva la descrizione della penisola iberica, della Grecia e della penisola italiana (1891). Quest'ultima, rivista e ampliata, viene tradotta in italiano nel 1902 con l'aggiunta del sottotitolo *Saggio di corografia scientifica*. Di essa Roberto Almagià, figura di spicco fra i geografi italiani nella prima metà del secolo scorso, scriveva nel 1932: «tuttora la migliore corologia scientifica dell'Italia, per quanto ormai molto invecchiata».

Del 1901 è il saggio sul Marocco, cui segue tre anni dopo quello su *L'olivo. La sua diffusione geografica, la sua importanza economica e storico-culturale*, con una grande carta tematica del Mediterraneo (a due colori, fig. 77; 1:10.000.000), la cui cornice arriva a comprendere le Canarie; Fischer completava così il dittico iniziato nel 1881 con *La palma da dattero*. Naturalmente l'olivo figura già negli scritti botanici di Alexander von Humboldt (*De distributione geographica plantarum*, pp. 158 sg.) e più tardi nella grande sintesi di Grisebach, il quale accenna anche alla sua importanza culturale per la fisionomia della flora mediterranea (pp. 292 sg.). Fischer però ne fa l'oggetto di uno studio monografico, perfezionando così l'idea secondo cui la coltivazione dell'olivo caratterizza la regione mediterranea con i limiti segnati dalla latitudine e dall'altitudine dei terreni.

L'opera che gli valse notorietà anche presso un pubblico più largo, almeno in Germania, sono soprattutto i due corposi volumi in cui raccolse vari contributi con il titolo *Quadri del Mediterraneo* (*Mittelmeerbilder*, Leipzig-Berlin, Teubner 1906 e 1908). Nel XIX sec. e prima della 'grande guerra' (1915-18) nessun altro geografo si è dedicato con tanta costanza e passione allo studio del Mediterraneo. Quando nel 1904 Alfred Philippson, il geomorfologo che si segnalerà per le ricerche sulla geografia dell'Asia Minore e della Grecia, pubblica con lo stesso editore un lavoro di sintesi su *La regione mediterranea. La sua peculiarità geografica e culturale* (*Das Mittelmeergebiet. Seine geographische und kulturelle Eigenart*), sottolinea il suo debito verso gli studi di Fischer.

I *Quadri del Mediterraneo* sono il frutto di oltre trent'anni di ricerche e di una ventina di viaggi, ora brevi ora più lunghi, come leggiamo nella prefazione di Fischer al primo volume. Basati sull'esperienza personale dei luoghi, alcuni saggi si presentano come schizzi di viaggio, altri come la rielaborazione di articoli già pubblicati in sedi scientifiche, altri ancora sono stati scritti apposta per il libro, che non si rivolge ai geografi di professione ma a un pubblico colto.

Chi scorre soltanto l'indice, può facilmente notare quanto l'iniziale prospettiva della geografia fisico-climatica si sia poi venuta intrecciando a interessi e problemi di storia contemporanea, che lo stesso autore rivendica esplicitamente come campo di studio e d'azione del geografo. Fischer condivide programmaticamente la posizione di Oskar Peschel il quale, inaugurando nel 1871 all'università di Lipsia il suo corso di geografia, ha affermato che essa ha come fine ultimo «la comprensione della storia contemporanea» (*das Verständnis der Zeitgeschichte*). Qui non si può entrare nel dettaglio delle argomentazioni che Fischer svolge per mostrare il peso dei fattori geografici nella storia, fino a inseguire il miraggio di scoprirne quasi le 'leggi'. Si tratta di una visione che impronta variamente la cultura scientista e positivista dell'epoca, soprattutto del collega più famoso, il geografo Friedrich Ratzel (1844-1904), zoologo di formazione. Ma non si può fare di Fischer un 'ratzeliano', perché egli ammirava Karl Ritter (1779-1858), di cui aveva il ritratto sulla scrivania (*Der Ölbaum*, p. 3). Ritter tenne la cattedra di geografia nell'Università di Berlino quando vi insegnava anche Hegel, la cui filosofia della storia mostra echi di idee ritteriane.

Sotto la scorza indurita di un acceso patriottismo e nazionalismo c'è in Fischer un'informazione varia e circostanziata sulle condizioni fisiche e antropiche che caratterizzano i paesi del Mediterraneo orientale (da Costantinopoli alla Bitinia e alla Palestina), poi l'Italia, la penisola iberica e i paesi africani dal Marocco alla Tunisia, con osservazioni e giudizi su questioni scottanti, come le nazioni emergenti e i complicati rapporti etnico-religiosi nella penisola balcanica o la politica coloniale francese. Le pagine sulla 'questione siciliana' (*Die sizilische Frage*, 1875) o sulle forme dell'insediamento e sulle colture in Puglia (1905) meriterebbero di stare nel grande libro dell'Italia post-unitaria vista dagli altri.

Una delle lamentele che si sentono spesso in Sicilia, specialmente da parte dei ceti colti, è che all'esterno (cioè soprattutto sul continente italiano) non si conosce il loro paese né il carattere degli abitanti, e che nessuno si dà pena di conoscerlo e così via. [...]

Purtroppo questa lamentela è fin troppo giustificata; basta leggere i rapporti riservati che negli ultimi mesi i prefetti hanno inviato al loro ministro e che il ministro stranamente – per servirmi di un termine ancora usato nel parlamento – non esita a mettere in pubblico. [...]

È curioso notare come in Sicilia la natura ardente del paese e della gente abbia agito anche sul cervello dei viaggiatori che vengono da lontano: conservare la misura, considerare con serietà, cercare le cause e le spiegazioni, questo non lo fa nessuno, tutti tendono verso gli estremi. C'è chi vede solo deserti, parassiti, fannulloni, ladri e banditi come il prefetto di Caltanisetta; un altro non ritiene eccessivo fare della Sicilia con i suoi abitanti cortesi e cavallereschi un paradiso terrestre. Io spero di tenermi a eguale distanza da entrambi e di mostrare che la testa fredda del ricercatore nordico non ha perso la concentrazione neppure sotto la calura del sole siciliano. (*Mittelmeerbilder*, vol. I, 1906, II ed. 1913², pp. 169 sg.)

Nella prefazione al primo volume Fischer nutre la speranza di trovare ascolto presso i diversi paesi del Mediterraneo, che «di giorno in giorno diventano di nuovo più importanti nella politica e nel traffico mondiale», e di soddisfare le esigenze di coloro che, sempre più numerosi, viaggiano nel Mediterraneo per i motivi più diversi. C'è infine l'auspicio che il libro «possa destare o rafforzare in più ampie cerchie del popolo tedesco la convinzione che se noi vogliamo essere o diventare ancor più una potenza mondiale, una potenza del commercio mondiale, non possiamo accontentarci a lungo andare di interessi estetici ed economici nella regione dell'antico mare della civiltà [...]».

Nel secondo volume dei *Quadri del Mediterraneo*, pubblicato due anni dopo (*Neue Folge*, 1908), le sollecitazioni della storia contemporanea si fanno più pressanti per le ragioni cui accenneremo fra poco. Come Fischer sottolinea nella prefazione, il Mediterraneo occupa ormai un ruolo di primo piano nella politica mondiale. Perciò nel capitolo iniziale (*Das Mittelmeergebiet*) egli traccia dapprima una sorta di profilo che dall'antichità arriva all'età contemporanea, per passare poi alla storia geologica e infine alla caratterizzazione unitaria del quadro geografico, che fa del Mediterraneo uno spazio separato dai tre continenti. Incidentalmente (p. 57) egli osserva che l'espansione dell'Islam ha costituito una netta barriera (*Schranke*) fra i popoli del Mediterraneo, tesi che sarà ampiamente sviluppata dallo storico belga Henri Pirenne (1862-1935).

Fischer fa appello alla geografia per spiegare la storia, con la tendenza a vedere corrispondenze o analogie fra passato e presente, secondo una visione che certamente costituisce la parte caduca dei suoi scritti. Si tratta infatti di generalizzazioni sommarie o forzate, che mostrano il segno dei tempi. Pur viziati dalla ricerca di un nesso significativo fra la geografia fisica, con le modificazioni subite nei tempi lunghissimi della geologia, e la storia contemporanea, rivestono un certo interesse i contributi restanti, a partire dal grosso saggio (circa 150 pp.) sulle coste dei paesi mediterranei, in cui Fischer tenta di chiarire il rapporto fra insediamenti litoranei e comunità umane. Seguono i capitoli sulla geomorfologia dell'Italia, sull'orografia della penisola iberica, sul clima del Marocco come una variante del clima mediterraneo. Chiudono il volume due scritti, sul Marocco come teatro di guerra e sui popoli del Mediterraneo nella politica mondiale

È ben noto che nel XIX secolo l'espansione coloniale europea è preparata dall'azione di gruppi di pressione, variamente organizzati, da associazioni ultranazionaliste e dalle iniziative delle 'società geografiche', che troviamo in Inghilterra, in Francia e in Germania come più tardi in Italia. Se gli storici sono impegnati a disegnare l'immagine salda e netta della nazione, i geografi scendono in campo per appoggiare le sue iniziative coloniali. La politica estera di Bismarck è sostanzialmente eurocentrica, ma le aspirazioni coloniali della Germania sono alimentate dall'opinione pubblica e già nei primi anni '80 si concretizzano con la presa di possesso di alcuni territori nell'Africa centro-meridionale. Fischer è attivo fin da allora nella *Associazione coloniale tedesca*, divenuta più tardi (1887) *Società coloniale tedesca* (*Deutsche Kolonialgesellschaft*). Egli si distingue per l'impegno profuso, anche con conferenze e discorsi, nel sostenere gli interessi della Germania in Marocco, soprattutto negli anni che vedono salire la tensione nei rapporti con la Francia. Nel 1905 l'imperatore Guglielmo II in persona si reca a Tangeri per manifestare al sultano la speranza di un Marocco libero contro le pretese francesi. Questo contesto, qui solo accennato, spiega l'importanza assegnata da Fischer ai due saggi che chiudono il secondo volume dei *Quadri del Mediterraneo*.

Nel 1904 viene pubblicata a Berlino la tesi di laurea di un suo allievo, Gotthold Hildebrand, sulla Cirenaica come territorio di un futuro insediamento coloniale. Appena un anno dopo l'occupazione italiana della Libia la tesi è tradotta col titolo *La Cirenaica e il suo avvenire, specialmente dal punto di vista economico* e con la prefazione di Fischer (Roma, Franck & C. 1912).

Alla morte di Fischer si capisce quanto fosse misurato il cordoglio della geografia francese, affidato a una paginetta firmata da Augustin Bernard in «Annales de Géographie» (1910), la rivista fondata circa vent'anni prima da Paul Vidal de la Blache, il cui insegnamento ha esercitato un'azione profonda nella formazione di geografi e storici francesi. Bernard si dedica per tutta la vita allo studio dei territori francesi nell'Africa settentrionale ed è un rappresentante di primo piano della geografia coloniale nel suo paese. Egli si sente quindi in sintonia con il collega scomparso «un des meilleurs géographes allemands», come traspare dalla fine del necrologio.

> Coloniale e patriota Theobald Fischer era di vedute abbastanza larghe per capire il patriottismo degli altri. «È certamente un vostro dovere», mi scriveva nel 1904, «combattere per gli interessi francesi e Voi mi conoscete abbastanza per sapere che ammiro il patriottismo, che distingue la vostra nazione. Credo di conoscere abbastanza bene il Marocco per essere del tutto sicuro che la 'penetrazione pacifica' è impossibile. Se la Francia vuole essere padrona del Marocco, dovrà conquistarlo. Non c'è alcun dubbio che la Francia supererà tutti gli ostacoli, ma a che prezzo!»

In Italia, cui si sentì legato al punto da considerarla una seconda patria, Fischer venne commemorato con ben maggiore partecipazione intellettuale da Giuseppe Della Vedova per l'Accademia dei Lincei, in cui Fischer era stato accolto, e da Roberto Almagià per la «Rivista geografica italiana» (1911).

Nella seconda metà del XIX sec. vi sono naturalmente in Europa altre rappresentazioni del Mediterraneo, come si ricava da una lettera di Vincent van Gogh al fratello, scritta il 22 giugno 1888 da Saintes-Marie-de-la-Mer.

> Mio caro Theo,
>
> ti scrivo finalmente da Saintes-Marie sul Mediterraneo. Il Mediterraneo ha un colore come quello degli sgombri, vale a dire è cangiante, non si sa bene se è verde o viola, non si sa sempre se c'è del blu, perché a seconda del riflesso cangiante prende una tinta rosa o grigia. [...]

È in Provenza, ancora una volta, che si percepisce una natura diversa da quella continentale. Questa percezione però non è associata al mare della Provenza ma al Mediterraneo, come se l'artista scoprisse un mondo di colori da tempo vagheggiato. Qui bisogna richiamare un fatto banale: per chi sta in Francia è naturale designare come Mediterraneo il mare che la bagna sul versante opposto all'Oceano Atlantico, senza che tale designazione comporti il significato pieno ed estensivo del termine, come avviene invece in Italia e altrove. Elisée Reclus lo afferma con nettezza all'inizio del secondo volume dedicato alla Francia: «Il grande vantaggio della Francia, come molto spesso si è detto, è di far parte allo stesso tempo del mondo mediterraneo e del gruppo delle terre oceaniche. [...] La Francia si distingue come il paese che unisce le regioni atlantiche del Nord e le terre mediterranee del Mezzogiorno».

Accanto alla lettera di Van Gogh si potrebbero richiamare altri frammenti di Mediterraneo colti dalla sensibilità di letterati, poeti e artisti. A questi si aggiungono i viaggiatori colti e benestanti dell'Europa centro-settentrionale, che praticano il *Grand Tour* per ammirare i resti e i capolavori delle civiltà antiche. Attraverso la loro sensibilità, nutrita di aspettative fin dalla partenza, si aprono così varie finestre sull'ambiente mediterraneo, ciascuna delle quali è strettamente legata a questo o quel luogo in particolare, e ciascuno di essi appartiene innanzitutto a questo o quel paese del Mediterraneo. La loro somma non potrebbe restituire l'immagine complessiva, cui pervengono invece gli studi della geografia tedesca nella seconda metà del XIX sec.

L'unità climatica del Mediterraneo come riflesso della sua peculiarità storica viene dunque codificata dai geografi in Germania e il punto di vista tedesco è in questo senso decisivo, assai più di quello francese. Quando nel suo libro di sintesi divulgativa, che abbiamo già menzionato, Alfred Philippson illustra la regione mediterranea (tre edizioni dal 1904 al 1913, e una quarta nel 1922), egli si mette con i lettori dalla parte del *noi*, per far risaltare la singolarità dei fenomeni naturali o sociali descritti, come annuncia già all'inizio dell'introduzione: «In noi gente del Nord è profondamente radicato nel cuore il desiderio del Sud, delle rive soleggiate del Mediterraneo. (*Uns Nordländern ist die Sehnsucht nach dem Süden, nach den sonnigen Gestaden des Mittelmeeres, tief ins Herz gepflanzt*)». Dopo l'interesse storico-artistico – che comprende la «straordinaria fioritura dell'arte orientale nei paesi dell'Islam» – a caratterizzare il Mediterraneo interviene la *natura* e la sua *estraneità* al «nostro ambiente quotidiano»; è questo che «stimola la nostra immaginazione e ci rende attraente un paesaggio».

> La *diversità* della regione mediterranea rispetto alla nostra patria nella figura della superficie terrestre, nelle forme e nei tipi del suolo, nella luce e nel colore, nel clima e nel mondo vegetale; e ancora il carattere estraneo (*Fremdartigkeit*) che ne deriva nell'economia, negli insediamenti, nel modo di vivere e nella mentalità degli uomini – questo è ciò che stimola e soddisfa il nostro sentimento della natura.

Ritroviamo anche qui nella premessa del libro l'affermata unità di uno spazio terrestre predisposto dalla natura a costituire «la scena di una civiltà e di una storia senza confronti»; e la storia porta Philippson ad allargare l'angolo visuale fino alla Mesopotamia. Ancora una volta fra le caratteristiche fisiche e la storia del Mediterraneo c'è come un rispecchiamento, che accanto alle divisioni geografiche e alla loro varietà esalta la coesione del quadro d'insieme, ma con un grado di generalizzazione e quindi di semplificazione assai più spinto rispetto a Fischer.

È sintomatico che l'ultimo capitolo del libro sia intitolato «L'uomo», con un paragrafo di appena dieci pagine su «Popoli, religioni, stati», in cui accanto alla tripartizione del vecchio mondo secondo la discendenza di Noè (Semiti, Camiti e Ariani, che hanno preso il posto degli Iafetidi) si sovrappongono le divisioni della geografia linguistica. In un altro paragrafo sul «Sociale», ancor più magro, vengono stilizzati comportamenti e mentalità 'mediterranei', ben diversi da quelli che caratterizzano i paesi della Mitteleuropa. Tutto questo è tanto più da rimarcare in quanto si tratta ap punto di un libro che si propone di offrire a un pubblico ampio di Tedeschi una sintesi ordinata di studi e ricerche altrui. Chiude l'ultimo capitolo un paragrafo sulla geografia economica e degli insediamenti. Non manca naturalmente l'apparato della cartografia tematica (orografia, piovosità, isoterme di luglio e di gennaio, vegetazione, densità della popolazione, popoli e religioni, insediamenti e vie di comunicazione) con l'aggiunta di dieci fotografie dell'autore. Esse inquadrano scorci e panorami 'tipici' del paesaggio mediterraneo con la sua umanità, che ogni tanto compare. Rispetto a Fischer si tratta di un'innovazione, che inaugura un'altra serie di visioni del Mediterraneo.

CONCLUSIONI

Se in questo libro la descrizione ha prevalso nettamente sulla narrazione, ciò deriva anche dalla intrinseca difficoltà per il Mediterraneo di essere protagonista delle sue storie. La lunga processione dei toponimi litoranei risulterà talvolta indigesta, ma essi restano il presupposto necessario per apprezzare nelle varietà regionali la progressiva conoscenza del mare interno come l'orizzonte di riferimento, attorno al quale venne a costruirsi l'immagine ordinata dell'ecumene. Un'impresa eccezionale, se si considerano i mezzi tecnici assai limitati della cartografia antica e anche della prima cartografia nautica medievale. In tutto questo non c'è nulla di nuovo, se non l'intento di accompagnare il lettore nel cuore di tale straordinario processo conoscitivo. Gli artefici dell'impresa, dei quali si conserva il nome, sono solo una mezza dozzina o poco più di 'geografi', ma la loro opera sarebbe impensabile senza la trama delle comunicazioni marittime nei diversi contesti storici. La capacità di astrazione e l'ingegno di pochi rielaborano l'esperienza collettiva e anonima dei naviganti.

Il libro si ferma alla vigilia del primo conflitto mondiale, quando il Mediterraneo è ormai diventato un territorio conteso nell'espansione coloniale europea, senza che i tre capitoli siano strettamente legati da una scrittura continua; c'è naturalmente un filo cronologico, che tiene insieme le diverse sezioni.

Del Mediterraneo si è detto giustamente che è uno 'spazio di percorsi', in cui si muovono attori diversi. Di volta in volta, nel corso dei secoli, con la rete dei loro interessi essi animano gli spazi marittimi ai quali conferiscono una sorta di esteriore omogeneità. La tendenza ad accentuare oltre misura l'*individualità* e l'*unità* del Mediterraneo si scontra però in età contemporanea con la forza conflittuale delle Nazioni e con le loro storie, che orientano la narrazione mediterranea nel XIX sec. e poi negli anni che precedono e seguono il primo conflitto mondiale. La scoperta del clima mediterraneo, con cui si chiude l'ultimo capitolo, coincide in realtà con l'inizio di una nuova fase storica, i cui effetti agiscono drammaticamente fino ai nostri tempi, come tutti sanno. Perciò queste pagine hanno ben poco di conclusivo.

Sul Mediterraneo permangono, nonostante tutto, visioni e aspirazioni che potremmo chiamare neoromantiche perché vi ha gran parte il coinvolgimento emotivo dell'immaginazione, della letteratura e dell'arte, unito alla confusa ricerca nella storia e nell'ambiente – o peggio nella 'tradizione' (e quale poi?) – di improbabili radici identitarie, largamente smentite dalla realtà dei fatti. Intendiamoci: chiunque può a buon diritto custodire il suo angolo di Mediterraneo, con le sensazioni e i ricordi, che accompagnano sempre il nostro personale rapporto con i luoghi più diversi. Qui si tratta piuttosto di riconoscere che non può applicarsi allo spazio mediterraneo quell'unione così necessaria, nella visione romantica della Nazione, fra il suolo, il popolo e la sua storia. Se mettiamo da parte l'impero romano, il Mediterraneo non appartiene a nessun popolo o nazione in maniera esclusiva. Esso è attraversato da tensioni e conflitti, che in età contemporanea assumono anche una dimensione globale. In questo c'è piena corrispondenza con la climatologia pre-coloniale: per Alexander von Humboldt le due isoterme, che attraversano il Mediterraneo, ne fanno un fazzoletto fra gli altri del globo terrestre. La proiezione sul Mediterraneo dei caratteri della Nazione, intesa come categoria e come realtà specifica, si affaccia più tardi, nella seconda metà dell'Ottocento, in piena atmosfera coloniale.

Al passaggio dal XIX al XX secolo l'idea di nazione agisce potentemente nella storia dell'Europa e si potrebbero richiamare molti testi e documenti coevi, in cui si manifestano in gran parte i sentimenti collettivi dell'epoca. È significativo quanto scrive Paul Vidal de la Blache nella premessa al suo *Tableau de la géographie de la France* (Parigi, 1911).

La storia d'un popolo è inseparabile dal paese che abita. Non ci si può rappresentare il popolo greco in un posto diverso dai mari ellenici, l'Inglese altrove che nella sua isola, l'Americano altrove che nei grandi spazi degli Stati Uniti. In queste pagine si è cercato di spiegare come questo accada pure per il popolo la cui storia si è incorporata nel suolo della Francia.

In Francia i rapporti fra il suolo e l'uomo hanno l'impronta di un carattere originale di antichità e di continuità. [...]

La prima parte del *Tableau* porta il titolo *Personalità geografica della Francia*. Vidal riprende qui l'affermazione di un illustre storico e suo connazionale, Jules Michelet (1798-1874), per il quale «la Francia è una persona», e su questa linea egli sviluppa le sue riflessioni (pp. 7 sg.).

Una individualità geografica non deriva da semplici considerazioni geologiche e climatiche. Non si tratta di qualcosa che è dato in partenza dalla natura. Bisogna partire dall'idea che un paese è un serbatoio in cui dormono delle energie; la natura ha deposto il loro germe, ma il loro uso dipende dall'uomo. È lui che, piegandola ai suoi scopi, ne porta alla luce l'individualità. Egli stabilisce una connessione fra tratti sparsi; agli effetti incoerenti delle circostanze locali l'uomo sostituisce una convergenza sistematica di forze. È allora che un paese si precisa e si differenzia e alla lunga diventa come una medaglia coniata con l'immagine di un popolo.

[... ... ...]

Come mai un frammento della superficie terrestre, che non è né penisola né isola e che la geografia fisica non potrebbe considerare propriamente come un tutto, si è elevato alla condizione di paese politico (*contrée politique*) ed è divenuto infine una patria? Questa è la domanda che si presenta all'inizio di questo lavoro.

Idee dello stesso tenore si possono trovare in altri scritti coevi, in Italia come in Germania o in altri paesi europei. Ciò non significa affatto che si possa scrivere storia solo in una prospettiva nazionale. Più semplicemente, ogni tentativo di concepire una narrazione continua che abbia nel Mediterraneo l'elemento unificante del protagonista, si espone al rischio di riscrivere storie già note. Sembra più fruttuoso mettere in risalto i diversi punti di vista nazionali, che disegnano le varie facce dell'idea di Mediterraneo. Se lo sguardo esterno, quello degli 'altri', è un buon antidoto all'autarchia della storia patria, tale condizione è connaturata alla realtà stessa del Mediterraneo. Nel quadro abbozzato alla fine del terzo capitolo – questo pure va detto – manca tra l'altro il punto di vista dell'impero inglese.

Di fronte ai vagheggiamenti di cui è oggetto il Mediterraneo, si spiega perché qualcuno abbia parlato senza mezzi termini di un mito dei nostri tempi. Alla sua fortuna concorre infatti un insieme di fattori, che vanno dalle aspirazioni a un equilibrio geopolitico 'regionale', sottratto all'interferenza di forze 'esterne' (ancora una volta il miraggio identitario dello spazio mediterraneo, concepito quasi come un'isola), alle confuse suggestioni della letteratura, dell'arte o di un'antropologia in fondo immaginaria. Dagli ultimi decenni del secolo scorso si è aggiunta poi l'azione del turismo di massa, potente veicolo nella diffusione di miti. A togliere ogni illusione sulla forza coesiva dell'appartenenza mediterranea nei rapporti fra i popoli, basterebbe solo ricordare – senza allontanarsi troppo dal limite cronologico di questo libro – la guerra fra Greci e Turchi in Asia Minore, culminata con la tragedia di Smirne (1919-1922). Qui come altrove si assiste al confliggere di storie nazionali, in cui il nostro mare compare come una scena inerte degli avvenimenti.

APPENDICI

1.

STRABONE, IL MARE INTERNO E I TRE CONTINENTI (*GEOGRAFIA* II, 5, 16-26)

16. Se questa dunque è la forma generale dell'ecumene [già descritta poco prima], conviene prendere due rette che si incrociano ad angolo retto; l'una segnerà la lunghezza massima [dell'ecumene], l'altra la larghezza massima e la prima sarà uno dei paralleli, l'altra uno dei meridiani. Poi immaginiamo delle linee parallele a queste, da una parte e dall'altra, e dividiamo in tal modo la porzione di terra e di mare in cui ci troviamo (fig. 41, p. 114). Risulteranno così più evidenti sia la forma, quale abbiamo descritta, sia la grandezza delle linee, che hanno misure diverse tanto nel senso della lunghezza quanto nel senso della larghezza; si vedranno meglio anche i climi (*klìmata*), a oriente come a occidente, a settentrione come a meridione. Poiché le due rette mediane – quelle della lunghezza e della larghezza, di cui abbiamo parlato prima – devono toccare luoghi ben noti, sarà facile poi tracciare le altre grazie alle prime due. In un certo senso ci serviamo di queste come elementi ordinatori, per collegare le regioni parallele e le altre posizioni dei luoghi, fissate sulla terra e in rapporto ai fenomeni celesti.[1]

17. È soprattutto il mare che disegna la terra e le dà la sua forma, modellando i golfi, le grandi distese marine, gli stretti, e anche gli istmi, le penisole e i promontori; al mare si aggiungono poi i fiumi e le montagne. Mediante tali elementi possiamo figurarci i continenti, i popoli, la posizione favorevole delle città e altre varie cose di cui è piena la carta geografica – vi è anche la moltitudine delle isole sparse nei mari e lungo tutta la costa. Poiché i diversi luoghi mostrano qualità positive e qualità negative, con i vantaggi e gli svantaggi che ne derivano in parte per natura in parte per acquisizione, occorre parlare delle qualità naturali perché permangono, mentre i caratteri acquisiti mutano. Di essi, tuttavia, bisogna segnalare quelli capaci di durare piuttosto a lungo o quelli che, pur non durando a lungo,

---

[1] Qui i 'climi' non indicano solo la latitudine ma anche la longitudine; l'uso improprio del termine si deve alla costruzione della griglia ortogonale a partire dai primi due assi di riferimento. I 'climi' corrispondono quindi ai lati lunghi e ai lati corti del rettangolo, che delimita la terra abitata nell'emisfero settentrionale.

hanno però una rilevanza e una fama che rimane nel tempo presso i posteri, per cui diventano come connaturati ai luoghi senza che intervenga più l'acquisizione; perciò è chiaro che bisogna parlare anche di questi. Vale infatti per molte città l'osservazione fatta da Demostene a proposito di Olinto e delle città vicine, le quali erano scomparse al punto che un visitatore avrebbe dubitato se fossero state mai abitate. E tuttavia ci si reca con piacere in questi e in altri luoghi per il desiderio di vedere le tracce di fatti memorabili, proprio come si fa con le tombe degli uomini illustri. Così abbiamo richiamato alla memoria anche usanze e ordinamenti politici che non ci sono più, spinti a questo dall'utilità che deriva dalla loro emulazione o avversione, proprio come per le azioni umane.

18. Riprendendo il nostro piano iniziale, diciamo dunque che la terra da noi abitata, essendo circondata dalle acque, accoglie dal mare esterno molti golfi lungo l'oceano e quattro sono i più grandi. Di essi quello settentrionale si chiama Mar Caspio o Ircanio secondo altri. Dal mare meridionale le acque si versano nel Golfo Persico e nell'Arabico [Mar Rosso]; il primo sta di fronte al Caspio, il secondo di fronte al Ponto [Mar Nero]. Il quarto golfo, che per estensione supera di gran lunga gli altri, è formato dal mare chiamato 'interno e nostro' (ἡ ἐντὸς καὶ καθ' ἡμᾶς λεγομένη). Esso ha inizio da occidente e dallo stretto delle Colonne d'Eracle, si allunga verso oriente con una larghezza variabile, poi si divide terminando in due grandi golfi, l'uno a sinistra, chiamato Ponto Eusino, mentre l'altro è formato dalle acque del mare d'Egitto, di Panfilia e di Isso. Tutti questi golfi hanno dal mare esterno un'entrata stretta, soprattutto l'Arabico e quello che inizia dalle Colonne; gli altri golfi presentano un'entrata meno stretta.

La terra che li racchiude, come si è detto, si divide in tre parti. Di esse la più ricca di forme è l'Europa, mentre per la Libia è l'opposto e l'Asia sta più o meno nel mezzo. Tutte [queste tre parti] devono alla costa del mare interno se sono o no multiformi, perché eccetto i golfi menzionati la costa del mare esterno è uniforme e somiglia a una clamide [mantello], come ho già detto; altre differenze di dettaglio vanno lasciate da parte, perché nelle grandi dimensioni il dettaglio non conta nulla. Inoltre poiché, come abbiamo già detto, nello studio della geografia non consideriamo solo le forme e le dimensioni dei luoghi ma anche la loro posizione reciproca, è il litorale interno a offrire anche in questo caso una maggiore varietà. Qui, più che sul litorale esterno, lo spazio è in gran parte ben conosciuto, ha un clima temperato ed è occupato da città e popoli ben governati. Noi desideriamo conoscere questi paesi, in cui maggiormente si tramandano gesta, forme di governo, tecniche e tutto ciò che porta alla sapienza; l'interesse ci spinge verso i paesi con i quali è più facile avere relazioni scambievoli e tali sono i paesi abitati, anzi felicemente abitati.

Sotto tutti questi aspetti, come dicevo, il nostro mare (ἡ παρ' ἡμῖν θάλαττα) presenta grandi pregi e da qui bisogna quindi iniziare la periegesi.

19. Questo golfo ha inizio dunque dallo stretto delle Colonne d'Eracle; dicono che la sua parte più angusta misura circa settanta stadi [c. 13 km]. Si naviga nello

stretto costeggiando per centoventi stadi, poi le due coste si allontanano contemporaneamente, soprattutto quella di sinistra, e si scopre alla vista la grande distesa del mare aperto. Esso è delimitato a destra dalla costa della Libia fino a Cartagine, a sinistra dal mare dell'Iberia e della Gallia verso Narbona e Marsiglia, poi dal mare della Liguria e infine dell'Italia fino allo Stretto di Sicilia. Il lato orientale [di questo bacino] è costituito dalla Sicilia e dagli stretti che stanno da una parte e dall'altra dell'isola, l'Eptastadio [di sette stadi] verso l'Italia e quello di 1.500 stadi verso Cartagine. La linea che va dalle Colonne all'Eptastadio [di Messina] è una parte della linea che tocca Rodi e il Tauro [fig. 41, p. 114] e che taglia quasi nel mezzo il mare aperto per 12.000 stadi. Questa è dunque la lunghezza del mare, mentre la sua larghezza massima – dalla parte più interna del Golfo Galatico, fra Marsiglia e Narbona, fino alla Libia che sta di fronte – è di circa 5.000 stadi. Tutta la porzione di questo mare verso la Libia è chiamata Mare Libico, mentre verso la terra che sta di fronte prende il nome di Iberico, Ligure, Sardo per finire col Tirreno, che arriva fino alla Sicilia.

Sulla costa lungo il Tirreno fino alla Liguria si trovano molte isole; le più grandi sono la Sardegna e la Corsica, ma dopo la Sicilia che è la più grande e la migliore del 'nostro mare'. Assai meno importanti sono Pandataria e Ponza in mare aperto, mentre verso la terraferma si trovano l'Elba, Pianosa, Pitecussa [Ischia], Procida, Capri, Leucosia e altre isole simili. Dall'altra parte della Liguria, dinanzi alla porzione rimanente della costa che arriva alle Colonne, non vi sono molte isole, e fra queste Gimnesia e Ibiza. Non sono numerose neppure presso la Libia [Africa] e la Sicilia; fra queste vi sono Cossura [Pantelleria], Egimuro e le Lipari, che alcuni chiamano Isole di Eolo.

20. Alla Sicilia e agli stretti, che stanno dall'una e dall'altra parte dell'isola, seguono altri mari. Verso le Sirti e la Cirenaica vi sono appunto le Sirti e il mare chiamato anticamente Ausonio e ora Siculo, contiguo al primo con cui mescola le sue acque. Dunque presso le Sirti e la Cirenaica si chiama Libico e termina nel Mare Egiziano. Delle Sirti la minore ha un perimetro di circa 1.600 stadi; alla sua imboccatura si trovano, da una parte e dall'altra, le isole di Meninx [Djerba] e Cercina [Kerkenna]. Secondo Eratostene la Grande Sirte ha un circuito di 5.000 stadi e una profondità di 1.800 da Esperidi fino ad Automala e alla frontiera che separa la Cirenaica dalla parte restante della Libia (fig. 19, p. 74). Secondo altri il perimetro è di 4.000 stadi mentre la profondità è di 1.500, quanto l'ampiezza dell'imboccatura.

Il Mare Siculo sta dinanzi alla Sicilia e al versante orientale dell'Italia, e ancora dinanzi al canale compreso fra il territorio di Reggio fino a Locri e il territorio di Messina fino a Siracusa e a C. Pachino (fig. 50c, p. 137). Si estende a oriente fino ai promontori di Creta e bagna la maggior parte del Peloponneso, riempiendo il Golfo di Corinto. A settentrione il Mare Siculo si estende fino alla punta della Iapigia e all'imboccatura del Golfo Ionico [Canale d'Otranto], toccando le parti meridionali dell'Epiro fino al Golfo di Ambracia e alla costa seguente, che forma con il Peloponneso il Golfo di Corinto.

Il Golfo Ionico è una parte di quello ora chiamato Adriatico, il cui lato destro è formato dall'Illiria, il sinistro dall'Italia fino al fondo del golfo che si trova presso Aquileia. L'Adriatico, stretto e lungo, si spinge allo stesso tempo verso settentrione e verso occidente per circa 6.000 stadi e ha una larghezza massima di 1.200. Vi sono molte isole. Verso l'Illiria le Apsirtidi, Cirictice, le Liburnidi, e poi ancora Issa, Tragurio, Corcira Nera e Faro; verso l'Italia le isole di Diomede [Tremiti].

Dicono che da C. Pachino a Creta il Mare Siculo si estenda per 4.400 stadi e per altrettanti fino a C. Tenaro in Laconia. Dalla punta della Iapigia al fondo del Golfo di Corinto vi sono meno di 3.000 stadi, ma dalla punta della Iapigia fino alla Libia più di 4.000. Verso la costa dell'Epiro si trovano Corcica e le isole Sivota cui seguono, dinanzi al Golfo di Corinto, Cefalonia, Itaca, Zacinto e le Echinadi.

21. Al Siculo si attacca il Mare di Creta, il Saronico e il Mirtòo, che sta fra Creta, l'Argolide e l'Attica con una larghezza massima di circa 1.200 stadi a partire dall'Attica e una lunghezza inferiore al doppio. In questo mare vi sono le isole di Citera, Calauria, Egina, Salamina e alcune delle Cicladi. Segue l'Egeo con il Golfo Mela e l'Ellesponto, poi il mare di Icaria e di Carpato fino a Rodi, Creta e Cnido e alle prime parti dell'Asia. Qui si trovano le isole Cicladi e le Sporadi e quelle che stanno dinanzi alla Caria, alla Ionia e all'Eolide fino alla Troade: Coo, Samo, Chio, Lesbo e Tenedo; e così pure quelle che stanno dinanzi alla Grecia fino alla Macedonia e alla vicina Tracia: l'Eubea, Sciro, Pepareto, Lemno, Taso, Imbro, Samotracia e molte altre di cui parleremo nella descrizione regionale. [...] Questo mare è circondato dalle regioni dell'Asia già menzionate e dalla costa lungo la quale si naviga verso settentrione da C. Sunio al Golfo Termaico [Salonicco] e ai golfi della Macedonia fino al Chersoneso Tracio [penisola di Gallipoli].

22. Nel Chersoneso Tracio c'è l'Eptastadio fra Sesto e Abido, attraverso il quale l'Egeo e l'Ellesponto sboccano verso settentrione in un altro mare, chiamato Propontide [Mar di Marmara], che sbocca in un altro mare chiamato Ponto Eusino. Questo è, per così dire, un mare doppio (fig. 5, p. 20). Infatti quasi al centro sporgono due promontori, uno dall'Europa e dalla costa settentrionale, l'altro dall'Asia in posizione opposta; essi stringono il canale che sta in mezzo, formando due grandi mari. Il promontorio dell'Europa si chiama Fronte di Montone, quello dell'Asia Carambi, e distano l'uno dall'altro circa 2.500 stadi. Il mare occidentale è lungo 3.800 stadi da Bisanzio fino alle foci del Boristene, mentre la sua larghezza è di 2.000 stadi. Il mare orientale finisce in un recesso angusto a Dioscoride, allungandosi per 5.000 stadi o poco più, mentre la sua larghezza è di circa 3.000. Il perimetro totale è di circa 25.000 stadi.

Secondo alcuni la forma di questo perimetro somiglia a un arco scitico in tensione. Essi assimilano la corda alle cosiddette 'parti destre del Ponto' – vale a dire il litorale dall'imboccatura [del Bosforo Tracio] fino a Dioscoride nel punto più interno, perché a parte Carambi tutta la costa presenta piccole sporgenze e rientranze, sicché somiglia a una linea retta – mentre assimilano quanto resta all'arco, che ha una duplice curva e quella superiore più accentuata di quella inferiore. Così anche questa costa forma due golfi, dei quali l'occidentale è più curvo dell'altro.

23. Oltre il golfo orientale verso settentrione si trova la Meotide, che ha un perimetro di 9.000 stadi o poco più. Questo lago sbocca attraverso il cosiddetto Bosforo Cimmerio nel Ponto, che sbocca nella Propontide attraverso il Bosforo Tracio; così si chiama infatti lo stretto di Bisanzio, che è di quattro stadi. Dicono che la lunghezza della Propontide dalla Troade a Bisanzio sia di 1.500 stadi e che la larghezza sia più o meno la stessa. Qui si trova l'isola di Cizico con le isolette che la circondano.

24. Così si presenta l'espansione verso settentrione del Mare Egeo e queste sono le sue dimensioni. Ricominciando da Rodi, c'è poi l'espansione formata dal Mare d'Egitto, di Panfilia e di Isso, che si estende fino a Isso in Cilicia per 5.000 stadi lungo tutta la costa della Licia, della Panfilia e della Cilicia. A partire da qui la Siria, la Fenicia e l'Egitto circondano il mare verso meridione e verso occidente fino ad Alessandria. Nel golfo di Isso e di Panfilia si trova Cipro, che tocca il Mare Egiziano. La traversata da Rodi ad Alessandria con vento di borea è di circa 5.000 stadi, mentre il periplo è il doppio. Secondo Eratostene si tratta però di una stima dei marinari sulla traversata del mare, perché se alcuni si esprimono in tal modo, altri non esitano a parlare di 5.500 stadi, mentre egli afferma di aver trovato una distanza di 3.750 stadi osservando le ombre dello gnomone.

La porzione di questo mare, che tocca la Cilicia e la Panfilia, forma con le 'parti destre del Ponto', con la Propontide e poi ancora con la costa seguente fino alla Panfilia, una grande penisola e un grande istmo, che va dal mare di Tarso fino alla città di Amiso e alla pianura di Temiscira. La regione posta al di qua di questa linea, fino alla Caria e alla Ionia e fino ai popoli situati al di qua dell'Ali, è interamente bagnata dall'Egeo e dalle porzioni di mare di cui abbiamo parlato e che toccano i due lati della penisola [a nord e a sud]. Questa è l'Asia propriamente detta, che ha lo stesso nome di tutto il continente.

25. Per riassumere, il punto più meridionale del 'nostro mare' si trova nel fondo della Grande Sirte, seguito da Alessandria d'Egitto e dalle foci del Nilo, mentre quello più settentrionale è la foce del Boristene; se però si aggiunge anche la Meotide, che sarebbe una parte di questo ['nostro mare'], il punto più settentrionale è la foce del Tanai, mentre il più occidentale è lo stretto delle Colonne e il più orientale è il recesso, già menzionato, presso Dioscoride (fig. 41, p. 114). Eratostene ha torto a mettere il punto più orientale nel Golfo di Isso. Questo infatti si trova sullo stesso meridiano di Amiso e di Temiscira; anche se si aggiunge la Sidene fino a Farnacia, da lì la navigazione verso oriente fino a Dioscoride supera i 3.000 stadi, come risulterà più chiaro nella descrizione regionale. Così si presenta dunque il 'nostro mare'.

26. Bisogna ora delineare le terre che lo circondano, cominciando dalle stesse parti da cui iniziammo la delineazione del mare. Navigando nello stretto delle Colonne, a destra si trova la Libia fino al corso del Nilo, a sinistra sul lato opposto dello stretto c'è l'Europa che arriva fino al Tanai. Entrambe finiscono nell'Asia.

Bisogna cominciare dall'Europa, perché è multiforme, è la meglio dotata per la qualità degli uomini e degli ordinamenti politici e ha elargito alle altre [Asia e Africa] la maggior parte dei propri beni; è infatti interamente abitabile, a parte una piccola porzione disabitata per il freddo e confinante con i popoli che vivono sui carri verso il Tanai, la Meotide e il Boristene. Dove il clima è rigido e nelle zone montuose della parte abitabile la natura rende assai difficile l'insediamento, ma se sono ben governati si civilizzano anche paesi, in cui si vive miseramente e di brigantaggio. I Greci, per esempio, pur occupando luoghi montuosi e sassosi, li abitavano felicemente grazie al loro senso politico della comunità, alle tecniche e alle altre conoscenze che giovano all'esistenza. I Romani, accogliendo molti popoli e rozzi nell'indole a causa dei luoghi da essi abitati – che erano aspri o privi di porti o gelati o inospitali per qualche altra ragione – collegarono fra loro i popoli che erano isolati e insegnarono a quelli più selvaggi a vivere civilmente.

La parte dell'Europa pianeggiante e situata in un clima temperato ha dalla sua la natura che porta a questo genere di vita, perché in una regione prospera tutto induce alla pace mentre in un paese misero tutto spinge alla contesa e alla guerra. Queste genti però ricevono reciprocamente dei benefici, perché alcune soccorrono con le loro armi, altre con i raccolti, le abilità tecniche e la formazione del carattere. Se non si aiutassero reciprocamente, è evidente che ne deriverebbero danni per le une e le altre; la forza di chi ha le armi assicura una certa superiorità, se non è vinta dal numero. Anche sotto questo aspetto l'Europa si trova in una felice condizione naturale. Infatti è tutta una varietà di pianure e montagne, sicché dovunque coesistono il carattere agricolo, quello politico e quello guerriero. Maggior peso ha l'agricoltura, compagna della pace, sicché essa prevale su tutto con il concorso dei popoli dominanti, prima i Greci, poi i Macedoni e i Romani. L'Europa è quindi del tutto autosufficiente per la pace e per la guerra; possiede infatti una moltitudine inesauribile di uomini per fare la guerra, per lavorare la terra e per il governo delle città. Essa spicca [fra i continenti] anche perché esporta i frutti migliori e necessari alla vita e i minerali utili, mentre fa venire dall'esterno profumi e pietre preziose, che non migliorano affatto la vita a quanti ne hanno in abbondanza o ne sono privi. L'Europa ha anche una grande quantità di mandrie, ma rare bestie feroci. Tale è dunque in generale il carattere di questo continente.

2.

NOTE

In queste note sommarie vengono indicate soprattutto le opere di prima consultazione in lingua italiana, che orientano sui temi e sulle questioni principali. Per le abbreviazioni vedi l'indice alfabetico degli Autori nella *Bibliografia*.

I. Il mare di Omero e la sua espansione

1-2.

Civiltà micenea. Sulla civiltà micenea e sulla decifrazione della scrittura *lineare B* vedi l'*Introduzione* di Maddoli 1992², pp. ix-xxxiii; cfr. Cultraro 2006. Ruolo dei micenei nei traffici mediterranei: Vagnetti 1996 (sui due relitti di Capo Gelidonya e di Ulu Burun in Licia *ivi*, pp. 162-165 e Broodbank 2015, pp. 399 sgg.; belle fotografie a colori sul carico di Ulu Burun vennero pubblicate nel «National Geographic», vol. 172, No. 6, Dec. 1987); cfr. Vagnetti 2010.

Nella documentazione archeologica sui manufatti egei in Italia meridionale e Sicilia la frattura tra la fine dell'età del bronzo e l'inizio dell'età arcaica è stata da alcuni studiosi in parte attenuata, ma non al punto da cambiare sostanzialmente la situazione riassunta quarant'anni fa da Frey 1982, p. 26: c'è un vuoto fra le importazioni submicenee e i più antichi vasi a decorazione geometrica. Cfr. però Bettelli – Vagnetti 2020 e Tanasi 2020.

Medioevo ellenico. Per capacità selettiva delle questioni essenziali e vigore di sintesi resta fondamentale Finley 1972, spec. pp. 65-120 (cfr. la II ed. inglese: *Early Greece: The bronze and archaic ages*, London, Chatto and Windus 1981); che il mare sia del tutto assente dal suo libro, giustamente celebre, *Il mondo di Odisseo* (trad. it. Roma-Bari, Laterza, 1978) si spiega con l'intenzione di privilegiare la terra come base dell'economia e dei valori sociali nel mondo cantato da Omero.

Sul medioevo ellenico vedi i capitoli III-IV di Murray 1993² (con la rassegna critica alle pp. 322-325), Snodgrass 1996 e Carlier 2014, pp. 51-60.

Emigrazione greca in Asia Minore. Cook 1964 e Cook 1975³; per gli Ioni (*Yaman, Yawan*) nelle iscrizioni dei sovrani assiri cfr. Liverani 2011², p. 753 e Parker 2000.

Agli Ioni nella visione asiatica della grecità dedicò un intero capitolo Mazzarino 1947, pp. 105-163. I limiti della documentazione e i principali nodi interpretativi nella ricostruzione storica sono acutamente illustrati nell'ampio saggio di Ragone 1996.

Omero. Ognuno ha il suo Omero e si è lontani dal poter registrare un consenso fra gli studiosi. Comunque venga riformulata, la questione omerica resta il passaggio obbligato in ogni approccio storico-critico all'epopea greca. Su Omero come «testimonianza di poesia orale» Luigi Enrico Rossi (1978) scrisse un saggio pregevole, anche per l'ampiezza dell'informazione.

Per la comparazione fra Omero e la poesia epica di altre civiltà vedi la bibliografia ragionata di Montanari (1992^2 pp. 152 sg.; *sull'Archaeologia Homerica*, *ivi*, p. 166); il contesto storico, che assicurò grande fortuna alla Chanson de Roland, è illustrato da Segre 1985, pp. 5 sgg.

Il confronto con le idee e le tesi espresse dai più illustri dei nostri predecessori non è solo la necessaria premessa a ogni seria ricerca, sull'esempio di Aristotele, ma è parte costitutiva degli studi umanistici. Lettori interessati e avvertiti trarranno quindi profitto sia da Albin Lesky (*Storia della letteratura greca*, vol. I, pp. 33-118, trad. it. dell'ed. di Berna 1957-1958, Milano, Mondadori 1990) sia dal libro di Gilbert Murray (*Le origini dell'epica greca*, trad. it. Firenze, Sansoni 1964; ma la IV ed. inglese è del 1934, quando la civiltà micenea faceva parte ancora della preistoria della Grecia e veniva considerata in sostanza estranea alla civiltà che si svilupperà dopo il medioevo ellenico).

La citazione di Giorgio Pasquali viene dall'art. *Epopea* scritto nel 1931 e poi ristampato in *Rapsodia del classico. Contributi all'Enciclopedia Italiana di G.P.*, a cura di F. Bornmann, G. Pascucci e S. Timpanaro, Roma, Istituto della E.I., 1986, p. 138. Sulla figura e l'opera di Pasquali si veda l'art. di A. La Penna nel *DBI*, vol. 81, 2014.

Questione omerica: Montanari 1992^2 pp. 113-127 e Ugolini 2016, pp. 79-86.

Omero e la storia: Carlier 2014 (spec. pp. 189-206); sullo stesso tema cfr. Powell 2004, pp. 55-87 e Ercolani 2006, pp. 39-107 (ma si capisce che per Carlier la dimensione storica ha un peso diverso); vedi inoltre le dense riflessioni di Gabba 2001, pp. 39-47.

Credo che l'importanza di Omero per la nascita della storiografia greca stia soprattutto nel fatto che offre uno sfondo, cui commisurare la distanza dal mondo eroico; cfr. tuttavia la diversa prospettiva di Ch. Pelling, *Homer and the question why*, «*Histos* Supplement», 11, 2020, pp. 1-35.

Popoli stranieri nella poesia omerica: Dihle 1997, pp. 7-19; cfr. Murray 1988-1989. Cimmeri: Liverani 2011^2, pp. 738 sg. e 749 sg.; Fenici in Omero: Bunnens 1979, pp. 92-99 e Bondì 2001, pp. 371 sg. Un chiaro esempio di tardiva ambientazione geografica del mito omerico è la storia dei pigmei in lotta con le gru (*Il.* III, 2-6): Janni 1978, cap. I. All'antropologia omerica riserva brillanti riflessioni Hartog 2002, pp. 27-32, ma non si vede quali siano nell'*Odissea* le effettive esperienze dell'alterità culturale.

Sulla *carpenteria omerica* (*Od.* V, 228-277) è esemplare lo studio di Janni 1996, pp. 49-75 (vedi anche alle pp. 7-48 il *Prologo: gli antichi e il loro mare* e il cap. I).

Sulle due rotte che si presentano a Nestore nel ritorno a Pilo vedi MALKIN – FICHMAN 1987: cfr. JANNI 1996, pp. 98 sg. Il brano di Esiodo con i consigli sul periodo propizio alla navigazione è tradotto e commentato *ivi*, pp. 107-122; per le opere fondamentali sulle navi e sulla marineria antiche cfr. ancora *ivi* la bibliografia alle pp. 471-486 (con l'aggiunta ora di MEDAS 2022).

Gli studi sulla *cosmologia omerica* incrociano da una parte le cosmologie del Vicino Oriente (HOROWITZ 2011[2]) dall'altra la storia della filosofia (KIRK – RAVEN – SCHOFIELD 1983[2], cap. I) e della geografia greca: cfr. bibliografia citata in PRONTERA 2011 e 2014. Allo spazio mitico dell'*Odissea* è dedicato il cap. XI di HÖLSCHER 1988, pp. 135-158; l'intenzione dichiarata di cercare conferma a una teoria assunta in partenza indebolisce il saggio, pur stimolante, di NAKASSIS 2004. Sullo scudo di Achille vedi, con diverse prospettive, DI DONATO 1996 e D'ACUNTO – PALMISCIANO 2010.

Sulla ricezione e sulle varie *riprese del mito di Ulisse* la letteratura è ovviamente assai ricca: ZIMMERMANN 2004; cfr. BETA 2019, con la bibliografia delle pp. 149-152 (può dare un'idea della distanza che separa dall'antico un approccio esclusivamente *letterario* alla figura di Ulisse, il fatto che alla geografia mitica sia riservato appena un cenno dopo la bibliografia, *ivi*, pp. 152 sg.; non possiamo aspettarci di trovare qui nessun riferimento alla storia, che non sia appunto quella del mito stesso e del suo rispecchiamento, tanto più che l'opuscolo è destinato alla divulgazione). Alla ricezione antica del mito di Ulisse, soprattutto nella civiltà etrusca, e all'Italia come scenario dell'*Odissea* è dedicato il bel saggio di HARARI 2019.

La colonizzazione arcaica (VIII-VI sec. a.C.).

Sebbene la documentazione archeologica sia ovviamente datata, il libro di BOARDMAN 1986 (l'ultima ed. inglese è del 1999[4]) presenta in modo chiaro e comprensibile, anche per i lettori non specialisti, un panorama dell'espansione coloniale nelle diverse aree del Mediterraneo; un altro pregio di quest'opera ormai 'classica' sta nel ricco corredo di immagini e di cartine, geografiche e topografiche.

La migliore sollecitazione a una riflessione *globale* sul Mediterraneo arcaico, sorretta dalla lunga consuetudine con la ricerca storica e archeologica, viene dal libro di GRAS 1996 (a parte la visione marcatamente 'coloniale' e 'occidentale' dell'*Odissea* – *ivi*, pp. 74-77 – che del resto anch'io allora condividevo: PRONTERA 1996, p. 37).

Diversi contributi raccolti in SETTIS 1996 trattano estesamente i temi accennati in questo capitolo (vedi in part. i saggi di O. MURRAY, A.M. SNODGRASS, H.-J. GEHRKE, L. AGOSTINIANI).

Sulla colonizzazione degli Eubei in Occidente e sull'ipotesi di una loro istallazione in al-Mina va citata una delle riflessioni conclusive di SNODGRASS (1996, p. 226): «Il vero precedente del movimento colonizzatore si situa più indietro nel tempo, ma molto più vicino nello spazio: sono le antiche migrazioni verso le coste occidentali dell'Asia Minore e il parallelo popolamento di parti della Penisola Calcidica nell'Egeo settentrionale. Entrambi questi movimenti erano in corso nell'XI secolo a.C., e nel secondo caso vi sono prove che attestano il ruolo di protagonisti degli abitanti dell'Eubea».

È sempre assai istruttivo confrontare sulle medesime questioni il punto di vista degli orientalisti: su al-Mina nel quadro degli scali commerciali fenici nella Siria dell'età del ferro vedi il saggio di Mazzoni 2001, pp. 299-304.

Sulle fondazioni greche in Sicilia e in Italia meridionale il libro di Cordano 2000 contempera la diversità dei quadri geografici e storici con l'attenzione ai nodi problematici della ricerca. Un quadro assai ricco e aggiornato sullo stato della ricerca topografico-archeologica in Guzzo 2011 e 2016. Quanto sia arduo cercare nei resti materiali i segni dell'appartenenza o dell'identità etnica delle comunità indigene dell'Italia antica mostrano i contributi raccolti in Greco – Ferrara 2014 (vedi spec. le relazioni introduttive di G. Greco – A. Mele – P. Poccetti, *ivi*, pp. 7-73, con ampia bibliografia). La letteratura in questo campo di studi è ormai vastissima, alimentata anche dai convegni internazionali che da quasi settant'anni si tengono a Taranto all'inizio dell'autunno sotto la direzione dell'*ISAMG* (*Istituto per la Storia e l'Archeologia della Magna Grecia*).

I risultati degli scavi condotti a Ischia, collocati nel quadro delle civiltà etrusco-italiche e interpretati alla luce dell'attività coloniale degli Eubei, sono esposti nitidamente da Ridgway 1984; cfr. Ridgway 2000. Per la fase inziale della colonizzazione arcaica, il ruolo degli Eubei, nonché per i rapporti fra le concezioni greche (Esiodo) e le cosmogonie del Vicino Oriente vedi Murray 1993[2], pp. 69-123; su quest'ultimo punto cfr. l'ampia trattazione di Burkert 1999, pp. 3-57. Non è un paradosso affermare che lo studio degli influssi 'orientali' sulla fase arcaica della letteratura e della civiltà greca ha comportato anche una più chiara considerazione dei caratteri peculiari dell'una e dell'altra nel loro sviluppo storico.

Il libro di Malkin 2004 è ricco di osservazioni e di riflessioni originali, maturate grazie anche all'esperienza diretta dei luoghi (pp. 87 sgg.); l'Autore non pare tuttavia che riesca a dare forza persuasiva alla tesi di un legame fra il ritorno dell'eroe e la fase 'proto-coloniale' dei Greci in Occidente (su Ulisse «eroe protocoloniale» vedi spec. pp. 22 sg.; sulla posizione periferica di Itaca pp. 34 sg.).

Un'informata messa a punto sulla colonizzazione euboica nel Mediterraneo in De Vido 2013; cfr. Giangiulio 2021, pp. 15-30. Il ruolo degli Eubei di Calcide e di Eretria nella elaborazione della geografia occidentale dell'*Odissea* è sottolineato da Braccesi 2003, pp. 20 sgg. 44 sgg. e Braccesi 2010, pp. 14-38; sui luoghi depositari della memoria cfr. Greco 2016.

Per l'ubicazione e il culto delle Sirene vedi Mele 2014, pp. 22 sgg. (sulla localizzazione tirrenica delle *Planktai* omeriche *ivi*, pp. 32 sg.): cfr. Mele 2016, pp. 259 sgg. e 272 sg. (testimonianze epigrafiche di *Latinos* e *Tyrsenoi*: *ivi*. p. 260 con le note 10 e 11).

Sui rapporti del mondo greco con i centri protourbani dell'Etruria e in particolare sul consumo del vino, introdotto come stile di vita delle comunità aristocratiche, vedi d'Agostino 2010-11, pp. 4-6 (cfr. *ivi*, pp. 231-235: *I primi Greci in Etruria*).

Sul mito greco in Etruria un saggio importante, anche per le considerazioni di metodo, ha offerto Harari 2019a.

Su *Esiodo come primo 'testimone' della colonizzazione in Occidente* grazie alle informazioni che poteva avere dagli Eubei vedi Malkin 2004, pp. 217-229; cfr. Antonetti 2000; Debiasi 2008, pp. 46 sg. e 77-79; Ercolani 2012. Per la vitalità della tradizione omerica a Corcira nel V sec. a.C. cfr. Antonetti 2009, p. 325.

Un profilo della *civiltà fenicia* in Bonnet 2004 (spec. pp. 86-98 sulla loro espansione commerciale e coloniale nel Mediterraneo); cfr. Gras – Rouillard – Teixidor 2000 (con ricco corredo di cartine geografiche); Liverani 2011^2, pp. 593-611; Broodbank 2015, pp. 482-495; *AHPOA* 2020, p. 121 (con la scheda di Ph. Clansier).

Sulla colonizzazione fenicia in Occidente vedi in part. Bondì 2001, il quale osserva (p. 375) che su base archeologica «[...] le prime fondazioni fenicie sono sostanzialmente coeve alle più precoci colonie greche [...]»; sui Fenici in Omero *ivi*, p. 372.

In questo capitolo (I. 2) l'istallazione delle colonie greche in Sicilia e in Italia meridionale è considerata la premessa storica *discriminante* per l'ambientazione geografica del ritorno di Ulisse e di altri eroi dell'epopea. Per un'interpretazione diversa, che pone la genesi di tali miti nel quadro delle navigazioni nel Mediterraneo occidentale di genti egee in età 'precoloniale', vedi Maddoli 2013 (spec. pp. 59-67: *Andate e ritorni nell'interpretazione delle tradizioni sui* nostoi *in Occidente*); cfr. Maddoli 2022, pp. 17-28.

Eroi viaggiatori: Manfredi 1992, Lane Fox 2010; su Ulisse, Eracle e Diomede in Occidente cfr. Giangiulio 2003.

Geografia e mito. Un'eccellente guida storico-critica all'interpretazione dei miti greci in Kirk 1980: sugli eroi pp. 149-181; su Eracle pp. 183-221 (sul trasferimento del paese di Gerione nell'Occidente coloniale vedi pp. 196-199); su natura e civiltà nella caratterizzazione omerica dei Ciclopi, *ivi*, pp. 162-171.

Il tema dei «confini della terra» è il filo conduttore nel libro di Romm 1992; cfr. inoltre Janni 1998.

Sul passaggio, in pieno VII sec. a.C., dalla nozione *cosmica* di Oceano a quella *geografica* di «mare esterno» alle Colonne d'Eracle l'essenziale si trova nell'art. *Okeanos* scritto da F. Lasserre, per il *KlP* 4, 1972, coll. 267-270. In Esiodo (*Theog.* 287-294) per raggiungere «Eriteia circondata dai flutti» Eracle deve *attraversare la corrente dell'Oceano*; Eriteia si trova *al di là dell'Oceano*, ma non al di là delle Colonne d'Eracle. Lo stesso discorso vale per le Gorgoni e le Esperidi che stanno *al di là dell'Oceano* (*Theog.* 274 sg.). – su questa linea interpretativa cfr. in generale Ramin 1979. Il campo semantico di πείρατα (legame, vincolo) venne esaminato da Onians 2006, pp. 297 sgg. e 385 sgg. L'associazione di «oceano» al confine fra la vita e la morte è evidente nell'epopea di Gilgamesh: tavoletta X, 76-86 in George 2000, pp. 78 sg. (cfr. Sandars 1986, pp. 134 sgg.); vedi ora Rollinger 2020 con altra bibliografia.

Colonne d'Eracle. Che le stele non possano essere accostate alla funzione architettonica di pilastri o di colonne, venne osservato già da Bonnet 1988, p. 81 (cfr.

ivi, pp. 234 sg. il cenno all'uso delle stele nelle spedizioni dei sovrani orientali, uso che è richiamato però per il mito di Eracle); è da respingere quindi la tendenza ad associare alle stele di Eracle le «lunghe colonne» di Atlante (*Od.* I, 52-54), che separano il cielo dalla terra (cfr. JOURDAIN-ANNEQUIN 1989, p. 78, nota 169). Un'ipotesi diversa (da quella suggerita nel testo a pp. 40 sg.) per spiegare con Melqart la genesi delle Colonne d'Eracle è formulata da BONNET – BRICAULT 2016 (cfr. inoltre GRAS – ROUILLARD – TEIXIDOR 2000, pp. 51 sgg.); per il ruolo di Cipro nell'iconografia di Melqart-Eracle vedi JOURDAIN-ANNEQUIN 1992, pp. 31-45. Sull'idea di dominio universale nell'antico Oriente e sulle stele poste dai sovrani ai confini del mondo vedi LIVERANI 1994, pp. 36-55 e LIVERANI 2017, pp. 87-94. La fisionomia problematica di Melqart è illustrata nel saggio di DUSSAUD 1946/8. Su Eracle e Melqart cfr. inoltre BONNET 2005 e MALKIN 2011, pp. 119-141.

Giasone e il vello d'oro. Criticando la teoria secondo cui il mito adombrerebbe l'importazione dell'oro dalla Colchide, già COOK (1964, p. 51) affermava: «Ma non v'è elemento concreto che confermi tali teorie, *né si può trovare nell'antica leggenda degli Argonauti alcun rapporto con la Colchide*» (il corsivo è mio).

Stesicoro e l'Occidente. Vedi i saggi di P.J. FINGLASS, A. MELE, E. BOWIE in BREGLIA – MOLETI 2014.

Sulla *Tabula Iliaca Capitolina* va segnalata l'osservazione di WEITZMANN 2004, p. 61: «In questa tavola il sacco di Ilio occupa la posizione centrale; all'interno della vasta area ad esso riservata il punto focale è preso dal gruppo di Enea che fugge con Anchise ed Ascanio. Dare tale preminente posizione al fondatore di Lavinium può solo significare che le tavole furono fatte per il mercato romano. Questa enfasi, però, è risultato solo dell'arrangiamento dato alle scene dall'artefice della tavola e, molto probabilmente, non era marcata nel ciclo narrativo servito di modello».

La documentazione sul *culto di Achille nella Scizia* marittima è esaminata da HEDREEN 1991; cfr. il comm. di BALADIÉ 1989 (p. 99, nota 9) a Str. VII, 3, 16 e 19 (passi riassunti nel testo). La «Pista di Achille» è menzionata da Hdt. IV 55 e 76, 4 (vedi il comm. di CORCELLA 1999[2], pp. 275 sg.) non lontano dalla Ὑλαίη, la regione boscosa legata al mito di Eracle in Scizia (Hdt. IV, 9); un altro santuario di Achille veniva segnalato sul lato asiatico del Bosforo Cimmerio, mentre sul lato opposto c'erano quello di Eracle e della *Parthenos* (Str. XI, 2, 6).

Per un'informazione critica riguardo ai recenti studi sulla colonizzazione greca nel Mar Nero vedi ANTONETTI 2017 e TSETSKHLADZE 2018a (per la Colchide TSETSKHLADZE 2018b).

Culti eroici nella documentazione archeologica: GRECO 2014 e 2021.

La missione universale degli apostoli nella *mappa mundi* di Beato di Liébana: GAUTIER DALCHÉ 1994, pp. 749-753. Sulle origini del culto di Santiago di Compostela vedi IAZEOLLA 1995; HERBERS 2001[6], pp. 13-22; PÉRICARD-MÉA 2000, pp. 19 sg., 237 sg.

3. *Amplificazioni letterarie (II-I sec. a.C.): Ulisse in Iberia e al polo sud*

In questa parte ho ripreso e sviluppato alcuni miei scritti: PRONTERA 1993, 2011 (pp. 3-14), 2017a, 2017b.

La filologia ellenistica da Alessandria a Pergamo. Un quadro dettagliato si trova nell'opera fondamentale di PFEIFFER 1973 (spec. il cap. IV su *Scienza e filologia: Eratostene*, pp. 249-274) e, per quanto riguarda Alessandria, di FRASER 1972.

Sulla cultura letteraria e filosofica dell'ellenismo vedi i saggi raccolti in CAMBIANO – CANFORA – LANZA 1993 (sulla rivalutazione stoica della poesia come oggetto di riflessione filosofica o come espressione di speculazione filosofica vedi CAMBIANO – REPICI, *ivi*, pp. 539 sgg.).

Pergamo e Cratete di Mallo. MONTANARI *ivi*, pp. 639-655 e BROGGIATO 2014, pp. 1-8. Sull'allegoria come strumento degli autori e dei loro interpreti vedi MANETTI 1998, pp. 1213-1217 (a Teagene di Reggio ha dedicato una monografia BIONDI 2015).

La documentazione su Cratete e Asclepiade interpreti della poesia epica è raccolta e commentata da BROGGIATO 2001 e PAGANI 2007. Sul globo terrestre di Cratete vedi AUJAC 1992, pp. 158 sg. (cfr. AUJAC 1993b, pp. 131-137 sulla geometria e sulla meccanica della sfera celeste). Le speculazioni di Cratete sulla simmetrica quadripartizione della sfera terrestre sono passate nella letteratura medievale attraverso Macrobio: STAHL 1974, pp. 219-222.

Ulisse nella cultura romana. PERUTELLI 2006 (sulla traduzione latina dell'*Odissea* per opera di Livio Andronico, *ivi*, pp. 1 sgg.). Nella dossografia latina della prima età imperiale l'idea della navigazione oceanica di Ulisse viene attribuita a Cratete, citato come avversario di Aristarco che sosteneva la tesi contraria (Gellio XIV, 6, 3 = fr. 77 Pagani); cfr. anche Plutarco, *Il volto della luna*, 938 D con il comm. di L. LEHNUS, Milano, Adelphi Edizioni 1991, p. 97 nota 230 e *l'Appendice II*, pp. 184-189.

Il tema dell'*ellenismo a Roma* è trattato in maniera originale e penetrante da HORSFALL 1993 (vedi spec. pp. 798-803 sull'ellenizzazione popolare e sul teatro); cfr. CASSIO 1998, pp. 1001-1004. Sull'origine troiana dei Romani, sulla loro immagine nella letteratura greca nonché sulla stessa autorappresentazione dei Romani è importante il saggio di DESIDERI 1998, spec. pp. 913-926.

La tesi dei Fenici come fonte dell'*Odissea* venne sostenuta da VICTOR BÉRARD, *Les Phéniciens et l'Odyssée*, Paris 1927[2]; su *geografia e finzione* vedi ROMM 1999 (pp. 191-236), che esamina le interpretazioni antiche del ritorno di Ulisse nel loro contesto storico-culturale.

I *frammenti di Pitea* sono tradotti e commentati da BIANCHETTI 1998; cfr. ora L. SCOTT, *Pytheas of Massilia, Textes, Translation and Commentary*, London and New York, Routledge 2022 (e la rec. di Bianchetti in «GeogrAnt», 31, 2022, pp. 194-198). Sulla posizione astronomica di Tule, calcolata grazie alla geometria della sfera senza che Pitea si spingesse realmente fino alla sua latitudine, vedi AUJAC 1988.

Sul grado di specializzazione raggiunto dalla *matematica ellenistica* informa Lloyd 1998, pp. 687 sgg.; lo scritto sul *Metodo* di Archimede è tradotto da Acerbi 2013. Su Eratostene oltre a Aujac 2001a (con traduzione in francese dei principali frammenti), Geus 2002 e Bianchetti 2016, vedi il bel profilo di Fraser 1970.

Periegesi dello Ps. Scimno: ed. e comm. di Marcotte 2000.

Romani in Spagna. L'attività didattica e letteraria di Asclepiade in Turdetania va collocata nel quadro delineato da Syme nel 1958 (Syme 1989, pp. 17-37). In generale sull'emigrazione italica in Spagna vedi Barcelo – Ferrer Maestro 2016², pp. 467-479; cfr. però il saggio di Bandelli 2002. Per quanto riguarda l'area compresa fra Cartagena e l'Ebro cfr. ora Stefanile 2017, spec. pp. 53-74 (con la relativa documentazione epigrafica, che può gettare nuova luce su Artemidoro fr. 22 Stiehle). Sul contesto storico-culturale sotteso all'insegnamento di Asclepiade in Turdetania vedi le considerazioni di Cruz Andreotti 2019, spec. pp. 11 sg.; cfr. ora Brillante 2023 e Poccetti 2023, p. 58. Sulla presenza greca in Iberia vedi Lombardo 2002.

Culti greci della Campania antica: Maddoli 2013, pp. 187-209 (spec. p. 205 sull'*Athenaion* di Punta della Campanella).

II. Il Mediterraneo nella geografia antica

Dei temi trattatati in questo capitolo mi sono occupato in vari contributi (indicati nella *Bibliografia*), ai quali rimando per una più ampia informazione.

1. *Descrizione e disegno (VI-IV sec. a.C.)*
Le 'città' enotrie menzionate da Ecateo: Guzzo 2019, pp. 22 sg.
Democede di Crotone: Marcotte 2015.
La navigazione nelle acque di C. Triopio: Bresson 2011.

Pseudo-Scilace: Shipley 2019². Al *Periplo* ha dedicato contributi importanti Patrick Counillon (oltre al saggio del 2004); vedi ora la monografia di Brillante 2020. Sull'espressione 'porto chiuso' cfr. Arnaud 2023.

Schemi geometrici della geografia antica: Gehrke 1998 e 2007; Marcotte 2006. Giova qui citare un'osservazione di Myres (1943, p. 34, il corsivo è suo): «If modern cartography may be described as trigonometrical, ancient cartography was *quadratic*, based (that is) on a system of co-ordinates». Sul rapporto fra orografia e linea di costa negli schemi ortogonali della geografia di Strabone vedi Sideri 2020. La rappresentazione dello spazio nella linguistica comparata è analizzata da Cardona 1985, pp. 43 sgg.

2. *Da Eratostene a Tolemeo*

Sulla misurazione in età moderna del meridiano terrestre vedi Broc 1975, pp. 37-43. Sulla carta moderna della Francia cfr. Pelletier 1987 e Farinelli 1992, pp. 49 sgg.

La migliore introduzione in lingua italiana alla geografia scientifica degli antichi resta l'opuscolo di Aujac 1984. Sulla storia geologica del Mediterraneo secondo Stratone di Lampsaco, sulla climatologia antica e sugli stretti nella scienza greca vedi Marcotte 2009, 2018, 2019.

Sulla navigazione negli stretti vedi Arnaud 2019 (sullo Stretto di Messina pp. 189 sgg.).

Artemidoro, la lunghezza dell'ecumene e le Colonne d'Eracle: Panichi 2013 e 2019.

3. *Geografia nautica*

Fondamentali gli studi di Arnaud 2020[2] (per gli allineamenti nel Mediterraneo orientale e i passi discussi nel testo cfr. spec. pp. 225-236). Sul carattere composito dello *Stadiasmo* vedi Arnaud 2017 (con le osservazioni, a p. 721, sulle condizioni della navigazione nella Piccola Sirte); agli studi e alle ricerche di Pascal Arnaud si deve una nuova edizione con commento di questo testo (S. Hippolyti *Stadiasmus Maris)* nella V parte (geografi) dei *FGrHist* (Brill's New Jacoby *on line)*, a cura di H.-J. Gehrke e F. Meier.

III. Dalla storia al clima e ritorno

1. *Strabone, il mare interno e i tre continenti*

Nella traduzione di Strabone II, 5, 16-26 (in *Appendice*) ho cercato soprattutto di rendere comprensibile il testo italiano anche a lettori non classicisti, tenendo conto di Aujac 1969 e di Radt 2002.

2. *Cartografia medievale*

La cartografia medievale è illustrata in una prospettiva storico-culturale da Edson 1997, un libro che si raccomanda per la chiarezza dell'impostazione.

Una guida pregevole alla geografia e alla cartografia medievale offre l'opera collettiva diretta da Gautier Dalché 2013a, che presenta anche una scelta di testi accompagnati dalla traduzione francese; per l'alto Medioevo vedi Gautier Dalché 2020.

Sulla geografia e sulla cartografia araba non si può prescindere dalla grande opera di Miquel 1967-1984. In part. sulla ricezione della geografia tolemaica e sul genere del *surat al-ard* vedi vol. I, pp. 8 sg., 12 sg., 69-85 (spec. 74 sgg. per la «arabizzazione» dei dati tolemaici, che porta ad accentuare l'estensione in longitudine del Mediterraneo). Su Mediterraneo e Oceano Indiano, «due golfi opposti» che si staccano dall'Oceano, vedi i testi (del sec. X) tradotti nell'*Appendice* I, *ivi*, vol. I, pp. 379 sgg. Da notare che nella letteratura islamica la 'geografia descrittiva' si fa strada nel X sec. dopo la rielaborazione della cartografia 'tolemaica'; sui sette climi *ivi*, vol. II, pp. 56-60.

Vedi ora le considerazioni di Gautier Dalché 2013b sui rapporti fra geografia araba e geografia latina nel XII sec.: spec. pp. 424 sgg. su Edrisi e le conclusioni (pp. 432 sg.) sulle ragioni dello scarso interesse per la geografia descrittiva nel mondo latino. Perciò la grande opera di Edrisi non uscì dall'ambito della letteratura e della cultura araba.

Il saggio di Nallino 1894 resta un punto riferimento per riconsiderare la ricezione e la rielaborazione della *Geografia* di Tolemeo con le carte relative (vedi in part. pp. 24-50 e la conclusione alle pp. 51-53). Nallino venne introdotto allo studio dell'arabo da Guido Cora, che insegnò geografia all'Università di Torino: Sereno 2017, p. 275.

Sul contesto politico delle traduzioni dal greco in arabo sotto gli Abbasidi vedi Gutas 2002, pp. 89-122.

Alla ricezione di Tolemeo in Occidente è dedicata la monografia di Gautier Dalché 2009; in particolare sulla mediazione della letteratura e della scienza araba vedi *ivi*, pp. 98-111 con le osservazioni (p. 101) sull'ambiente culturale di Antiochia nei primi decenni del XII sec.

Edrisi (al-Idrīsī). Sulle tracce della cartografia tolemaica vedi Miller 1926, pp. 48-50. Cfr. Ahmad 1992 e Rapoport 2020, pp. 93-123 con ottime riproduzioni a colori delle carte che illustrano una copia cinquecentesca (Bodleian Library) di Edrisi (pp. 118 sg. la ricostruzione di Miller). Vedi ora il sito, informato e costantemente aggiornato, curato da Tony Campbell (Map History / History of Cartography - WWW-Virtual Library https://www.maphistory.info) al quale dobbiamo un importante contributo sulle carte marine (Campbell 1987); dal 2020 è disponibile in rete il suo saggio sulla *Charta Rogeriana*.

I riferimenti al testo di Edrisi si basano su Amari – Schiaparelli 1883 e su Bresc – Nef 1999. Per l'Europa vedi Ducène 2018, cap. VIII, pp. 195-238; sulle fonti di Edrisi cfr. Ducène 2022.

Sulla figura di Ruggero II e sulla cultura nella corte normanna: Houben 1999, pp. 127-146 (su al-Idrisi pp. 132-138); Martin 1997, pp. 345-383 (in part. su al-Idrīsī pp. 379 sg. con l'osservazione che «[...] Ruggero II (il quale trascorse tutta la sua vita in territori greci e arabi) si rivolse, per illustrare il suo regno, a generi letterari estranei alla tradizione dell'Occidente latino»; Cantarella 2020, pp. 197-226: 219 sg.

Carte marine e portolani. Va ricordato che la 'carta pisana' venne acquistata nel 1839 per la *Bibliothèque Royale* dal fondatore del *Département des cartes et plans* Edme-François Jomard, al quale fu ceduta da Giuseppe Micali, l'autore de *L'Italia avanti il dominio dei Romani*, Firenze 1810. A Livorno il grande fondaco del padre «era specializzato in oggetti e copie da collezionisti» e Giuseppe Micali progettava una *Storia del commercio delle Repubbliche marittime italiane* (F. Bertini in *DBI*, 74, 2010, *s.v.* Micali, Giuseppe).

La monografia di Gautier Dalché 1995 offre assai più di quanto non dica il titolo e costituisce di fatto la migliore introduzione critica al problema storico-culturale posto dalla genesi e dalla diffusione delle carte marine e dei portolani (sulla natura composita del *Liber* e la sua destinazione vedi in part. pp. 98 sgg. e la conclusione pp. 103-106). Una ricca documentazione aggiuntiva è infatti contenuta nelle appendici e negli indici toponomastici, che costituiscono insieme al *Liber* uno strumento di lavoro insostituibile per chiunque si interessi alla dimensione storico-geografica del Mediterraneo tardo-medievale. Sul *Liber* l'Editore è tornato più tardi (Gautier Dalché 2003, pp. 117-119), sottolineando come l'interesse per le attività mediterranee di Pisa emerga già nell'opera storico-geografica di Guido, diacono della cattedrale di Pisa e attivo nei primi due decenni del XII sec.: importanti spec. le osservazioni sulle carte che illustrano l'opera di Guido (pp. 117 sg.) e sull'uso dell'espressione *mare nostrum* alla fine dell'art. (p. 119). Sul Mediterraneo medievale come «espace de parcours» vedi Gautier Dalché 2021.

L'opera di Motzo 1947 rientrava in un più ampio progetto editoriale (*Rei nauticae monumenta italica*), con cui lo studioso avrebbe offerto nuovi documenti sulla storia della navigazione (vedi la *Premessa* di Terrosu Asole 1987). La sua *Introduzione* alla ed. del *Compasso* meriterebbe una ristampa. Sulla figura di Motzo vedi P. Maninchedda, *L'eredità di un filologo sardo. Con una precisazione su* Saturninus, in P. Serra – G. Murgia (a cura di), *BALAUS ANNUS ET BONUS. Studi in onore di Maurizio Virdis*, Firenze, Franco Cesati Editore, 2019, pp. 231-250.

L'edizione di Debanne 2011, concepita e realizzata in funzione degli interessi linguistici dell'Autrice, presenta un utilissimo *Glossario* del *Compasso* (pp. 247-292), mentre *l'Indice toponomastico* (pp. 293-342) lascia talvolta a desiderare e bisogna ricorrere agli indici di Gautier Dalché 1995.

Sul progetto di Marino Sanudo e sulle carte di Pietro Vesconte vedi Bouloux 2017.

Il quadro storico, con i problemi connessi, è illustrato nel bel libro di Tangheroni 1996 (spec. i capp. V. *La rivoluzione commerciale e il mare* e VI. *La «rivoluzione nautica» e la navigazione medievale*; alle pp. 396-421 il *Compasso* guida la rassegna dei porti e delle rotte nel Mediterraneo occidentale); cfr. inoltre Tangheroni 2003; Abulafia 2013, pp. 264-355; Vagnon 2014; Musarra 2021, pp. 31-50 (sui porti) e 219-225; Orlando 2021 (su Pisa e Genova pp. 35-55 sgg.; sugli insediamenti pisani nel Maghreb pp. 153 sgg.).

Sullo *Stadiasmo del grande* mare cfr. Medas 2009-2010 e Arnaud 2017, che richiama l'attenzione sulla tradizione manoscritta, sul carattere composito del testo e sulle questioni ancora aperte per la sua valutazione storica.

3. *Fra universalismo e nazionalismi (XIX sec.)*

Alexander von Humboldt. Sui fratelli Humboldt contributi importanti in Malandrino 1997. Wilhelm von Humboldt e la sua visione idealizzata della Grecia antica: Cambiano 2022, pp. 465-471; 500-504.

Sulla ideazione del *Kosmos* e la sua storia editoriale vedi Beck in Humboldt 1993, vol. 2, pp. 341 sgg. Al soggiorno italiano (1805), dopo il lungo periodo dei viaggi in America, è dedicato lo studio originale di Bourguet 2017. Sulla ricezione dell'opera di Humboldt in Italia è ben informato l'art. di Surdich 2020, il quale segnala tra l'altro la lunga recensione al *Kosmos* di Carlo Cattaneo nel «Politecnico», VII, 1844, fasc. 42, pp. 583-629 (= *Scritti filosofici*, a cura di N. Bobbio, vol. I, Firenze, Le Monnier 1960, pp. 171-227). L'*Examen critique de l'histoire de la géographie du Nouveau Continent* (opera incompiuta), è presentato in italiano a cura di C. Greppi (Humboldt 1992). Un ritratto mosso e penetrante di Humboldt, attraverso le diverse fasi della sua straordinaria operosità, è disegnato dallo stesso Greppi 2013 (vedi spec. pp. 49 sgg. le osservazioni su Humboldt come storico delle conoscenze geografiche, e pp. 42 sg. sulla tavola annessa al saggio *De distributione geographica plantarum*: «Il disegno è molto semplice, e quanto mai efficace: in un colpo solo sono messi a confronto i gradienti altitudinale e latitudinale che regolano la distribuzione della vegetazione sul globo»); cfr. ora Greppi 2021. La mia traduzione di alcuni brani del *Kosmos* è fatta su Humboldt 1993.

Geografia imperiale: Francia e Germania. Sull'intervento degli Stati Uniti d'America a Tripoli in Libia, «la prima guerra combattuta dalla neonata unione contro un paese straniero», vedi Abulafia 2013, pp. 500 sgg.

Sulla scoperta scientifica della Grecia vedi i due bei saggi di Gehrke 1992 e 1993. Le tre spedizioni francesi in Egitto, Morea e Algeria sono oggetto di vari studi nel libro di Bourguet *et al.* 1998 (vedi in part. Bourguet, *De la Méditerranée*, pp. 7-28, con le osservazioni conclusive a pp. 27 sg.). Per un inquadramento degli studi geografici in Francia sono assai utili gli articoli di Broc 1977 e 1978, nonché di Berdoulay 1981 e di Lejeune 1993. Una bibliografia ricca e aggiornata si trova nell'articolo di Borutta 2020, che richiama giustamente l'attenzione sul contesto storico (il Mediterraneo come «mare coloniale»); per la tendenza ad accentuare il ruolo quasi esclusivo della geografia (Reclus) e della cultura francese cfr. Mérieux 2021. Sulla politica coloniale della Germania vedi Corni 1995, pp. 70-76, 83 sg.

Come è noto, la critica argomentata alla geografia umana di F. Ratzel è il filo conduttore del libro di Febvre 1980 (vedi spec. pp. 134-169 sul clima e il mondo botanico).

Il Mediterraneo di Theobald Fischer. Oltre ai necrologi (Oestreich 1912 e Rühl 1921) cfr. Kampffmeyer 1915 per il ruolo di Fischer nella 'questione del Marocco', vista in Germania con gli occhi di un contemporaneo. Il saggio di Nordman 2012 illustra con finezza il contesto storico-culturale dei rapporti fra la geografia francese e tedesca: su Fischer vedi pp. 46 (con la nota 45) e 49 sg. La biografia intellettuale e politica di Fischer può essere accostata, almeno in parte, a quella di Marcel Dubois (1856-1916), su cui vedi Broc 1978.

La penisola Italiana di Fischer (Torino 1902) è accessibile on line (http://books.google.com); l'edizione tedesca fu recensita da G. Marinelli in «Boll. Società Geografica Italiana», serie III, vol. VII, 1894, pp. 94-100.

Franz Boas (1858-1942) venne iniziato alla geografia da Fischer, le cui lezioni seguì a Bonn (1877-1879) e poi nel 1882/3 a Kiel (SERENO 2017, p. 321 e nota 141; CANDELIERI 2022, pp. 296 sgg.).

La lettera di Van Gogh è in VAN GOGH 1984, p. 312.

Per l'idea contemporanea di Mediterraneo con relative rappresentazioni vedi BENIGNO 2009; cfr., in un'altra prospettiva, CORI 2004. Sulla dimensione letteraria va ricordato l'opuscolo di G. SIMENON, *Mare Nostrum ou la Méditerranée en goélette*, 1934, illustrato da varie foto (ora in trad. it.: *Il Mediterraneo in barca*, Milano, Adelphi 2019).

3.

BIBLIOGRAFIA

ATLANTI

AHPOA 2020, *Atlas historique du proche Orient ancien*, sous la direction de M. Sauvage, Paris, Les Belles Lettres.

BARATTA M. – FRACCARO P. 1954, *Atlante storico*, Novara, Istituto Geografico De Agostini.

BERGHAUS H. 1837-48, *Physikalischer Atlas*, Gotha, Justus Perthes (rist. Darmstadt 2018, WBG).

MÜLLER C. 1880, *Strabonis Geographicorum tabulae XV*, Parisiis, Didot.

PUTZGERS F.W. 1913, *Historischer Schul-Atlas*, Bielefeld und Leipzig, 36ª ed.

ACERBI F. 2013, *Archimede, Metodo. Nel laboratorio del genio*, a cura di F. Acerbi, C. Fontanari e M. Guardini, trad. di F. Acerbi, Torino, Bollati Boringhieri.

AGOSTINIANI L. 1996, *Lingua, dialetti e alfabeti*, in SETTIS 1996, pp. 1141-1180.

AHMAD S. MAQBUL 1992, *Cartography of al-Sharīf al-Idrīsī*, in HARVEY – WOODWARD 1992, vol. 2, 1, pp. 156-174.

AMARI M. – SCHIAPARELLI C. 1883, *L'Italia descritta nel "Libro del Re Ruggero" compilato da Edrisi*, Roma, coi tipi del Salviucci, Atti della reale Accademia dei Lincei, Serie 2ª, Vol. VIII.

AMPOLO C. 2013, *Il problema delle origini di Roma rivisitato. Concordismo, ipertradizionalismo acritico, contesti. I*, «ASNSP», Classe di Lettere e Filosofia, serie 5/1, pp. 217-284.

ANTONETTI C. 2000, *Verso l'Occidente sulle orme di Esiodo*, in M. ALGANZA ROLDAN – J.M. CAMACHO ROJO – P.P. FUENTES GONZALEZ – M. VILLENA PONSODA, *EPIEIKEIA*, Studia graeca in memoriam Jesús Lens Tuero, Homenaje al Profesor Jesús Lens Tuero, Granada, Athos-Pergamos, pp. 19-25.

— 2009, *Drepane, Scheria, Corcira: metonomasie e immagini di un'isola*, in C. AMPOLO (ed.), *Immagine e immagini della Sicilia e di altre isole del Mediterraneo antico*, Pisa, SNS, pp. 323-333.

— 2017, *Greek Colonisation in the Black Sea: Reflections on Recent Methodological Contributions*, in *At the Northern Frontier of Near Eastern Archaeology: Recent Research on Caucasia and Anatolia in the Bronze Age - An der Nordgrenze der vorderasiatischen Archäologie: Neue Forschung über Kaukasien und Anatolien in der Bronzezeit*, Turnhout, Brepols, vol. 38, pp. 449-458.

ARNAUD P. 2017, *Un illustre inconnu: le* Stadiasme de la grande mer, «CRAI» (avril-jouin), pp. 701-727.

— 2019, *Naviguer dans les détroits*, in Des Boscs – Dejugnat – Haushalter, pp. 189-214.

— 2020^{2}, *Les routes de la navigation antique. Itinéraires en Méditerranée et mer Noire*, nouvelle édition, Paris, errance.

— 2023, *Closed or open ports: Technical solutions for a difficult compromise between an efficient traffic flow and security requirements in ancient ports.The* limen kleistos *and the* kleithra *(part one)*, «Archeologia Marittima Mediterranea», 20, pp. 13-29.

Arrighetti G. 1984, *Esiodo, Teogonia*, Milano, BUR.

— 1985, *Esiodo, Opere e giorni*, Milano, Garzanti.

Aujac G. 1966, *Strabon et la science de son temps*, Paris, Les Belles Lettres.

— 1969, *Strabon, Géographie, Livre II*, Paris, Les Belles Lettres.

— 1984, *La geografia nel mondo antico*, trad. it., Napoli, Edizioni Scientifiche Italiane.

— 1988, *L'île de Thulé mythe ou réalité (études de géographie grecque)*, «Athenaeum», N.S. LXVI, pp. 329-343.

— 1992, *L'immagine della terra nella scienza greca*, in G. Pugliese Carratelli (a cura di), Optima Hereditas. *Sapienza giuridica romana e conoscenza dell'ecumene*, Milano, Scheiwiller, pp. 147-202.

— 1993a, *Claude Ptolémée, astronome, astrologue, géographe*, Paris, Editions du C.T.H.S.

— 1993b, *La sphère, instrument au service de la dècouverte du monde d'Autolycos de Pitanè à Jean de Sacrobosco*, Caen, Paradigme.

— 2001a, *Eratosthène de Cyrène, le pionner de la géographie*, Paris, Editions du C.T.H.S.

— 2001b, *Geografia*, in *Storia della scienza*, Treccani on line.

— 2020, *Hipparque de Nicée et l'astronomie en Grèce ancienne* (Biblioteca di Geographia Antiqua, 6), Firenze, Leo S. Olschki.

Autenrieth G. 1887^{5}, *Wörterbuch zu den Homerischen Gedichten*, für Schüler bearbeitet, mit vielen Holzschnitten und zwei Karten, Leipzig, Teubner.

Baladié R. 1989, *Strabon, Géographie*, VII, Paris, Les Belles Lettres.

Bandelli G. 2002, *La colonizzazione romana della penisola iberica da Scipione Africano a Bruto Callaico*, in Urso 2002, pp. 105-142.

Barcelo P. – Ferrer Maestro J.J. 2016, *Historia de la Hispania romana*, Madrid, Allianza Editorial.

Bearzot C. 2022, *Storiografia greca. Un'introduzione*, Bologna, il Mulino.

Benigno F. 2009, *Il Mediterraneo*, in *XXI secolo*, Treccani on line.

Berdoulay V. 1981, *La formation de l'école française de géographie (1870-1914)*, Paris, Bibliothèque Nationale.

Berger H. 1903^{2}, *Geschichte der wissenschaftlichen Erdkunde der Griechen*, Leipzig, von Veit & Comp. (rist. W. de Gruyter & Co. 1966).

Bertarini A. 2017-18, *Esportare i miti. Dioniso ed Eracle in India*, tesi di dottorato in cotutela (Università di Perugia e Westfälische Wilhelms Universität Münster).

Beta S. 2019, *Ulisse. Il viaggio della ragione*, Milano.

Bettelli M. – Vagnetti L. 2020, *Southern Italy*, in *A Companion to the Archaeology of Early Greece and the Mediterranean*, Oxford, Wiley-Blackwell, pp. 1261-1286.

Bianchetti S. 1998, *Pitea di Marsiglia, L'Oceano*, Pisa-Roma, Istituti Editoriali e Poligrafici Internazionali.

— 2016, *The "Invention" of Geography: Eratosthenes of Cyrene*, in Bianchetti – Cataudella – Gehrke, pp. 132-148.

Bianchetti S. – Cataudella M. – Gehrke H.-J. (eds.) 2016, *Brill's Companion to Ancient Geography*, Leiden-Boston, Brill.

Biffi N. 2012, *«E' simile a...». L'uso delle immagini nella* Geografia *di Strabone*, in Maraglino 2012, pp. 181-214.

— 2020, *Strabone di Amasea, Geografia*, Libro X, Bari, Edizioni dal Sud.

Biondi F. 2015, *Teagene di Reggio rapsodo e interprete di Omero*, Pisa-Roma, Fabrizio Serra editore.

Boardman J. 1986, *I Greci sui mari: traffici e colonie*, trad. it. (London 1980[3]) a cura di F. Gilotta, *Introduzione* di M. Cristofani, Firenze, Giunti.

Bondì S.F. 2001, *Interferenza fra culture nel Mediterraneo antico: Fenici, Punici, Greci*, in Settis 2001, pp. 369-400.

Bonnet C. 1988, *Melqart. Cultes et mythes de l'Héraclès tyrien en Méditerranée* (Studia Phoenicia VIII), Leuven, Peeters.

— 2004, *I Fenici*, Roma, Carocci.

— 2005, *Melqart in Occidente. Percorsi di appropriazione e di acculturazione*, in P. Bernardini – R. Zucca, *Il Mediterraneo di Herakles. Studi e ricerche*, Roma, Carocci, pp. 17-28.

Bonnet C. – Bricault L. 2016, *Quand les dieux voyagent. Cultes et mythes en mouvement dans l'espace méditerranéen antique*, Genève, Labor et Fides, pp. 21-44 (Chap. I: *Les voyages de Melqart. Du Rocher sacré de Tyr aux Colonnes d'Hercule*); ora in trad. it., Bologna, il Mulino 2021.

Borutta M. 2020, *De la Méridionalité à la Méditerranée: Le Midi de la France au temps de l'Algérie coloniale*, «Cahiers de la Méditerranée», 100, pp. 97-113.

Bouloux N. 2017, *Effets d'échelle, quadrillage de l'espace et construction de la carte. La cartographie de Marino Sanudo et de Paulin deVenise (Venise, premier tiers du XIVe siècle)*, «GeogrAnt», 26, pp. 151-178.

Bouloux N. – Ducène J.-Ch. (a cura di) 2022, *Territoires, régions, royaumes. Le développement d'une cartographie régionale et locale dans l'Occident latin et le monde arabe (X[e]-XVe siècle)*, Turnhout, Brepols.

Bourguet M.-N. 2017, *Le monde dans un carnet. Alexander von Humboldt en Italie (1805)*, Paris, Éditions du Félin.

Bourguet *et alii* 1998, Bourguet M.-N. – Lepetit B. – Nordman D. – Sinarellis M. (a cura di), *L'invention scientifique de la Méditerranée*, Paris, EHESS.

Braccesi L. 2003, *I Greci delle periferie. Dal Danubio all'Atlantico*, Roma-Bari, Laterza.

— 2010, *Sulle rotte di Ulisse. L'invenzione della geografia omerica*, Roma-Bari, Laterza.

Breglia L. – Moleti A. (a cura di) 2014, Hesperìa. *Tradizioni, rotte, paesaggi*, Fondazione Paestum (Tekmeria 16).

Bresc H. – Nef A. (a cura di) 1999, *Idrîsî. La première géographie de l'Occident*, trad. du chevalier Jaubert, revue par A. Nef, Paris, Flammarion.

Bresson A. 2011, *Naviguer au large du cap Triopion*, «Anatolia Antiqua», XIX, pp. 395-409.

Brillante S. 2020, *Il Periplo di Ps.-Scilace. L'oggettività del potere*, Hildesheim-Zürich-New York, Olms.

— 2023, *Cosa insegnava Asclepiade di Mirlea fra i Turdetani (Strab. III, 4, 3)*?, «GeogrAnt», 32, pp. 234-238.

Brize Ph. 1985, *Samos und Stesichorus. Zu einem früharchaischen Bronzeblech*, «MDAI(A)», 100, pp. 53-90.

Broc N. 1975, *La géographie des philosophes. Géographie et voyagers français au XVIIIe siècle*, Paris, Ed. Ophrys.

— 1977, *La géographie française face à la science allemande (1870-1914)*, «Annales de Géographie», t. 86, n° 473, pp. 71-94.

— 1978, *Nationalisme, colonialisme et géographie: Marcel Dubois (1856-1916)*, *ivi*, t. 87, n° 481, pp. 326-333.

Broggiato M. 2001, *Cratete di Mallo, I frammenti*, La Spezia.

— 2014, *Filologia e interpretazione a Pergamo. La scuola di Cratete*, Roma, Sapienza Università Editrice.

Brommer F. 1953, *Herakles. Die zwölf Taten des Helden in antiker Kunst und Literatur*, Böhlau, Muunster-Köln.

Broodbank C. 2015, *Il Mediterraneo. Dalla preistoria alla nascita del mondo classico*, trad. it. di D. Cianfriglia e C. Veltri, Torino, Einaudi (ed. orig. London 2013).

Bunbury E.H. 1879, *A History of Ancient Geography*, 2 vol., London, John Murray (rist. 1979).

Bunnens G. 1979, *L'expansion phénicienne en Méditerranée. Essai d'interpretation fondé sur une analyse des traditions littéraires*, Bruxelles-Rome, Institut Historique Belge de Rome.

Burkert W. 1999, *Da Omero ai Magi. La tradizione orientale nella cultura greca*, a cura di C. Antonetti, Venezia, Marsilio.

Camassa G. 2004, *La lontananza dei Greci*, Roma, Quasar (spec. pp. 5-28).

Cambiano G. 1997, *Alexander von Humboldt e il sapere degli antichi*, in Malandrino 1997, pp. 194-218.

— 2022, *Filosofia greca e identità dell'Occidente. Le avventure di una tradizione*, Bologna, il Mulino.

Cambiano G. – Canfora L. – Lanza D. (a cura di) 1993, *Letteratura, storia, civiltà. Grecia antica, Roma antica, Medioevo*, vol. 2: *L'Ellenismo. Egemonia e diffusione della cultura greca*, Roma, Salerno Editrice (rist. Milano, RCS MediaGroup 2018).

Cambiano G. – Repici L. 1993, *Atene: le scuole dei filosofi*, *ivi*, pp. 527-551.

Campbell T. 1987, *Portolan Charts from the Late Thirteenth Century to 1500*, in Harley – Woodward, pp. 371-463.

Candelieri I. 2022, *«Boundaries between populations are not solidly defined lines». Attraversamenti geografici, mappature linguistiche e sconfinamenti disciplinari in Franz Boas*, in I. Candelieri – C. Daffonchio (a cura di), *Confini e sconfinamenti*, Trieste, Edizioni Università di Trieste, pp. 295-310.

Canfora L. 1993, *La Biblioteca e il Museo*, in Cambiano – Canfora – Lanza, pp. 11-29.

— 2008, *Il papiro di Artemidoro*, Roma-Bari, Laterza.

2017, *Mediterraneo, una storia di conflitti. Dalla difficile unificazione politica del mare nostrum in età classica (e oggi?)*, Roma, LIT Edizioni.

Cantarella G.M. 2020, *Ruggero II. Il conquistatore normanno che fondò il Regno di Sicilia*, Roma, Salerno.

Cardona G.R. 1985, *I sei lati del mondo. Linguaggio ed esperienza*, Roma-Bari, Laterza.

Carlier P. 2014, *Omero e la storia*, ed. it. (Paris 1999) a cura di S. De Vido e L. Mondin, Roma, Carocci.

CASSIO A.C. 1998, *La lingua greca come lingua universale*, in SETTIS 1998, pp. 991-1012.

CASTRO-PAEZ E. – CRUZ ANDREOTTI G. (eds.) 2020, *Geografía y cartografía de la Antigüedad al Renacimiento*, Universidad de Alcalá – Universidad de Sevilla (Monografías de GAHIA 6).

CAVALLO G. 1992 (a cura di), *Cristoforo Colombo e l'apertura degli spazi*, Mostra storico-cartografica, Roma, Istituto Poligrafico e Zecca dello Stato.

CERRI G. (a cura di) 1996, *Omero, Iliade*, Introd. e trad. di G. Cerri, comm. di A. Gostoli, Milano, BUR.

CHABOD F. 2022², *Storia politica del Mediterraneo*, Brescia, Morcelliana (con un ampio saggio introduttivo di F. De Giorgi).

CLARKE K. 2017, *Strabo's Mediterranean*, in D. DUECK (a cura di), *The Routledge Companion to Strabo*, London, pp. 47-59.

CLAVAL P. – JOURDIN-ANNEQUIN C. 2017, *For whom the Mediterranean is "Our Sea"?*, «Athens Journ. of Medit. Studies», vol. 3, 2, pp. 99-120.

COOK J.M. 1964, *I Greci dell'Asia Minore*, trad. it. di Q. Maffi, Milano, Il Saggiatore.

— 1975³ = *Greek Settlement in the Eastern Aegean and Asia Minor*, in I.E.S. EDWARDS *et alii* (eds.), *The Cambridge Ancient History*, II, 2, Cambridge, pp. 773-804.

CORCELLA A. 1999², *Erodoto, Le Storie, libro IV*, a cura di A. Corcella e S.M. Medaglia, trad. di A. Fraschetti, Milano, Mondadori.

CORDANO F. 2000, *Antiche fondazioni greche. Sicilia e Italia Meridionale*, Palermo, Sellerio.

CORI B. 2004, *Mediterraneo, mondo*, in *Enciclopedia del Novecento*, III Suppl., Treccani, on line.

CORNI G. 2017², *Storia della Germania*, Milano, il Saggiatore.

COUNILLON P. 1997, *Hellénisation de l'espace et appropriation historique*, in DEBAISIEUX-ZEMMOUR R.-P. (éd.), *Mythe et hellénisme*, Colloque des 24-25 novembre 1995, Paris, Université Michel de Montaigne-Bordeaux 3, pp. 117-129.

— 2004, *Pseudo-Skylax: le Périple du Pont-Euxin, Texte, traduction, commentaire philologique et hostorique*, Paris, De Boccard.

CRUZ ANDREOTTI G. (ed.) 2019, *Roman Turdetania. Romanization, Identity and Socio-Cultural Interaction in the South of the Iberian Peninsula between the 4th and 1st Centuries bce*, Leiden-Boston, Brill.

CULTRARO M. 2006, *I micenei. Archeologia, storia, società dei Greci prima di Omero*, Roma, Carocci.

D'ACUNTO M. – PALMISCIANO R. (a cura di) 2010, *Lo scudo di Achille nell'Iliade. Esperienze ermeneutiche a confronto*, «AION», Sezione Filologico-Letteraria 31, 2009.

D'AGOSTINO B. 2010-11, *Le rotte di Odisseo. Scritti di archeologia e politica di Bruno d'Agostino*, a cura di M. D'Acunto e M. Giglio, «Annali di Archeologia e Storia antica», N.S. 17-18, Napoli.

DEBANNE A. 2011, *Lo Compasso de navegare. Edizione del codice Hamilton 386 con commento linguistico e glossario*, Bruxelles, Peter Lang.

DEBIASI A. 2008, *Esiodo e l'occidente*, Roma, «L'Erma» di Bretschneider.

DESIDERI P. 1998, *L'impero bilingue e il parallelismo Greci/Romani*, in SETTIS 1998, pp. 909-938.

DES BOSCS F. – DEJUGNAT Y. – HAUSHALTER A. (a cura di) 2019, *Le détroit de Gibraltar (Antiquité – Moyen Âge)*, I, Madrid, Casa de Velásquez.

De Vido S. 2013, *'Capitani coraggiosi'. Gli Eubei nel Mediterraneo*, in C. Bearzot – F. Landucci, *Tra mare e continente: l'isola di Eubea*, Milano, Vita e Pensiero, pp. 67-102.

Di Benedetto V. (a cura di) 2010, *Omero, Odissea*, Introd. e comm. di V. Di Benedetto, trad. di V. Di Benedetto e P. Fabrini, Milano, BUR.

Dicks D.R 1960, *The Geographical Fragments of Hipparchus*, London 1960.

Di Donato R. 1996, *Omero: forme della narrazione e forme della realtà. Lo scudo di Achille*, in Settis 1996, pp. 227-253.

Dihle A. 1997, *I Greci e il mondo antico*, trad. it. Firenze, Giunti (*Die Griechen und die Fremden*, München, Beck 1994).

Ducène J.-Ch. 2018, *L'Europe et les géographes arabes du Moyen Âge, Paris, CNRS*.

— 2022, *Al-Idrīsī, Ibn Ḥawqal et la cartographie régionale*, in Bouloux – Ducène, pp. 125-140.

Dussaud R. 1946-48, *Melqart*, «Syria», 25, 3/4, pp. 205-230.

Edson E. 1997, *Mapping Time and Space: How Medieval Mapmakers Viewed their World*, London, The British Library.

Elayi J. 1984, *Terminologie de la Mer Méditerranée dans les Annales Assyriens*, «Oriens Antiquus», 23, pp. 75-92.

Ercolani A. 2006, *Omero: introduzione allo studio dell'epica greca arcaica*, Roma, Carocci.

— 2012, *Latino e i Tirreni (*Hes. Th. *1011-1016): questioni di storia e di cronologia*, in V. Bellelli (a cura di), *Le origini degli Etruschi, Storia Archeologia Antropologia*, Roma, «L'ERMA» di Bretschneider, pp. 383-395.

Farinelli F. 1992, *I segni del mondo. Immagine cartografica e discorso geografico in età moderna*, Firenze, La Nuova Italia.

Febvre L. 1980, *La terra e l'evoluzione umana. Introduzione geografica alla storia*, trad. it. dell'ed. francese (1922 e 1970), con la *Prefazione* di F. Farinelli, Torino, Einaudi.

Finley M.I. 1972, *La Grecia dalla preistoria all'età arcaica*, Bari, Laterza.

— 1978, *Il mondo di Odisseo*, trad. it. Bari, Laterza.

Frascani P. 2008, *Il mare,* Bologna, il Mulino.

Fraser P.M. 1970, *Eratosthenes of Cyrene* (Lecture on a Master Mind), «Proceedings of the British Academy», 56, pp. 176-207.

— 1972, *Ptolemaic Alexandria*, 3 vols., Oxford, OUP.

Frey O.-H. 1982, *Zur Seefahrt in Mittelmeer während der Früheisenzeit (10. Bis 8. Jahrhundert v. Chr.)*, in Müller-Karpe 1982, pp. 21-43.

Gabba E. 1998, *L'invenzione greca della costituzione romana*, in Settis 1998, pp. 857-867.

— 2001, *Storia e letteratura antica*, Bologna, il Mulino.

Gautier Dalché P. 1988, *La «Descriptio mappe mundi» de Hugues de Saint-Victor*, Paris, Études augustiniennes.

— 1994, *De la glose à la contemplation. Place et fonction de la carte dans les manuscrits du haut Moyen Age*, in *Testo e immagine nell'alto medioevo. Settimane di studio del Centro italiano di studi sull'alto medioevo, XLI*, t. II, Spoleto, presso la sede del Centro, pp. 693-764.

— 1995, *Carte marine et portulan au XIIe siècle. Le* Liber de existencia riveriarum et forma maris nostri Mediterranei (Pise, circa 1200), Rome, Collection de l'École Française de Rome 203.

— 2003, *Pisa e il Mediterraneo nella geografia medievale*, in Tangheroni 2003, pp. 115-119.

— 2009, *La Géographie de Ptolémée en Occident (IVe-XVIe siècle)*, Turnhout, Brepols.

— (sous la direction de) 2013a, *La terre. Connaissance, représentations, mesure au Moyen Âge*, Turnhout, Brepols.

— 2013b, *Géographie Arabe et Géographie Latine au XIIe Siècle*, «Medieval Encounters», 19, pp. 408-433.

— 2019, *Les caractères spécifiques du détroit de Gibraltar antique et médiéval*, in Des Boscs – Dejugnat – Haushalter, pp. 381-396.

— 2020, *Conceptions et représentations géographiques du haut Moyen Age: conditions, techniques intellectuelles, évolutions*, in A. Paravicini Bagliani – D. Jacquart (a cura di), *La conoscenza scientifica nell'alto Medioevo*, Spoleto (Settimane di studio del Centro italiano di studi sull'alto medioevo, LXVII), pp. 335-380.

— 2021, *Un espace de parcours: trois notes sur la Méditerranée dans les textes géographiques et hodéporiques médiévaux*, in *Totius mundi philohistor. Studia Georgio Strzelczyk octuagenario oblata*, Poznań, pp. 285-294.

— 2024, *Mappae Mundi (VIIIe-XIIe siècle)*, Turnhout, Brepols.

Gehrke H.-J. 1992, *Die wissenschaftliche Entdeckung des Landes Hellás*, «GeogrAnt», 1, pp. 15-36.

— 1993, *Die wissenschaftliche Entdeckung des Landes Hellás, 3.*, «GeogrAnt», 2, pp. 3-11.

— 1996, *La Grecia settentrionale*, in Settis 1996, pp. 975-994.

— 1998, *Die Geburt der Erdkunde aus dem Geiste der Geometrie. Überlegungen zur Entstehung und zur Frühgeschichte der wissenschaftlichen Geographie bei den Griechen*, in W. Kullmann – J. Althoff – M. Asper (Hrsg.), *Gattungen wissenschaftlicher Literatur in der Antike*, Tübingen, Narr, pp. 163-192.

— 2007, *Die Raumwahrnehmung im archaischen Griechenland*, in Rathmann 2007, pp. 17-30.

— 2024, *Historische Landeskunde und Geographie* (Ausgewählte Schriften – IV), Stuttgart, Franz Steiner.

George A. 2003², *The Epic of Gilgamesh*, Transl. with an introd. by A. George, London, Penguin Books.

Geus K. 2002, *Eratosthenes von Kyrene. Studien zur hellenistischen Kultur- und Wissenschaftsgeschichte*, München, C.H. Beck.

Giangiulio M. 2003, *Eroi greci al di là del mare. Ancora sulle strutture culturali della mobilità mediterranea*, in A. Barzanò *et alii* (a cura di), *Modelli eroici dall'antichità alla cultura europea*, Roma, «L'Erma» di Bretschneider, pp. 27-40.

— 2010, *Memorie coloniali*, Roma, «L'Erma» di Bretschneider.

— 2021, *Magna Grecia. Una storia mediterranea*, Roma, Carocci.

Gómez Espelosín F.J. 2008, *El descubrimiento del mundo: geografía y viajeros en la antigua Grecia*, Madrid, Ediciones Akal.

González Ponce F.J. 2008, *Periplógrafos griegos I. Épocas arcaica y clásica 1: Periplo de Hanón y autores de los siglos VI y V a.C.*, Zaragoza, Prensas Universitarias de Zaragoza.

Gras M. 1997, *Il Mediterraneo nell'età arcaica*, trad. it. di E.Greco, Fondazione Paestum (Paris, Colin 1995).

Gras M. – Rouillard P. – Teixidor J. 2000, *L'universo fenicio*, Torino, Einaudi.

Greco E. 2014, *Culti eroici di Atene e Sparta*, in F. Abbondanza – F. Coarelli – E. Lo Sardo (a cura di), *Apoteosi. Da uomini a dei: il mausoleo di Adriano*, Roma, pp. 50-56.

— 2016, *Sul fascino dei luoghi depositari della memoria*, in J. Bonetto *et alii* (a cura di), *I mille volti del passato. Scritti in onore di Francesca Ghedini*, Roma, Quasar, pp. 715-723.

— 2021, *Mythical and Historical Heroic Founders: The Archaeological Evidence*, in K. Kalogeropoulos – D. Vassilikou – M. Tiverios (eds.), *Sidelights on Greek Antiquity, Archaeological and Epigraphical Essays in Honour of Vasileios Petrakos*, Berlin-Boston, Walter de Gruyter, pp. 299-319.

Greco G. – Ferrara B. (a cura di), 2014, *Segni di appartenenza e identità di comunità nel mondo indigeno*, Quaderni del Centro Studi Magna Grecia 18, Napoli, Naus Editoria.

Greppi C. 2013, *Alexander von Humboldt*, «Nuova informazione bibliografica», X, 1, pp. 13-64.

— 2021, *Tracce di Humboldt. Osservare, descrivere, misurare*, Trieste, Asterios Editore.

Gutas D. 2002, *Pensiero greco e cultura araba*, Torino, Einaudi.

Guzzo P. 2011, *Fondazioni greche. L'Italia meridionale e la Sicilia (VIII e VII sec. a.C.)*, Roma, Carocci.

— 2016, *Le città di Magna Grecia e di Sicilia dal VI al I secolo. La Magna Grecia*, Roma, Scienze e Lettere.

— 2019, *Storia e cultura dei Bretti*, Soveria mannelli, Rubbettino Editore.

Harari M. 2019, *Andare per i luoghi di Ulisse*, Bologna.

— 2019a, *Il mito in Etruria. Fra mitologia greca e una possibile mitologia etrusca*, in G. Paolucci – A. Provenzali (a cura di), *Il viaggio della Chimera. Gli Etruschi a Milano tra archeologia e collezionismo* (Milano, Civico Museo Archeologico 12 dicembre 2018 - 12 maggio 2019), Milano, Johan & Levi, pp. 197-205.

Harley J.B. – Woodward D. (a cura di) 1987, *The History of Cartography*, vol. 1, Chicago-London, The University of Chicago Press.

— 1992, *The History of Cartography*, vol. 2, 1.

Hartog F. 2002, *Memoria di Ulisse. Racconti sulla frontiera nell'antica Grecia*, trad. it. Torino, Einaudi (Paris 1996).

Harvey P.D.A. 1991, *Medieval Maps*, London.

Hedreen G. 1991, *The Cult of Achilles in the Euxine*, «Hesperia», 60, 3, pp. 313-330.

Heidel W.A. 1937, *The Frame of the Ancient Greek Maps*, New York (rist. 1976).

Herbers K. 2001[6], *Der Jakobsweg*, Tübingen, Gunter Narr Verlag.

Hofmann C. – Richard H. – Vagnon E. (a cura di) 2012, *L'âge d'or des cartes marines*, Paris, Seuil / Bibliothèque Nationale de France.

Hölscher U. 1988, *Die Odyssee. Epos zwischen Märchen und Roman*, München (trad. it. *L'Odissea: Epos tra fiaba e romanzo*, Firenze, Le Lettere 1991).

Horowitz W. 2011[2], *Mesopotamian Cosmic Geography*, Winona Lake, Indiana, Eisenbrauns.

Horsfall N. 1993, *Roma*, in Cambiano – Canfora – Lanza 1993, pp. 791-822.

Houben H. 1999, *Ruggero II di Sicilia. Un sovrano fra Oriente e Occidente*, Roma-Bari, Laterza.

Humboldt A. von 1992, *L'invenzione del Nuovo Mondo, Critica della conoscenza geografica*, trad. di P. Jervis, a cura di C. Greppi, Firenze, La Nuova Italia.

— 1993, *Kosmos, Entwurf einer physischer Weltbeschreibung*, VII, Teilband 1-2, a cura di H. Beck, Darmstadt, WBG.

Iazeolla T. 1995, *Giacomo il Maggiore, Santo*, in *Enciclopedia dell'arte medievale*, Treccani, on line.

JACOB CHR. 1992, *L'empire des cartes. Approche théorique de la cartographie à travers l'histoire*, Paris, Albin Michel.

JANNI P. 1978, *Etnografia e mito. La storia dei Pigmei*, Roma, Ed. dell'Ateneo.

— 1984, *La mappa e il periplo. Cartografia antica e spazio odologico*, Roma.

— 1996, *Il mare degli antichi*, Bari, Dedalo.

— 1998, *Los límites del mundo entre el mito y la realidad: evolución de una imagen*, in A. PÉREZ JIMÉNEZ – G. CRUZ ANDREOTTI (eds.), *Los límites de la tierra: el espacio geográfico en las culturas mediterráneas*, Madrid, Ediciónes Clásicas, pp. 23-40.

— 2007-08, *Continente e continenti*, «Geogr Ant», 16-17, pp. 127-135.

— 2008, Arcanus orbis. *Per una morfologia dell'ignoto geografico*, in J.M. CANDAU MORÓN – F.J. GONZÁLEZ PONCE – A.L. CHÁVEZ REINO (a cura di), Libyae lustrare extrema. *Realidad y literatura en la visión grecorromana de África*, Homenaje al prof. Jehan Desanges, Sevilla, Universidad de Sevilla, pp. 173-187.

— 2016, *The Sea of the Greeks and Romans*, in BIANCHETTI – CATAUDELLA – GEHRKE, pp. 21-42.

— 2022, *Posidonio misura la terra*, «GeogrAnt», 31, pp. 41-48.

JOURDAIN-ANNEQUIN C. 1989, *Héraclès aux portes du soir. Mythe et histoire* (Annales Littéraires de l'Université de Besançon, n° 402), Paris, Les Belles Lettres.

— 1992, *Héraclès-Melqart à Amrith. Recherches iconographiques*, Paris, Librairie Orientaliste Paul Geuthner.

KAMPFMEYER G. 1915, *Die Grundlagen der Marokkofrage*, «Zeitschrift für Politik», 8, pp. 297-380.

KIRK G.S. 1980, *La natura dei miti greci*, Roma-Bari, Laterza, trad. it. di M. Carpitella (Harmondsworth, Penguin Books 1974).

KIRK G.S. – RAVEN J.E. – SCHOFIELD M. 1983², *The Presocratic Philosophers*, Cambridge University Press.

LANE FOX R. 2010, *Eroi viaggiatori. I Greci e i loro miti nell'età epica di Omero*, Torino, Einaudi.

LANZA D. – UGOLINI G. 2016, *Storia della filologia classica*, Roma, Carocci.

LASSERRE F. 1966a, *Die Fragmente des Eudoxos von Knidos*, Berlin, de Gruyter.

— 1966b, *Strabon, Géographie*, III-IV, Paris, Les Belles Lettres.

— 1967, *Strabon, Géographie*, V-VI, Paris, Les Belles Lettres.

— 1975, *Strabon, Géographie*, XI, Paris, Les Belles Lettres.

LEHNUS L. 1991, Plutarco, *Il volto della luna*, Trad. e note di L. Lehnus (Introd. di D. Del Corno), Milano, Adelphi Edizioni, pp. 184-189.

LEJEUNE D. 1993, *Les sociétés de géographie en France et l'expansion colonial ai XIXᵉ siècle*, Paris, Éditions A. Michel.

LIVERANI M. 1994, *Guerra e diplomazia nell'antico Oriente, 1600-1100 a.C.*, Bari-Roma, Laterza.

— 2011², *Antico Oriente. Storia, società, economia*, Bari-Roma, Laterza.

— 2017, *Assiria. La preistoria dell'imperialismo*, Bari-Roma, Laterza.

LLOYD G.E.R. 1998, *La professionalizzazione delle scienze*, in SETTIS 1998, pp. 681-704.

LOMBARDO M. 2002, *Émporoi, Emporion, Emporitai: forme e dinamiche della presenza greca nella Penisola Iberica*, in URSO 2002, pp. 73-86.

MADDOLI G. 1992², *La civiltà micenea, Guida storica e critica*, Bari-Roma, Laterza.

— 2013, *Magna Grecia. Tradizioni, culti, storia*, Perugia, Morlacchi Editore.

— 2022, *L'invenzione della "Magna Grecia"*, Soveria Mannelli, Rubbettino.

Malandrino C. (a cura di) 1997, *Politica, scienze e cosmopolitismo. Alexander e Wilhelm von Humboldt*, Milano, Angeli.

Malkin I. 2004, *I ritorni di Odisseo*, ed. it. a cura di L. Lomiento, Roma, Carocci (*The Returns of Odysseus. Colonization and Ethnicity*, Berkeley-Los Angeles-London 1998).

— 2011, *A Small Greek World. Networks in the Ancient Mediterranean*, Oxford University Press.

Malkin I. – Fichman A. 1987, *Homer, Odyssey III 153-185: A Maritime Commentary*, «Mediterranean Historical Review», 2, pp. 250-258.

Manetti 1998 = D. Manetti, *Commento ed enciclopedia*, in Settis 1998, pp. 1199-1220.

Manfredi V.M. 1992, *Mare greco. Eroi ed esploratori nel Mediterraneo antico*, Milano, Mondadori.

Maraglino V. 2012 (a cura di), *Scienza antica in età moderna. Toria e immagini*, Bari, Cacucci.

Marcotte D. 2000, *Les géographes grecques, Introduction générale, Pseudo-Scymnos*, Paris, Les Belles Lettres.

— 2006, *Aux quatre coins du monde: la Terre vue comme un arpent*, in *Les vocabulaires techniques des arpenteurs romains*. Actes du colloque international (Besançon, 19-21 septembre 2002), Besançon, Institut des Sciences et Techniques de l'Antiquité, pp. 149-155.

— 2009, *Straton et l'histoire naturelle de la Méditerranée*, in Ducos J. – Thomasset C. – Chambon J.-P. (éd.), *Aux origines de la géologie: de l'Antiquité à l'âge classique*, Paris, Honoré Champion, pp. 17-25.

— 2015, *Démocédès de Crotone, l'*apographè *et la genèse du périple*, in F.J. González Ponce – F.J. Gómez Espelosín – A.L. Chávez Reino (a cura di), *La letra y la carta. Descripción verbal y representación gráfica en los diseños terrestres grecolatinos*, Estudios en honor de Pietro Janni, Madrid, Universidad de Sevilla – Universidad de Alcalá, Sevilla, pp. 35-49.

— 2018, *Entre Athènes et Alexandrie, la genèse de la notion de climat*, in J. Jouanna – C. Robin – M. Zink (a cura di), *Vie et climat d'Hésiode à Montesquieu*, Paris (Cahiers de la Villa Kérylos, 29), pp. 89-118.

— 2019, *De la physique à la géographie: le cas des détroits dans la science grecque*, in Des Boscs – Dejugnat – Haushalter, pp. 121-131.

Martin J.-M. 1997, *La vita quotidiana nell'Italia meridionale al tempo dei Normanni*, Milano, Rizzoli.

Mazzarino S. 1947 (1989), *Fra Oriente e Occidente. Ricerche di storia greca arcaica*, Milano, Rizzoli, ristampa dell'ed. di Firenze 1947, *Introduzione* di F. Cassola, con l'aggiunta della recensione di A. Momigliano e della replica di S. Mazzarino.

Mazzoni S. 2001, *La Siria e il mondo greco arcaico*, in Settis 2001, pp. 283-328.

Medas S. 2022, *Nautica antica. Itinerari nel mondo della navigazione, tra storia, archeologia ed etnografia*, Roma-Bristol, Roma, «L'Erma» di Bretschneider 2022, «Studia Archaeologica», 254 (vedi la rec. di P. Janni, «GeogrAnt», 31/2022, pp. 208-210).

Mele A. 2014, *Ausoni e Ausonia*, in Greco – Ferrara, pp. 13-43.

— 2016, *Le Sirene nel Tirreno*, «Oebalus», 11, pp. 260-322.

Mérieux V. 2021, *Ouverture. Les inventions de la Méditerranée (1798-1930). Mises en lumière croisées*, «Cahiers de la Méditerranée», 103, pp. 15-33.

MILLER K. 1895, Mappae Mundi. *Die ältesten Weltkarten*, Heft I, *Die Weltkarte des Beatus / 776 n. Chr.*, Stuttgart, Roth'sche Verlagshandlung.

— 1898, Mappae Mundi. *Die ältesten Weltkarten*, Heft VI, *Rekonstruirte Karten*, Stuttgart, Roth'sche Verlagshandlung.

— 1926, Mappae Arabicae, *Arabische Welt- und Länderkarten des 9.-13. Jahrhunderts*, Stuttgart, Selbstverlag des Herausgebers.

— 1928, *Die Weltkarte des Idrisi vom Jahr 1154 n. Chr.*, Stuttgart (rist. Stuttgart, Brockhaus 1981).

MIQUEL A. 1967-84, *La géographie humaine du monde musulman jusqu'au milieu du 11ᵉ siècle*, Paris-La Haye.

MONTANARI F. 1992², *Introduzione a Omero, con un'appendice su Esiodo*, Firenze, Sansoni.

— 1993a, *L'erudizione, la filologia e la grammatica*, in CAMBIANO – CANFORA – LANZA, pp. 235-281.

— 1993b, *Alessandria e Cirene*, *ivi*, pp. 625-638.

— 1993c, *Pergamo*, *ivi*, pp. 639-655.

MORET P. 2017, *Des noms à la carte. Figures antiques de l'Ibérie et de la Gaule* (Monografía de Gahia 2), Alcalá de Henares, Universidad de Alcalá. Servicio de publicaciones – Editorial Universidad de Sevilla.

MOTZO B.R. 1947, *Il Compasso da navigare, opera italiana della metà del sec. XIII, Prefazione e testo del Codice Hamilton 396*, «Annali della Fac. di Lettere e Filosofia dell'Univ. di Cagliari», VIII.

MÜLLER C. 1855, *Geographi Graeci Minores*, III, *Tabulae*, Paris, Didot.

— 1880, *Strabonis Geographicorum tabulae XV*, Parisiis, Didot.

MÜLLER-KARPE H. (a cura di) 1982, *Zur geschichtlichen Bedeutung der frühen Seefahrt*, München, Beck.

MURRAY O. 1988-1989, *Omero e l'etnografia*, «ΚΩΚΑΛΟΣ», 34-35, pp. 1-13.

— 1993², *Early Greece*, London (ed. it. a cura di E. Lo Cascio, trad. di M. Fantuzzi, revis. di G. Di Gennaro, Bologna, il Mulino 1996).

— 1996, *La Grecia degli «eroi»: mito, storia, archeologia*, in SETTIS 1996, pp. 173-188.

MUSARRA A. 2021, *Medioevo marinaro. Prendere il mare nell'Italia medievale*, Bologna, il Mulino.

MYRES J.L. 1943, *The Ancient Shape of Attica*, «Greece & Rome», 12, pp. 33-42.

NAKASSIS D. 2004, *Gemination at the Horizons: East and West in the Mythical Geography of Archaic Greek Epic*, «TAPhA», 134, pp. 215-233.

NALLINO C.A. 1894, *Al-Khuwārīzmi e il suo rifacimento della geografia di Tolomeo*, «MAL», serie V. vol. II, parte I, Roma, pp. 5-53.

NICOLAI R. 2020, *Il libro e la carta. Note sulla terminologia cartografica nella* Geografia *di Strabone*, in CASTRO-PAEZ – CRUZ ANDREOTTI, pp. 197-216.

NICOLET CL. 1989, *L'inventario del mondo: geografia e politica alle origini dell'impero romano*, tr. it., Roma-Bari, Laterza.

NINCK M. 1945, *Die Entdeckung von Europa durch die Griechen*, Basel, Benno Schwabe & Co.

NORDENSKIÖLD A.E. 1889, *Facsimile-Atlas to the Early History of Cartography*, Stockholm (rist. New York, Dover Publications 1973).

NORDMAN D. 2012, *Sciences et rivalités internationales en Afrique du Nord: la France et l'Allemagne (XVIᵉ-XIXᵉ siècle)*, in A. ABDELFETTAH – A. MESSAOUDI – D. NORDMAN (a cura di), *Savoirs d'Allemagne en Afrique du Nord XVIIIe-XXe siècle*, Paris, Éditions Bouchène, pp. 27-54.

Oestreich K. 1912, *Theobald Fischer. Eine Würdigung seines Wirkens als Forscher und Lehrer*, «Geographische Zeitschrift», 18, pp. 241-254.

Onians R.B. 2006, *Le origini del pensiero europeo*, trad. it. di L. Perilli e P. Zaninoni (ed. orig. 1954[2]), Milano, Adelphi.

Orlando E. 2021, *Le repubbliche marinare*, Bologna, il Mulino.

Pagani L. 2007, *Asclepiade di Mirlea. I frammenti degli scritti omerici*, Roma, Edizioni di Storia e Letteratura.

Panichi S. 2013, *Dall'India all'Iberia: Artemidoro misura l'ecumene (Frr. 1 e 125 Stiehle)*, in K. Geus – M. Rathmann (hrsg.), *Vermessung der Oikoumene*, «Topoi. Berlin Studies of the Ancient World», Berlin-Boston, De Gruyter, pp. 101-106.

— 2019, *Artemidoro di Efeso e le Colonne d'Eracle*, in Des Boscs – Dejugnat – Haushalter, pp. 59-70.

Parker B.J. 2000, *The Earliest Known Reference tot he Ionians in the Cuneiform Sources*, «AHB», 14, 3, pp. 69-77.

Pelletier M. 1987, *La première carte de base de la France*, in *Espace français. Vision et aménagement, XVIe-XIXe siècle*, Paris, Archives nationales pour les notices, pp. 43-48.

Péricard-Méa D. 2000, *Compostelle et cultes de saint Jacques au Moyen Âge*, Paris, Presses Universitaires de France.

Perutelli 2006 = A. Perutelli, *Ulisse nella cultura romana*, Firenze, Le Monnier.

Pironti G. 2015, *Da Poseidon ad Aphrodite. Riflessioni preliminari sul pantheon marittimo nella Grecia antica*, «SMSR», 81, 1/2015, pp. 165-178.

Plinio 1982, *Storia naturale*, vol. I, trad. e note di A. Barchiesi, R. Centi, M. Corsaro, A. Marcone, G. Ranucci, Torino, Einaudi.

Poccetti P. 1996, *Aspetti linguistici e toponomastici della storia marittima dell'Italia antica*, in F. Prontera (a cura di), *La Magna Grecia e il mare. Studi di storia marittima*, Taranto, Istituto per la Storia e l'Archeologia della Magna Grecia, pp. 37-73.

— 2023, *Tra etnografia e geografia delle lingue: Strabone e l'Italia antica*, «GeogrAnt», 32, pp. 35-70.

Pfeiffer R. 1973, *Storia della filologia classica*, trad. it. con *Introduzione* di M. Gigante, Napoli, Macchiaroli.

Powell B.P. 2006, *Omero*, ed. it. a cura di C. Neri, Bologna, il Mulino.

Pressenda P. – Sereno P. (a cura di) 2017, *Saperi per la Nazione. Storia e geografia nella costruzione dell'Italia unita*, Firenze, Olschki.

Privitera G.A. 1991, *Omero, Odissea*, Milano, Oscar Mondadori.

Prontera F. 1992, Periploi*: sulla tradizione della geografia nautica presso i greci*, in *L'uomo e il mare nella civiltà occidentale: da Ulisse a Cristoforo Colombo*, Genova, Società Ligure di Storia Patria, pp. 25-44.

— 1993, *Lo stretto di Messina nella tradizione geografica antica* in *Lo stretto crocevia di culture*, Atti del XXVI Conv. di Studi sulla Magna Grecia (Taranto 1986), Napoli, pp. 107-131.

— 1996, *Il Mediterraneo come quadro della storia greca*, in Settis 1996, pp. 25-45.

— 2007-08, *Il Mediterraneo: scoperta e rappresentazione*, «GeogrAnt», 16-17, pp. 41-60.

— 2011a, *Geografia e storia nella Grecia antica* (Biblioteca di *Geographia Antiqua* 5), Firenze, Olschki.

— 2011b, *Il Mediterraneo nella cartografia antica*, in J. Santos Yanguas – B. Díaz Ariño (eds.), *Los griegos y el mar*, Vitoria-Gasteiz, Universidad del País Vasco (Revisiones de Historia Antigua; 6), pp. 185-197.

— 2011c, *L'Asia nella geografia di Erodoto: uno spazio in costruzione*, in R. Rollinger – B. Truschnegg – R. Bichler (Hrsg.), *Herodot und das Persische Weltreich*, Wiesbaden, Harrassowitz Verlag, pp. 179-195.

— 2013, *Timosthenes and Eratosthenes: sea routes and Hellenistic geography*, in *The Ptolemies, the Sea and the Nile. Studies in Waterborne Power*, ed. by K. Buraselis, M. Stefanou and Dorothy J. Thompson, CUP, pp. 207-217.

— 2014, *La geografia dell'Odissea*, in Breglia – Moleti, pp. 181-188.

— 2014-15, *Sul Mediterraneo come categoria storico-geografica*, «GeogrAnt», 23-24, pp. 17-23.

— 2017a, *Ulisse in Iberia*, in R. Rollinger (a cura di), *Die Sicht auf die Welt zwischen Ost und West (750 v. Chr. – 550 n. Chr.)*, Classica et Orientalia Band 12, Wiesbaden, Harassowitz, pp. 175-184.

— 2017b, *Riflessioni tardo-ellenistiche sulla musica, la poesia e le origini della storiografia (Str. I, 2, 3-8)*, in A. Gostoli (a cura di), *Poeti in agone. Competizioni poetiche e musicali nella Greca antica* (GIF, Bibliotheca 18), Turnhount, Brépols, pp. 427-433.

— 2017c, Da *Strabone a Tolemeo: cartografia generale e regionale*, «GeogrAnt», 26, pp. 75-88.

— 2017d, *Indian Caucasus*, in C. Antonetti – P. Biagi (a cura di), *With Alexander in India and Central Asia*, Oxford & Philadelphia, Oxbow Books, pp. 212-221.

— 2017e, *Materiali di reimpiego: il Caucaso-Tauro nell'iconografia dei mappamondi medievali*, in N. Bouloux – A. Dan – G. Tolias (a cura di), Orbis disciplinae. *Hommages en l'honneur de Patrick Gautier Dalché*, Turnhout, Brépols, pp. 319-346.

— 2018, *Strabone e la cartografia ellenistica*, in E. Castro-Páez (ed.), *De nuevo sobre Estrabón. Geografía, cartografía, historiografía y tradición* (Monografias de GAHIA 3), Sevilla, pp. 59-71.

— 2020a, *Tolemeo e la geografia degli antichi*, in Castro-Paez – Cruz Andreotti 2020, pp. 39-49.

— 2020b, *I miti geografici di Alessandro nella cartografia tolemaica*, in M. Albaladejo Vivero *et alii* (eds.), Non sufficit orbis. *Geografía histórica y mítica en la Antigüedad*, Madrid, pp. 423-432.

— 2021,*Viaggi e* mappae mundi *alla scuola di Aristotele*, «Rationes Rerum», 17, pp. 13-26.

— 2022a, *Posidonio e la cartografia ellenistica*, «GeogrAnt», XXXI, pp. 87-100.

— 2022b, *La Magna Grecia e la punta della Iapigia nelle rappresentazioni geografiche degli antichi*, *ivi*, pp. 143-152.

Radt S.L. 2002, *Strabons «Geographika», I-IV*, Göttingen, Vandenhoeck & Ruprecht.

Ragone R. 1996, *La Ionia, l'Asia Minore, Cipro*, in Settis 1996, pp. 903-943.

Ramin J. 1979, *Mythologie et géographie*, Paris, Les Belles Lettres.

Rapoport Y. 2020, *Islamic Maps*, Bodleian Library, University of Oxford.

Rathmann M. (a cura di) 2007, *Wahrnehmung und Erfassung geographischer Räume in der Antike*, Mainz am Rhein, Philipp von Zabern.

Ridgway D. 1984, *L'alba della Magna Grecia*, Milano, Longanesi & C.

— 2000, *The first western Greeks revisited*, in E. Macnamara – D. Ridgway (eds.), *Ancient Italy in its Mediterranean setting: studies in honour of Ellen Macnamara*, London, University of London 2000, pp. 179-181.

Rollinger R. 2020, *Some Considerations on Empire and Mental Mapping: Conceptualizing the Ends of the World in the First Millennium BCE*, in M. Cammarosano – E. Devecchi – M. Viano (eds.), talugaeš witteš. *Ancient Near Eastern Studies Presented to Stefano de Martino on the Occasion of his 65th Birthday*, Münster, Zaphon, pp. 383-398.

— 2022, *How the Mediterranean became the Mediterranean: some neglected pieces of evidence for the history of the mental mapping of an inland Sea*, in J. Boardman – J. Hargrave – A. Avrama – A. Podossinov (eds.), *Connecting the Ancient West ad East. Festschrift Tsetskhladze*, Leuven, pp. 1307-1331.

Romm J.S. 1999, *Dove finisce il mondo*, trad. it. di D. Guastini, Roma, Jouvence (*The Edges of the Earth in Ancient Thought. Geography, Exploration, and Fiction*, Princeton N.J., Princeton Univ. Press 1992).

Rossi L.E. 1978, *I poemi omerici come testimonianza di poesia orale*, in R. Bianchi Bandinelli (direttore), *Storia e civiltà dei Greci*, I, 1 (*Origini e sviluppo della città. Il medioevo greco*), Milano, Bompiani, pp. 73-147.

Rühl A. 1921, *Theobald Fischer als akademischer Lehrer*, «Geographische Zeitschrift», 27, pp. 29-33.

Sandars N.K. (a cura di) 1986, *L'epopea di Gilgameš*, trad. it. di A. Passi, Milano, Adelphi (I ed. inglese, London, Penguin Books Ltd 1960).

Schiano C. 2012, *La forma del mondo secondo gli antichi: un esercizio iconografico tra XVII e XIX secolo*, in Maraglino, pp. 233-265.

Segre C. 1985, *La Chanson de Roland*, intr. e testo critico di C. Segre, a cura di M. Bensi, Milano, Rizzoli.

Sereno P. 2017, Aperire terram gentibus. *Geografia e saperi territoriali nella Torino della seconda metà dell'Ottocento*, in P. Pressenda – P. Sereno (a cura di), *Saperi per la Nazione. Storia e geografia nella costruzione dell'Italia unita*, Firenze, Olschki, pp. 255-446.

Settis S. (a cura di) 1996, *I Greci. Storia Cultura Arte Società*, vol. II/1, Torino, Einaudi (rist.: *Storia Einaudi dei Greci e dei Romani*, voll. III-IV, Milano 2008).

— 1998, vol. II/3, *Una storia greca. Trasformazioni* (rist.: *Storia Einaudi dei Greci e dei Romani*, vol. VIII, Milano 2008).

— 2001 = vol. III, *I Greci oltre la Grecia* (rist.: *Storia Einaudi dei Greci e dei Romani*, vol. IX, Milano 2008).

Shipley D.G.J. 2019², *Pseudo-Skylax's* PERIPLOUS. *The Circumnavigation of the Inhabited World*, Text, Translation and Commentary, Liverpool University Press, Second Edition.

Sideri E. 2020, *Alpi ed Appennini. Note sull'orografia nell'Italia di Strabone*, in Castro-Paez – Cruz Andreotti, pp. 183-196.

Snodgrass A.M. 1996, *I caratteri dell'età oscura nell'area egea*, in Settis 1996, pp. 191-226.

Stahl W.H. 1974, *La scienza dei Romani*, trad. it. di I. Rambelli (The Univ. of Wisconsin Press 1962), Roma-Bari, Laterza.

Stefanile M. 2017, *Dalla Campania alle* Hispaniae. *L'emigrazione dalla Campania romana alle coste mediterranee della penisola iberica in età tardo-repubblicana e proto-imperiale*, Università degli Studi di Napoli.

Stückelberger A. – Graßhoff G. (a cura di) 2006, *Klaudius Ptolemaios. Handbuch der Geographie*, Basel, Schwabe.

SURDICH F. 2020, *The fortunes of A. von Humboldt in the Italian geographical culture of the XIX century*, «Bulletin of Environmental and Life Sciences», 2, pp. 42-55.

SYME R. 1989, *Tre élites coloniali*, Milano, Rizzoli (trad. it. dell'ed. inglese: Oxford 1958).

TANASI D. 2020, *Sicily Before the Greeks. The Interaction with Aegean and the Levant in the Pre-colonial Era*, «Open Archaeology», 6, pp. 172-205.

TANGHERONI M. 1996, *Commercio e navigazione nel Medioevo*, Roma-Bari, Laterza.

— (a cura di) 2003, *Pisa e il Mediterraneo. Uomini, merci, idee dagli Etruschi ai Medici*, Ginevra-Milano, Skira.

TERROSU ASOLE A. 1987, *Il portolano di Grazia Pauli. Opera italiana del secolo XIV trascritta a cura di Bacchisio R. Motzo*, Cagliari, CNR, Ed. dell'Istituto sui Rapporti Italo-iberici.

THOMSON J.O. 1948, *History of Ancient Geography*, Cambridge University Press.

TIMPE D. 2004, *Der Mythos vom Mittelmeerraum: Über die Grenze der alten Welt*, «Gnomon», 34, 2004, pp. 3-23.

TSETSKHLADZE G.R. 2018a, *'Greek penetration of the Black Sea':Twenty Years on*, in M. MANOLEDAKIS – G.R. TSETSKHLADZE – I. XYDOPOULOS (ed. by), *Essays on the Archaeology and Ancient History of the Black Sea Littoral*, Leuven-Paris-Bristol, Peeters, pp. 1-64.

— 2018b, *The Colchian Black Sea Coast: Recent Discoveries and Studies*, *ivi*, pp. 425-545.

UGOLINI G. 2016, *Friedrich August Wolf e la nascita dell'*Altertumswissenschaft, in LANZA – UGOLINI 2016, pp. 71-107: 79-86.

URSO G. (a cura di), 2002, Hispania terris omnibus felicior: *premesse ed esiti di un processo di integrazione* (Atti del convegno internazionale, Cividale del Friuli, 27-29 settembre 2001), Pisa, Edizioni ETS.

VAGNON E. 2022, *Cartes marines et cartes d'îles: l'invention d'un espace maritime régional (XIIIᵉ-XVIᵉ siècle)*, in BOULOUX – DUCÈNE, pp. 141-164.

VAGNETTI L. 1996, *Espansione e diffusione dei Micenei*, in SETTIS 1996, pp. 135-172.

— 2010, *Western Mediterranean*, in E.H. CLINE (ed.), *The Oxford Handbook of the Bronze Age Aegean (ca. 3000-1000 BC)*, Oxford, pp. 890-905.

VAN GOGH V. 1984, *Lettere a Theo*, a cura di M. Cesco, Milano, Guanda.

WEITZMANN K. 2004, *L'illustrazione del libro nell'antichità*, Spoleto, Cisam, trad. e cura di M. Mernabò (titolo originale: *Ancient Book Illumination*, Cambridge Mass. 1959).

ZIMMERMANN B. 2004, *Mythos Odysseus. Texte von Homer bis Günter Kunert*, Leipzig, Reclam.

INDICE SELETTIVO DEI NOMI (PERSONE E POPOLI) E DELLE COSE NOTEVOLI (IN CORSIVO)

INDICE

FINITO DI STAMPARE
PER CONTO DI LEO S. OLSCHKI EDITORE
PRESSO ABC TIPOGRAFIA • CALENZANO (FI)
NEL MESE DI APRILE 2025

1. *Sinesio. La mia fortunosa navigazione da Alessandria a Cirene.* A cura di P. Janni. 2003, 136 pp. con 1 fig. n.t.

2. *Artissimum memoriae vinculum. Scritti di geografia storica e di antichità in ricordo di Gioia Conta.* A cura di U. Laffi, F. Prontera, B. Virgilio, con la collaborazione di D. Campanile. 2004, x-444 pp. con 10 tavv. f.t. in b.n., 5 tavv. f.t. a colori, 1 pieghevole a colori e figg. n.t.

3. *Tabula Peutingeriana. Le antiche vie del mondo.* A cura di F. Prontera. 2003, II-70 pp. con 2 tavv. a colori f.t., 1 pieghevole a colori e 21 figg. n.t. Rilegato in seta.

4. F. Prontera, *Geografia e storia nella Grecia antica.* 2011, IV-270 pp. con 54 figg. n.t.

5. S. Panichi, *La Cappadocia ellenistica sotto gli Ariaratidi (ca. 250-100 a.C.).* 2018, XIV-132 pp. con 2 figg. n.t.

6. G. Aujac, *Hipparque de Nicée et l'astronomie en Grèce ancienne.* 2020, XIV-122 pp. con 8 tavv. a colori f.t.

7. F. Prontera, *Al di qua delle Colonne d'Ercole. Scoperta e rappresentazioni del Mediterraneo.* 2025, VIII-268 pp. con 100 figg. n.t. di cui 18 a colori.